青少年科技创新丛书

NXC编程入门

张政桢 编著

清华大学出版社
北京

内 容 简 介

本书是一本纯粹的教读者怎样使用C语言给NXT编程的书籍。为了让读者更好地理解书中的内容，本书尽可能用图片代替文字，并通过多达111个示例程序演示书中几乎所有的知识点。

本书共分为8章，简要介绍NXC语言和如何搭建BricxCC开发环境，并对BricxCC软件进行详细的剖析，系统讲述NXC语言的语法规则和NXC程序结构，介绍怎样利用NXC语言进行电动机和传感器编程以及NXC语言中的一些高级控制命令，并介绍多个NXT设备之间的通信和对NXT设备的远程控制。

本书虽然定位为入门书籍，但是书中的内容和编程技巧不仅适用于新手，对于C语言老手也会有所裨益。对于中学生来说，学习利用NXC为NXT编程，可以为自己今后踏入计算机编程领域奠定坚实的基础。

图书在版编目（CIP）数据

NXC编程入门/张政桢编著. --北京：清华大学出版社，2015
（青少年科技创新丛书）
ISBN 978-7-302-38133-4

Ⅰ．①N…　Ⅱ．①张…　Ⅲ．①程序设计－青少年读物　Ⅳ．①TP311.1-49

中国版本图书馆CIP数据核字(2014)第227958号

责任编辑：帅志清
封面设计：刘　莹
责任校对：袁　芳
责任印制：李红英

出版发行：清华大学出版社
　　网　　址：http://www.tup.com.cn，http://www.wqbook.com
　　地　　址：北京清华大学学研大厦A座　　**邮　　编**：100084
　　社 总 机：010-62770175　　**邮　　购**：010-62786544
　　投稿与读者服务：010-62776969，c-service@tup.tsinghua.edu.cn
　　质量反馈：010-62772015，zhiliang@tup.tsinghua.edu.cn
印 装 者：北京亿浓世纪彩色印刷有限公司
经　　销：全国新华书店
开　　本：185mm×260mm　　**印　张**：15　　**字　　数**：338千字
版　　次：2015年1月第1版　　**印　　次**：2015年1月第1次印刷
印　　数：1～2000
定　　价：69.00元

产品编号：060011-01

《青少年科技创新丛书》
编 委 会

序 (1)

吹响信息科学技术基础教育改革的号角

(一)

信息科学技术是信息时代的标志性科学技术。信息科学技术在社会各个活动领域广泛而深入的应用，就是人们所熟知的信息化。信息化是21世纪最为重要的时代特征。作为信息时代的必然要求，它的经济、政治、文化、民生和安全都要接受信息化的洗礼。因此，生活在信息时代的人们应当具备信息科学的基本知识和应用信息技术的基础能力。

理论和实践表明，信息时代是一个优胜劣汰、激烈竞争的时代。谁先掌握了信息科学技术，谁就可能在激烈的竞争中赢得制胜的先机。因此，对于一个国家来说，信息科学技术教育的成败优劣，就成为关系国家兴衰和民族存亡的根本所在。

同其他学科的教育一样，信息科学技术的教育也包含基础教育和高等教育两个相互联系、相互作用、相辅相成的阶段。少年强则国强，少年智则国智。因此，信息科学技术的基础教育不仅具有基础性意义，而且具有全局性意义。

(二)

为了搞好信息科学技术的基础教育，首先需要明确：什么是信息科学技术？信息科学技术在整个科学技术体系中处于什么地位？在此基础上，明确：什么是基础教育阶段应当掌握的信息科学技术？

众所周知，人类一切活动的目的归根结底就是要通过认识世界和改造世界，不断地改善自身的生存环境和发展条件。为了认识世界，就必须获得世界（具体表现为外部世界存在的各种事物和问题）的信息，并把这些信息通过处理提炼成为相应的知识；为了改造世界（表现为变革各种具体的事物和解决各种具体的问题），就必须根据改善生存环境和发展条件的目的，利用所获得的信息和知识，制定能够解决问题的策略并把策略转换为可以实践的行为，通过行为解决问题、达到目的。

可见，在人类认识世界和改造世界的活动中，不断改善人类生存环境和发展条件这个目的是根本的出发点与归宿，获得信息是实现这个目的的基础和前提，处理信息、提炼知识和制定策略是实现目的的关键与核心，而把策略转换成行为则是解决问题、实现目的的最终手段。不难明白，认识世界所需要的知识、改造世界所需要的策略以及执行策略的行为是由信息加工分别提炼出来的产物。于是，确定目的、获得信息、处理信息、提炼知识、制定策略、执行策略、解决问题、实现目的，就自然地成为信息科学

技术的基本任务。

这样，信息科学技术的基本内涵就应当包括：①信息的概念和理论；②信息的地位和作用，包括信息资源与物质资源的关系以及信息资源与人类社会的关系；③信息运动的基本规律与原理，包括获得信息、传递信息、处理信息、提炼知识、制定策略、生成行为、解决问题、实现目的的规律和原理；④利用上述规律构造认识世界和改造世界所需要的各种信息工具的原理和方法；⑤信息科学技术特有的方法论。

鉴于信息科学技术在人类认识世界和改造世界活动中所扮演的主导角色，同时鉴于信息资源在人类认识世界和改造世界活动中所处的基础地位，信息科学技术在整个科学技术体系中显然应当处于主导与基础双重地位。信息科学技术与物质科学技术的关系，可以表现为信息科学工具与物质科学工具之间的关系：一方面，信息科学工具与物质科学工具同样都是人类认识世界和改造世界的基本工具；另一方面，信息科学工具又驾驭物质科学工具。

参照信息科学技术的基本内涵，信息科学技术基础教育的内容可以归结为：①信息的基本概念；②信息的基本作用；③信息运动规律的基本概念和可能的实现方法；④构造各种简单信息工具的可能方法；⑤信息工具在日常活动中的典型应用。

（三）

与信息科学技术基础教育内容同样重要甚至更为重要的问题是要研究：怎样才能使中小学生真正喜爱并能够掌握基础信息科学技术？其实，这就是如何认识和实践信息科学技术基础教育的基本规律的问题。

信息科学技术基础教育的基本规律有很丰富的内容，其中有两个重要问题：一是如何理解中小学生的一般认知规律，二是如何理解信息科学技术知识特有的认知规律和相应能力的形成规律。

在人类（包括中小学生）一般的认知规律中，有两个普遍的共识：一是“兴趣决定取舍”，二是“方法决定成败”。前者表明，一个人如果对某种活动有了浓厚的兴趣和好奇心，就会主动、积极地探寻其奥秘；如果没有兴趣，就会放弃或者消极应付。后者表明，即使有了浓厚的兴趣，如果方法不恰当，最终也会导致失败。所以，为了成功地培育人才，激发浓厚的兴趣和启示良好的方法都非常重要。

小学教育处于由学前的非正规、非系统教育转为正规的系统教育的阶段，原则上属于启蒙教育。在这个阶段，调动兴趣和激发好奇心理更加重要。中学教育的基本要求同样是要不断调动学生的学习兴趣和激发他们的好奇心理，但是这一阶段越来越重要的任务是要培养他们的科学思维方法。

与物质科学技术学科相比，信息科学技术学科的特点是比较抽象、比较新颖。因此，信息科学技术的基础教育还要特别重视人类认识活动的另一个重要规律：人们的认识过程通常是由个别上升到一般，由直观上升到抽象，由简单上升到复杂。所以，从个别的、简单的、直观的学习内容开始，经过量变到质变的飞跃和升华，才能掌握一般的、抽象的、复杂的学习内容。其中，亲身实践是实现由直观到抽象过程的良好途径。

综合以上几方面的认知规律，小学的教育应当从个别的、简单的、直观的、实际的、有趣的学习内容开始，循序渐进，由此及彼，由表及里，由浅入深，边做边学，由低年级到高年级，由小学到中学，由初中到高中，逐步向一般的、抽象的、复杂的学习内容过渡。

（四）

我们欣喜地看到，在信息化需求的推动下，信息科学技术的基础教育已在我国众多的中小学校试行多年。感谢全国各中小学校的领导和教师的重视，特别感谢广大一线教师们坚持不懈的努力，克服了各种困难，展开了积极的探索，使我国信息科学技术的基础教育在摸索中不断前进，取得了不少可喜的成绩。

由于信息科学技术本身还在迅速发展，人们对它的认识还在不断深化。由于“重书本”、“重灌输”等传统教育思想和教学方法的影响，学生学习的主动性、积极性尚未得到充分发挥，加上部分学校的教学师资、教学设施和条件还不够充足，教学效果尚不能令人满意。总之，我国信息科学技术基础教育存在不少问题，亟须研究和解决。

针对这种情况，在教育部基础司的领导下，我国从事信息科学技术基础教育与研究的广大教育工作者正在积极探索解决这些问题的有效途径。与此同时，北京、上海、广东、浙江等省市的部分教师也在自下而上地联合起来，共同交流和梳理信息科学技术基础教育的知识体系与知识要点，编写新的教材。所有这些努力，都取得了积极的进展。

《青少年科技创新丛书》是这些努力的一个组成部分，也是这些努力的一个代表性成果。丛书的作者们是一批来自国内外大中学校的教师和教育产品创作者，他们怀着“让学生获得最好教育”的美好理想，本着“实践出兴趣，实践出真知，实践出才干”的清晰信念，利用国内外最新的信息科技资源和工具，精心编撰了这套重在培养学生动手能力与创新技能的丛书，希望为我国信息科学技术基础教育提供可资选用的教材和参考书，同时也为学生的科技活动提供可用的资源、工具和方法，以期激励学生学习信息科学技术的兴趣，启发他们创新的灵感。这套丛书突出体现了让学生动手和“做中学”的教学特点，而且大部分内容都是作者们所在学校开发的课程，经过了教学实践的检验，具有良好的效果。其中，也有引进的国外优秀课程，可以让学生直接接触世界先进的教育资源。

笔者看到，这套丛书给我国信息科学技术基础教育吹进了一股清风，开创了新的思路和风格。但愿这套丛书的出版成为一个号角，希望在它的鼓动下，有更多的志士仁人关注我国的信息科学技术基础教育的改革，提供更多优秀的作品和教学参考书，开创百花齐放、异彩纷呈的局面，为提高我国的信息科学技术基础教育水平作出更多、更好的贡献。

钟义信

2013 年冬于北京

序　（2）

探索的动力来自对所学内容的兴趣，这是古今中外之共识。正如爱因斯坦所说：一个贪婪的狮子，如果被人们强迫不断进食，也会失去对食物贪婪的本性。学习本应源于天性，而不是强迫地灌输。但是，当我们环顾目前教育的现状，却深感沮丧与悲哀：学生太累，压力太大，以至于使他们失去了对周围探索的兴趣。在很多学生的眼中，已经看不到对学习的渴望，他们无法享受学习带来的乐趣。

在传统的教育方式下，通常由教师设计各种实验让学生进行验证，这种方式与科学发现的过程相违背。那种从概念、公式、定理以及脱离实际的抽象符号中学习的过程，极易导致学生机械地记忆科学知识，不利于培养学生的科学兴趣、科学精神、科学技能，以及运用科学知识解决实际问题的能力，不能满足学生自身发展的需要和社会发展对创新人才的需求。

美国教育家杜威指出：成年人的认识成果是儿童学习的终点。儿童学习的起点是经验，“学与做相结合的教育将会取代传授他人学问的被动的教育”。如何开发学生潜在的创造力，使他们对世界充满好奇心，充满探索的愿望，是每一位教师都应该思考的问题，也是教育可以获得成功的关键。令人感到欣慰的是，新技术的发展使这一切成为可能。如今，我们正处在科技日新月异的时代，新产品、新技术不仅改变我们的生活，而且让我们的视野与前人迥然不同。我们可以有更多的途径接触新的信息、新的材料，同时在工作中也易于获得新的工具和方法，这正是当今时代有别于其他时代的特征。

当今时代，学生获得新知识的来源已经不再局限于书本，他们每天面对大量的信息，这些信息可以来自网络，也可以来自生活的各个方面，如手机、iPad、智能玩具等。新材料、新工具和新技术已经渗透到学生的生活之中，这也为教育提供了新的机遇与挑战。

将新的材料、工具和方法介绍给学生，不仅可以改变传统的教育内容与教育方式，而且将为学生提供一个实现创新梦想的舞台，教师在教学中可以更好地观察和了解学生的爱好、个性特点，更好地引导他们，更深入地挖掘他们的潜力，使他们具有更为广阔的视野、能力和责任。

本套丛书的作者大多是来自著名大学、著名中学的教师和教育产品的科研人员，他们在多年的实践中积累了丰富的经验，并在教学中形成了相关的课程，共同的理想让我们走到了一起，“让学生获得最好的教育”是我们共同的愿望。

本套丛书可以作为各校选修课程或必修课程的教材，同时也希望借此为学生提供一些科技创新的材料、工具和方法，让学生通过本套丛书获得对科技的兴趣，产生创新与发明的动力。

丛书编委会

2013 年 10 月 8 日

前　言

NXC 是 Not eXactly C 的简称，是专门为乐高机器人设计的类 C 编程语言，由 John Hansen 发明。之所以称 NXC 是类 C 语言，是因为 NXC 有和 C 语言一样的语法结构和规则，但是和 C 语言还有少许不同之处，可以说学会了 NXC 就学会了 80% 的 C 语言。

C 语言是高级计算机编程语言，是计算机、通信、信息学等专业大学生必须掌握的一门语言。人们身边的智能化洗衣机、空调、冰箱、汽车等涉及智能电子领域的产品，可以说都是通过 C 语言代码为其实现软件支持的。所以对于中学生来说，学习使用 NXC 为乐高机器人编程，对以后涉足计算机编程领域有举足轻重的作用。

我上大学时，第一次接触 C 语言，最初的感受是难学，不仅需要接受很多陌生的名词，而且还要知道它们有什么用。虽然我上中学时对计算机这门专业有无限的向往，但不知道我们在计算机上玩的游戏以及一些优秀的软件是用编程语言写出来的。选择接受并理解新知识需要经历漫长的时间，如果没有找到使用它的载体，可能就永远也学不好。我是幸运的，在大一时就进入学校 ACM/ICPC 实验室，这要感谢洪清华同学。我当时学习 C 语言的目的是为了能在学校 OJ（在线评测系统）上“刷题”，然后让自己的名次能尽量靠前。这或许是我在 C 语言以及算法数据结构方面还算不错的唯一原因吧，以至于在后来应聘笔试和实际工作中都感觉得心应手。在我的印象中，直到大三下学期，学习了汇编语言、编译原理、单片机，以及对整个计算机结构体系的了解，才慢慢意识到，其实 C 语言编程不仅是在黑框框中输出星星和数字，而且是通过编译器转换为 0、1 机器码，让硬件工作。

到大二下学期，我才初次接触乐高机器人，当时实验室的潘广贞老师一直在想怎样让学生对编程产生更大的兴趣，恰巧他送给儿子的乐高机器人在家闲置很长时间，他就把乐高机器人拿到实验室，让我研究怎样远程控制乐高机器人。随后，我才渐渐对乐高机器人以及 NXC 编程有了深入的了解，并实现了在 Windows 系统下用 VC++ 编程，通过蓝牙控制乐高机器人。大学毕业后，我在北京工作期间遇到了郑剑春老师，他对我之前的研究工作很感兴趣，并希望我能将 NXC 编程方面的知识整理成一本书，以便让更多中学生通过乐高机器人这个载体对计算机编程产生兴趣。

之所以说这是一本“纯粹的”教读者怎样用 C 语言给 NXT 编程的书籍，是因为书中没有涉及搭建机器人的内容，而是教读者怎样更好地利用 NXC 语言编程控制 NXT 输入口传感器和输出口电动机。通过本书学习，可以让读者得心应手地为自己搭建的机器人编写程序。 如果读者对本书中 111 个示例都能理解并实现，那么 NXC 将给读者带来无限的展示空间，让你实现任何 NXT 所能实现的功能。

张政桢
2014 年 3 月于北京

目 录

第 1 章　初识 NXC

想必大家已对 NXT 十分熟悉了，而且能够使用乐高公司提供的图形编程工具 MINDSTORMS NXT 编写出漂亮的程序，并且让它动起来。从这里开始，将接触一种更加灵活、强大的编程工具——NXC。

1.1　NXC 介绍

你或许使用乐高公司提供的图形化编程软件编写过程序，图 1.1 便是该软件的用户界面。通过蓝牙或数据线将编写好的程序下载到 NXT 中，NXT 就会按照预先编写好的程序执行相应的动作。现在可以使用另一个软件编写类 C 语言代码，然后将编译好的程序下载到 NXT 中，NXT 同样可以完成相同的功能。

上文所提到的类 C 语言就是将要介绍的 NXC。恐怕大多数人都不会想到，NXC 英文意思是 Not eXactly C 的缩写，它是 NXT 产品专属的另一种简单的编程语言。NXC 语言是由约翰汉森发明，专为乐高机器人而设计。通常把使用图形化编程的语言笼统地称为 NXT-G 语言。NXT 2.0 图形化编程软件如图 1.1 所示。

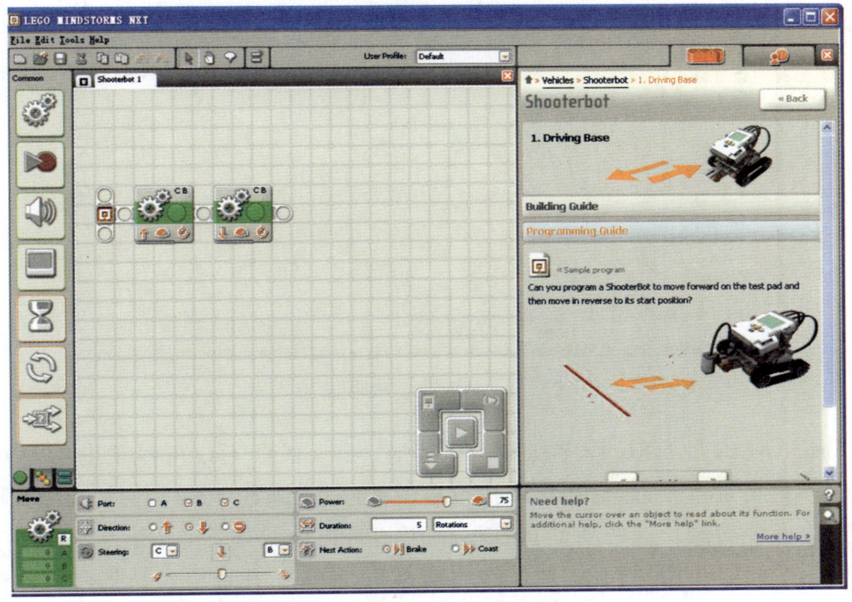

图 1.1　NXT 2.0 图形化编程软件

单击图 1.1 所示软件中的“下载”按钮时，编程软件首先将程序翻译成一种字节码，然后再将其下载到 NXT 中。该字节码能被 NXT 识别并执行。同样，如果使用 NXC 编写乐高程序，最终下载到 NXT 中的字节码也必须是 NXT 能识别的。这项工作由 NXC 编译器 BricxCC 完成，该软件会在下节介绍。

即使 NXC 和 C 语言有很多类似的地方，但它也并不是一种通用编程语言，它受 NXT 中字节码解释器的限制。使用 NXC 语言编写的程序，可看成由两部分组成，一部分是在程序中需要遵守 NXC 语言本身的语法规范；另一部分是在程序中需要调用一些系统函数以及宏实现相应的功能。如果之前从来没有写过像 C 语言这样的程序，不需要担心，NXC 其实非常容易使用。

1.2 搭建 NXC 开发环境

如果想最大限度地发挥 NXT 的潜力，就需要一个比 NXT—G 更加得心应手的编程环境。如果想使用 NXC 为 NXT 开发程序，必须安装 BricxCC（Bricx Command Center）开发环境。

1.2.1 BricxCC 介绍

在 NXC 介绍中曾提到，如果想通过 NXC 语言编写乐高程序，必须通过一种编译器，将编写的 NXC 代码转换成 NXT 能识别的字节码。BricxCC 就是这样的软件，它可以编译和下载使用 NXC 编写程序。BricxCC 软件界面如图 1.2 所示。

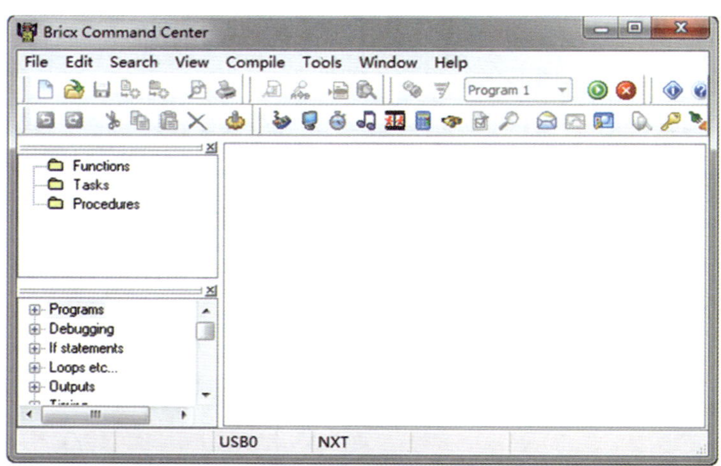

图 1.2　BricxCC 软件界面

使用 BricxCC 编写 NXC 程序其实也很容易。BricxCC 不仅可以帮助编写程序并且可以将程序下载到机器人，而且还可以执行启动和停止、浏览 NXT 闪存、为 NXT 转换声音文件等其他许多功能。这些功能将在后面用到时再做具体讨论，千万不要被 BricxCC 中各种各样的按钮所吓倒，其实这些按钮通常都功能单一，并且很容易掌握。

1.2.2　下载安装 BricxCC

目前 BricxCC 最新版本为 3.3.8.10，读者可以在配套光盘中找到该安装程序，也可以到网站 http://sourceforge.net/projects/bricxcc/免费下载该版本。

打开该网站，在页面的中部单击 Download 按钮即可完成下载，如图 1.3 所示。

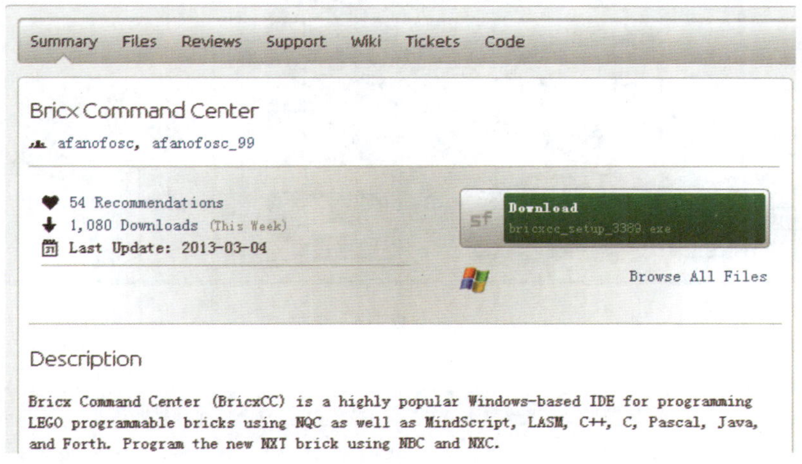

图 1.3　下载 BricxCC 页面

打开刚刚保存的文件夹，单击 图标进行 BricxCC 的安装。安装过程中，所有的步骤都单击 Next 按钮，即可完成安装操作。

1.2.3　安装 NXT 驱动

如果计算机里已经安装了 Lego Mindstorms NXT 软件，则不需要再重新安装 NXT 驱动。因为在安装 Lego Mindstorms NXT 软件时会自动把 NXT 所需的 USB 驱动安装到计算机上。但如果是第一次安装 BricxCC 软件，就需要专门为计算机安装一次 NXT 驱动了。NXT 驱动程序，需要从乐高官方网站下载：http://www.lego.com/zh-cn/mindstorms/downloads/nxt/nxt-fantom-driver/。

打开该页面，如图 1.4 所示。

将下载完成的 NXT Fantom Drivers.zip 压缩文件进行解压，可得到名为 NXT Fantom Drivers 的文件夹。打开 NXT Fantom Drivers\Windows\1.2\1.2.0\Products 目录，如图 1.5 所示。

可以根据自己的计算机操作系统类型选择合适的驱动，这里的操作系统类型主要指 32 位系统和 64 位系统。查看本机系统类型可以右击“开始”菜单中的“计算机”命令，然后在弹出的快捷菜单中选择“属性”命令，在弹出的系统窗口中可以查看操作系统类型，如图 1.6 所示。

图 1.4　下载 NXT 驱动

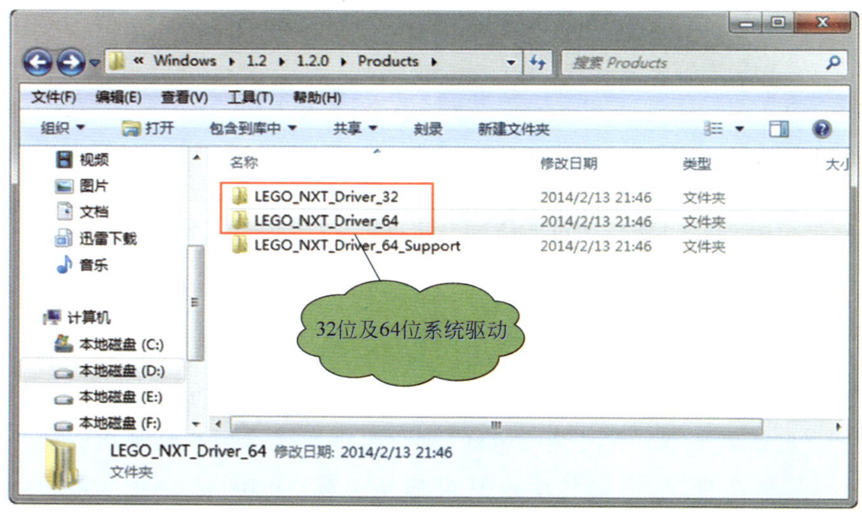

图 1.5　驱动类型

图 1.6 所示的系统窗口中显示笔者计算机系统为 64 位，所以选择 LEGO_NXT_Driver_64 驱动进行安装。打开 LEGO_NXT_Driver_64\NXT_D02 文件夹，双击 LegoMindstormsNXTdriver64.msi 进行安装，如图 1.7 所示。

安装过程中直接单击 Next 按钮即可，直到安装结束。NXT 驱动程序安装好后，重新连接 NXT，BricxCC 就能正常识别 NXT 了。当然本书中关于安装 BricxCC 软件及驱动都是针对 Windows 系统的，上面下载的驱动包中也包含了 Mac 系统驱动，读者可以自己研究怎么进行安装。

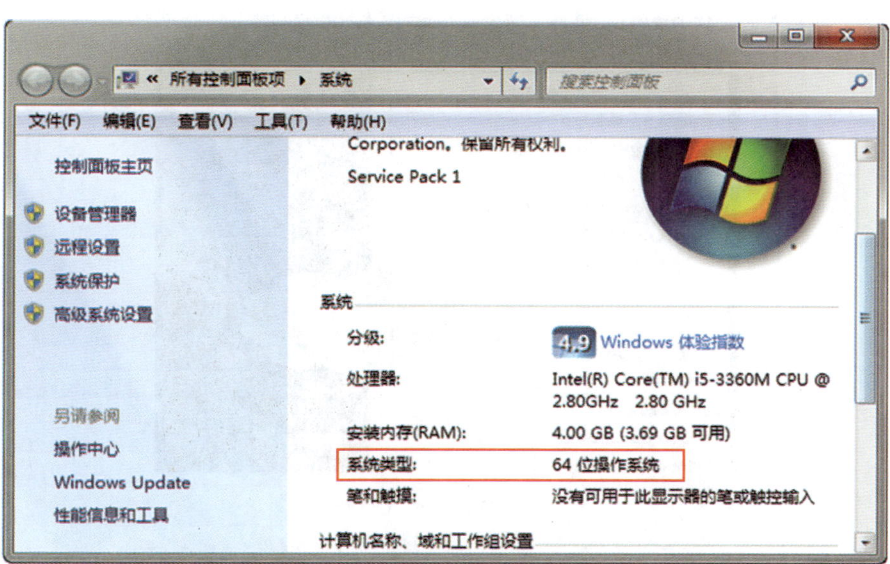

图 1.6　系统窗口

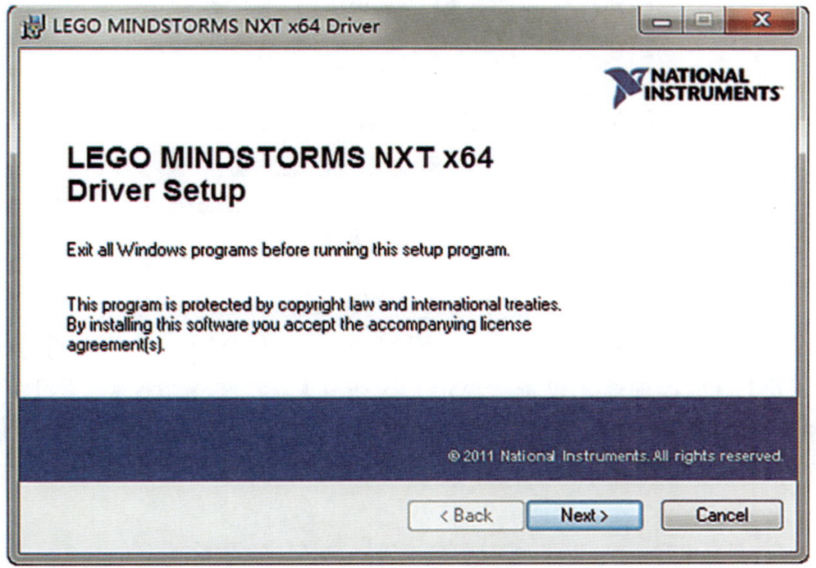

图 1.7　NXT 驱动安装界面

1.2.4　启动 BricxCC

安装好 BricxCC 后，可以通过在“开始”→“所有程序”菜单中找到 Bricx Command Center 命令，如图 1.8 所示。

单击 Bricx Command Center 命令，即可启动 BricxCC 软件。在启动该软件之前，首先需要搜索并连接 NXT 设备。这里选择 Port(端口)为 Automatic(自动)，Brick Type

(设备类型)为 NXT,Firmware(固件)为 Standard(标准),如图 1.9 所示。

图 1.8 启动 BricxCC 程序

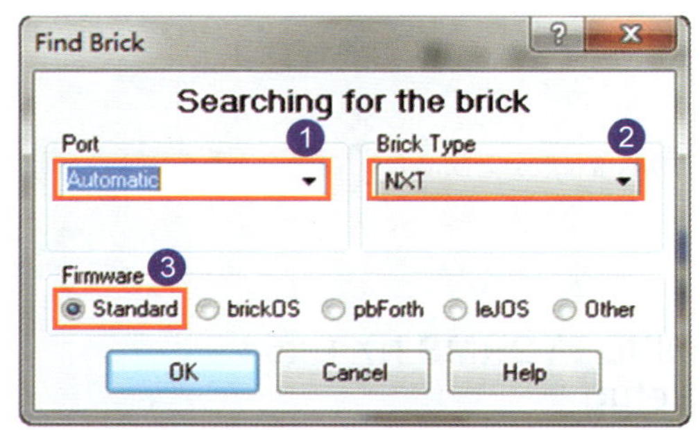

图 1.9 选择设备类型

在 Port(端口)下拉列表框中有多种选项可供选择。不管是使用 USB 还是蓝牙和 NXT 进行连接,在这里选择 Automatic(自动)即可。如果是第一次使用蓝牙和 NXT 建立连接,还需要为 PC 添加蓝牙设备。单击 OK 按钮后,软件开始搜索 NXT 设备并建立连接,BricxCC 窗口如图 1.2 所示。如果在搜索过程中没有弹出其他提示信息,并且 BricxCC 中工具栏中的 按钮处于可用状态,说明软件可以正常使用了。

1.3 编写第一个 NXC 程序

在这一节中,我们尝试在已经搭建好的机器人基础上编写一个简单的 NXC 程序,让机器人动起来。如果读者没有 C 语言基础,可能看起来有些吃力。但也没关系,随着后面课程的学习一定会逐渐得心应手的。

1.3.1 搭建一个基础机器人

在开始编程之前,首先需要搭建一个简单的机器人平台。为了简便,我们按照 NDSTORMS NXT 2.0 软件中提供的搭建机器人步骤,搭建一个简单的 Vehicles(小车)

机器人，如图 1.10 所示。

图 1.10　小车机器人

单击 Go 按钮开始，选择 Driving Base 搭建简单的驱动架构，按照软件中的图示步骤最后搭建成的机器人形状如图 1.11 所示。

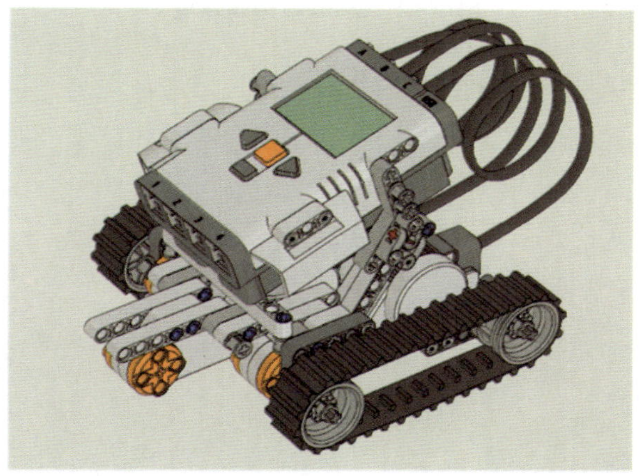

图 1.11　履带式机器人

1.3.2　让机器人动起来

在这一小节，使用 BricxCC 编写一个简单的程序，让刚刚拼好的履带式机器人动起来。

1. 编写一个简单的程序

首先，在“开始”菜单中单击 Bricx Command Center 命令启动 BricxCC 软件，如图 1.8 所示。打开软件后，单击菜单中的 File→New 命令，或是单击工具栏中的□图标，即可创建一个新的编辑页面，如图 1.12 所示。

在图 1.12 所示的编辑区中输入以下代码段，然后单击工具栏中的□(保存)按钮，将其保存到指定的目录下。文件名可以任意取，在这里取为“1-1. nxc”。

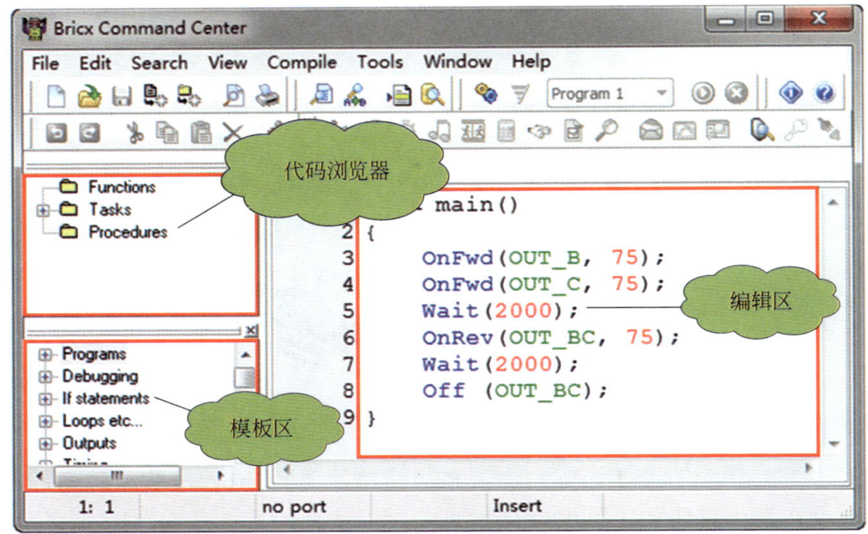

图 1.12　BricxCC 编辑环境

【例 1-1】　一个可以驱动电动机的程序。

```
task main()
{
    OnFwd(OUT_B, 75);
    OnFwd(OUT_C, 75);
    Wait(2000);

    OnRev(OUT_BC, 75);                    //同时驱动 B、C 口的电动机
    Wait(2000);

    Off(OUT_BC);
}
```

经过保存操作后，所写的代码隶属于一个 NXC 项目文件，这时就可以对所写的代码进行编译操作了。单击工具栏中的（编译）按钮或直接按 F5 键即可完成编译；单击工具栏中的（下载）按钮，可将编译好的程序下载到 NXT 中。这时可以在 NXT 中运行例 1-1 程序，或者直接单击按钮运行。可以看到小车先向前运行了一段距离，然后又后退一段距离回到原点。

2. 程序分析

如果是第一次接触上面的程序，可能看起来会有些复杂，所以先来简单地分析一下。上面程序只包含一个主(main)任务(task)，每个程序都必须有且仅包含一个主任务。机器人启动时会先在主任务中开始执行，任务的概念将会在后面进行详细讲解。

每个任务都跟有一对括号，括号里面可以定义参数。任务中的命令被称为语句，每个语句后面的分号代表一条语句的结束。每个任务在定义的时候都应该有一对大括号包含

要在其中执行的语句，其格式如下所示。要注意任务和函数的概念在 NXC 中是不同的。

```
task main()
{
    语句 1;
    语句 2;
    …;
}
```

从上面例程中可以看到主任务中包含了 6 条语句，在任务中按照自顶向下的顺序执行。

1）开启 B 端口

```
OnFwd(OUT_B, 75);
```

这行代码的意思告诉 NXT 开启输出端口 B，正方向输出 75％的功率。因为该端口接一个电动机，所以电动机会以 75％的速度向前旋转。Fwd 是英文单词 Forward（向前）的意思。

2）开启 C 端口

```
OnFwd(OUT_B, 75);
```

和上面的代码意思一样，不过该行代码表示打开 C 端口。执行完语句 1 后，立马执行语句 2，这时可以看成 B 端口和 C 端口同时控制电动机以 75％的速度向前旋转，小车向前移动。

3）延时 2s

```
Wait(2000);
```

调用该函数可以使任务延迟一段时间。该函数传递的数字参数代表毫秒，如上代码即为延迟 2s。我们知道，当程序运行时速度很快，如果没有延时程序，在一瞬间就会执行完毕，自然你也看不到小车移动了。

4）开启 B、C 端口

```
OnRev(OUT_BC, 75);
```

Rev 是英文单词 Reverse（反向）的意思。如果理解了语句 1、2 的意思，这条语句其实不难理解。OUT_BC 实现了同时开启 B、C 端口的功能，当然同时控制 B、C 端口连接的电动机以 75％的速度反向旋转。

5）延时 2s

如同语句 3 中的代码解释。

6）关闭 B、C 端口

```
Off(OUT_BC);
```

该代码段的功能是同时关闭 B、C 端口。这条语句在这里是可有可无的，因为继续执行意味着程序的结束。如果下面还有语句要执行的话，必须首先关闭 B、C 端口。因为如果不关闭，它会一直使电动机处于运行状态，直到程序结束，或是遇到改变其状态的语句。

1.3.3 编译错误

在书写上面代码的时候，一定要注意符号的格式为英文半角。不然会出现编译错误。BricxCC 会在窗口下方给出具体错误的类型和提示，如图 1.13 所示。

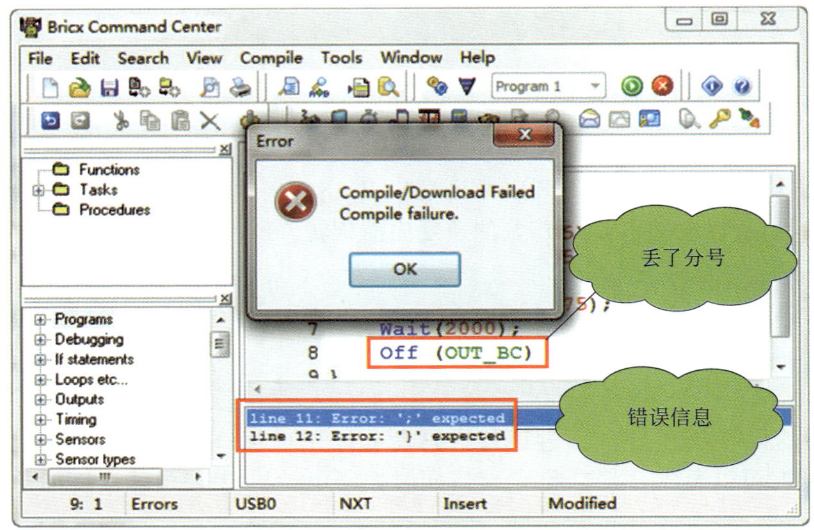

图 1.13 编译错误

程序最后一条语句因为丢了分号，无法编译通过。如果遇到多条错误，首先应从第一条错误类型开始排错，每排除一条错误再继续编译，直到没有错误为止。因为通常一条语句错误会影响到其他的语句，系统会给出多条错误。

在编写程序的时候，语法错误是最容易排除的，因为编译器会给出具体错误的类型和位置。最难发现的是程序中隐藏的逻辑错误，这往往需要耗费大量的时间去寻找。当然，也往往需要大量的练习和实践才能达到尽量不出错。

1.3.4 改变小车的行进路线

经过前两节的学习，相信你一定想尝试玩点新花样了。下面利用前面学过的知识编写一个小程序，让小车在地面上画个圆。

1. 分析

让小车画圆首先需要改变小车的行进路线。因为咱们的小车是履带式小车，没有方向盘式的控制，所以只能利用内带和外带的速度差完成方向的改变。

这里可以让 C 端口以 15％功率输出，B 端口以 75％功率输出。然后延时 10s，即可让机器人在半径大约 20cm 的圆上移动。

2. 代码实现

【例 1-2】 改变行进路线程序。

```
task main()
{
    OnFwd(OUT_B, 75);                    //不同输出功率导致两个电动机转速不同
    OnFwd(OUT_C, 15);

    Wait(10000);
    Off(OUT_BC);
}
```

程序的开始依然需要用 task main() {}框架,程序结尾 Off(OUT_BC)可以使机器人立即停下来。大家不明白也不用着急,熟练使用 NXC 语言编程还有很长的路要走。

1.4 BricxCC 工具

前面我们大胆地尝试编写了第一个 NXC 程序,熟悉了 BricxCC 软件的整体布局。这一节要给大家介绍 BircxCC 软件本身一些有趣的工具,如图 1.14 所示。

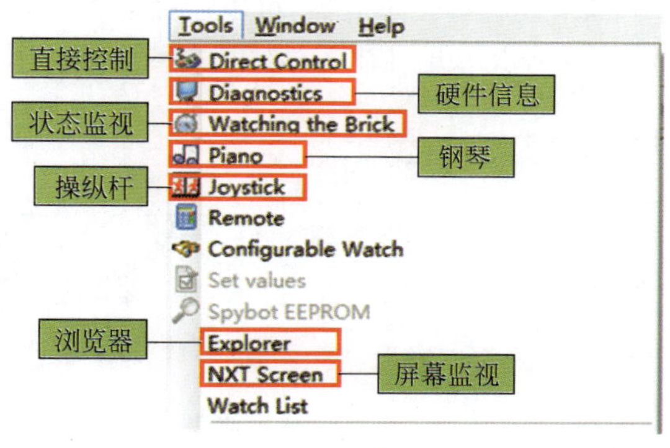

图 1.14　BricxCC 工具箱

在 BricxCC 软件中通过使用图 1.14 中框起来的这些工具,不仅可以实现对 NXT 的直接控制,而且可以监视机器人各种参数,以及感应器的变化状况。当然,这些功能只有在 NXT 与计算机建立连接后才可使用,否则为灰色状态。即使读者还不会编程,也可以使用 BricxCC 工具让机器人动起来。

1.4.1 直接控制

选择 BricxCC 软件菜单 Tools→Direct Control 命令或者单击工具栏中的按钮,即可打开"直接控制"面板。BricxCC 的"直接控制"对话框如图 1.15 所示。

1. Sensors

在 Sensors 框下可设置 4 个输入口的传感器类型和模式,类型主要用来指定连接该

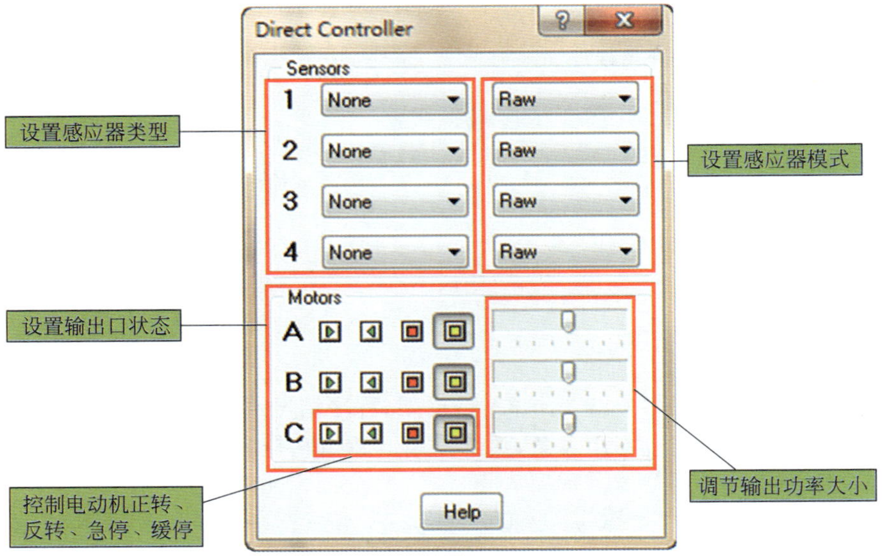

图 1.15 “直接控制”对话框

输入口的是碰触传感器还是超声波传感器等;模式用来指定该输入口反馈回来的值是布尔类型还是原始数据等。如果读者有光感应器,可以连接至 NXT 输入口 1,然后在“直接控制”面板中选择 Light Active,表示开启补光,如图 1.16 所示。

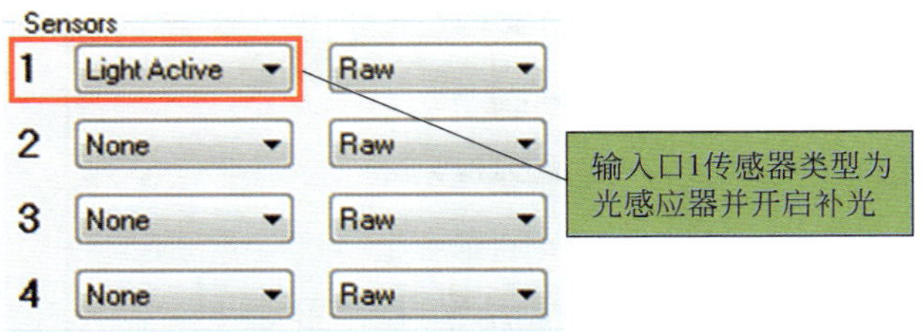

图 1.16 设置光感应器

图 1.16 中表示设置输入口 1 为光感应器,且开启补光,模式为 Raw,表示接收原始数据。这时候就会看见光感应器的红色补光灯亮了。在后面章节会详细讲解 NXC 传感器的编程。

2. Motors

在该框下主要用来发送直接命令来控制电动机。可以控制连接在 3 个输出口上电动机的转向、转速及停止方式。读者可以把电动机连接在输出口 A 上,然后单击相应的按钮达到控制电动机的目的。这里或许读者还不知道什么是急停和缓停,急停就是急刹车,缓停就是不刹车靠惯性停止。读者可以让电动机快速旋转,然后单击这两个按钮尝试一下。在后面章节编程中对这两个概念有不同的编程技巧实现。

1.4.2　硬件信息

通过选择 Diagnostics 命令可打开 NXT 硬件信息显示对话框，如图 1.17 所示。

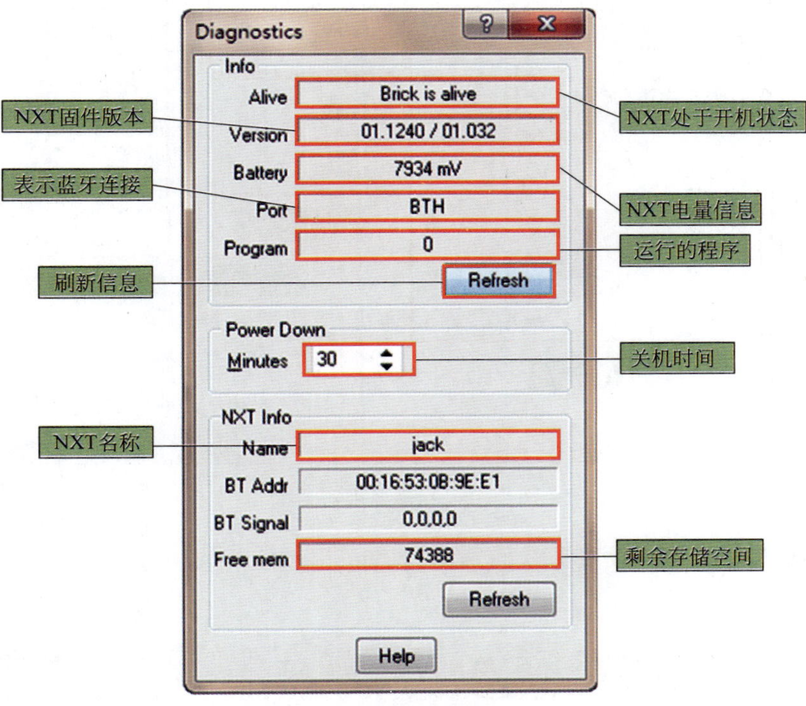

图 1.17　硬件信息对话框

通过图 1.17 所示的硬件信息对话框，可以了解到 NXT 是否处于活动状态、固件版本、电量、NXT 名称以及剩余存储空间等信息。通过"刷新"按钮可以同步 NXT 当前的信息，比如电量信息是不稳定的，随着时间的流逝电量会减少，单击"刷新"按钮后就可以知道当前电量的信息。

1.4.3　状态监视

选择 Watching the Brick 命令或者单击工具栏中的按钮，即可打开 BricxCC 的状态监视对话框，BricxCC 的状态监视功能十分丰富，就像一个超级仪表盘，从中可以监视机器人的所有参数。不仅可以监视输入口和输出口的状态值，而且还可以监视系统时间等。BricxCC 的状态监视对话框如图 1.18 所示。

图 1.18 显示的是状态监视对话框的"通用"选项卡，从该选项卡中也可以读取除 NXT 以外的其他智能主机信息。后面 3 个选项卡 NXT Motors、NXT Mailboxes、NXT I2C 是 NXT 专用的。

如果现在想监视触碰传感器是否被按下，可以先把触碰传感器连接到输入口 1 上；然后在"直接控制"对话框中设置传感器 1 类型为 Switch，模式为 Boolean；最后打开状态监

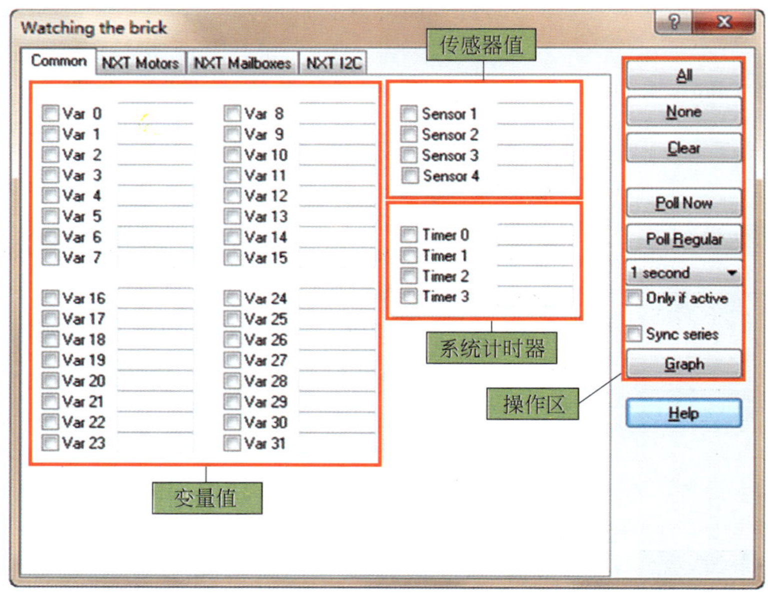

图 1.18 状态监视对话框

视对话框，选择 Sensor 1，设置监视间隔为“200ms”，单击 Poll Regular 按钮即可完成监视，具体操作如图 1.19 所示。

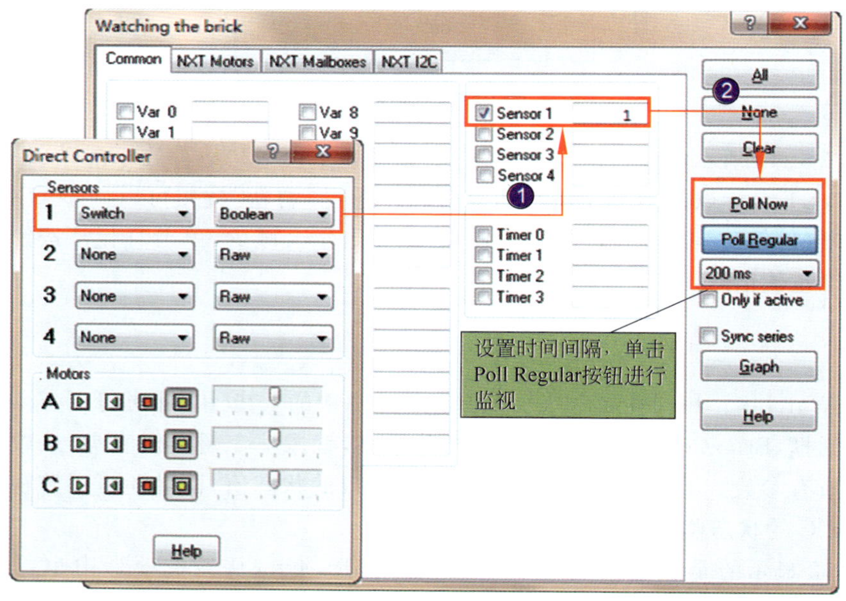

图 1.19 监视触碰传感器

按照图 1.19 所示完成设置后，用手按下触碰传感器，监视窗口中 Sensor 1 编辑框中会变为 1，松开后变为 0。有关传感器类型及模式等内容会在后面章节进行介绍。

在打开 NXT Motors 选项卡之前，请先在输出口 A 连接一个电动机。现在选择 NXT Motors 选项卡，打开 NXT 电动机监视属性表，实现对电动机转过的角度进行监视。具体步骤如图 1.20 所示。

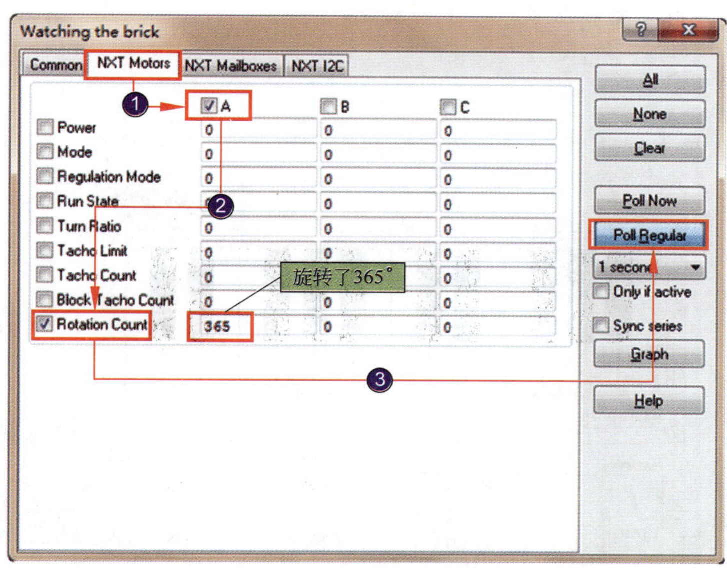

图 1.20　监视电动机转过的角度

连接 NXT 后按照图 1.20 中展示的步骤进行操作，然后手动转动连接在输出口 A 的电动机，可以看到角度值在变化。反向旋转输出的角度值是负值。电动机监视属性表中罗列了有关电动机所有可监视的参数，也可以在直接控制面板中控制电动机监视这些参数的变化。

单击 Graph 按钮，会弹出 Data Analysis 对话框。它会把实时变化的参数绘制出来，横轴为时间，纵轴为数值，如图 1.21 所示。

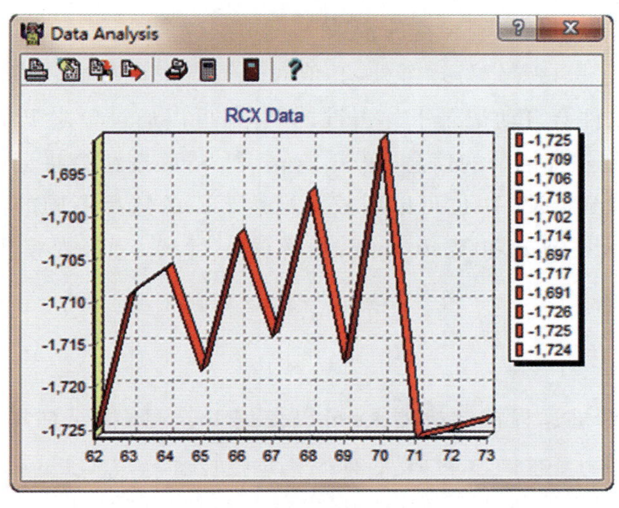

图 1.21　实时图表显示

来回旋转电动机就会形成图 1.22 所示的效果，即电动机的角度值随时间的变化曲线。在状态监视对话框中还有 NXT Mailboxes 和 NXT I2C 选项卡，一个用来监视 NXT 邮箱的信息，另一个用来监视 I2C 传感器反馈值。在这里就不介绍了，读者可以在学习完后面相关章节后，自己研究一下。

1.4.4 钢琴

在 Tools 菜单下选择 Brick Piano 命令可打开钢琴对话框，如图 1.22 所示。

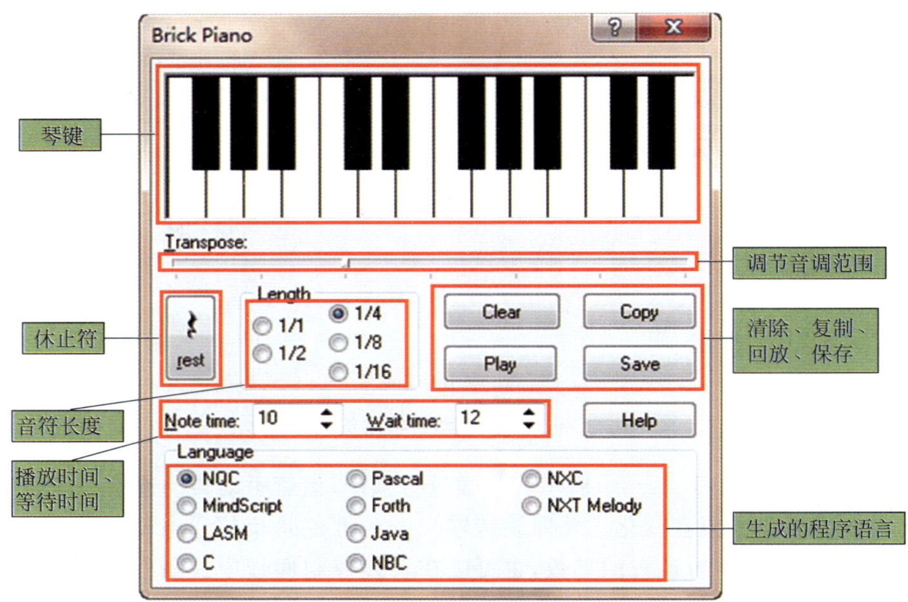

图 1.22 钢琴对话框

在该对话框中，单击不同的黑白琴键可以发出不同音调的声音。不仅可以从中选择音符的长度，而且可以记录刚刚弹奏的音乐。

该对话框中除了黑白琴键好理解外，其他对于读者来说都比较难以理解。当单击黑白琴键的时候，该软件会自动记录下你击键的顺序，可以通过单击 Play 按钮来回放。单击 Clear 按钮会清除软件记录的信息，单击 Copy 和 Save 按钮会将记录的音乐保存为代码形式，编译后下载到 NXT 中也可以回放。当然下面的选择不同的语言就会生成不同的代码了。至于 Note time 和 Wait time，得等学了后续章节，观察生成的代码就全明白了。

1.4.5 操纵杆

如果想通过计算机远程控制机器人，可以使用 Joystick（操纵杆）工具。选择 Tools→Joystick 菜单命令打开 Joystick 对话框，如图 1.23 所示。

方向按钮主要用于控制机器人运动，在设置好左、右电动机后，就可以通过单击相应的方向按钮使机器人运动，鼠标左键弹起停止运动。如果右击按钮，按钮会保持按下状态，需要使用鼠标左键再次单击其他按钮来释放这种保持状态。打开小写键盘可以实现使用键盘进行控制，8 和 2 对应 Joystick 方向按钮的前后箭头，剩余 7 个数字键对应剩下的7 个方向按钮。方向按钮下的 T1 和 T2 可以忽略，因为它只针对 RCX。

驱动方式有左/右驱动(Left-Right)和驱动方向(Drive-Steer)两种，这两种方式都是利用两个电动机来完成机器人的前进和方向控制。左/右驱动主要利用两个电动机的转速差实现方向控制，前进后退的时候两个电动机旋转方向和速度一致。驱动方向方式是利用一个电动机来驱动机器人，另一个电动机来控制方向，前进后退时只转动一个电动机。

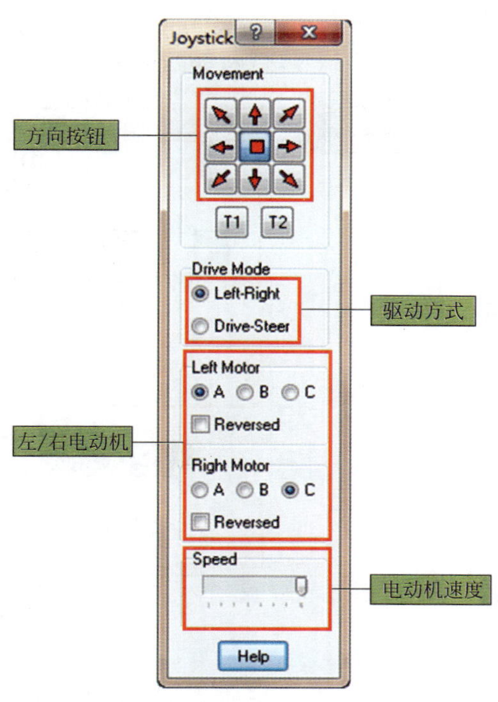

图 1.23 操纵杆示意图

左/右电动机设定主要用来设置与电动机对应的输出口，只有设置正确才能确保机器人按照方向按钮来运动。A、B、C 对应的就是相应的输出口，Reversed 可改变电动机的转向。最后的 Speed 滑杆用来调节输出口对电动机的输出功率，实现控制电动机转速的目的。

1.4.6 浏览器

选择菜单中的 Tools→Explorer 命令即可打开 BricxCC 中的 NXT 浏览器(Explorer)对话框，可以在该对话框中浏览 NXT 内部文件，也可以将本地磁盘中的文件下载到 NXT，还可以将 NXT 中的文件上传到计算机本地磁盘，只需要简单的拖动就能完成，十分方便。BricxCC 软件中的 NXT 浏览器对话框如图 1.24 所示。

该对话框就像 Windows 的资源管理器一样，左边窗口为 NXT 文件系统，右边为计算机本地磁盘文件系统。当然在该对话框中也可以对 NXT 文件进行直接的添加、删除和重命名操作，也可以选择要显示文件的类型。如果要从计算机本地下载文件到 NXT 中，只需要在右边窗口选中要下载的文件，然后将其拖拽到左边窗口即可。用同样的方法，将文件从左边窗口拖拽到右边，即可将文件从 NXT 中上传到计算机本地磁盘中。

1.4.7 屏幕监视

BricxCC 还有一个重量级工具就是屏幕监视，通过选择 Tools→NXT Screen 菜单命令即可打开 NeXT Screen(屏幕监视)对话框，如图 1.25 所示。

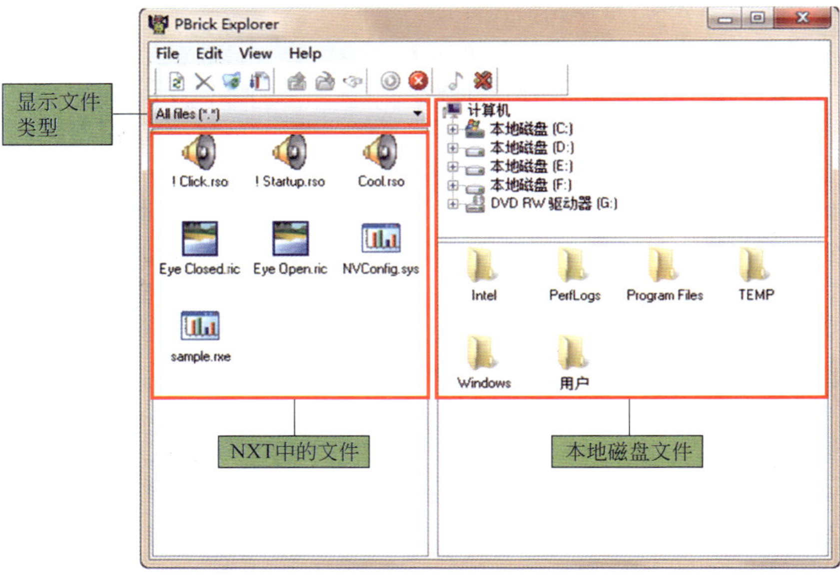

图 1.24　NXT 浏览器对话框

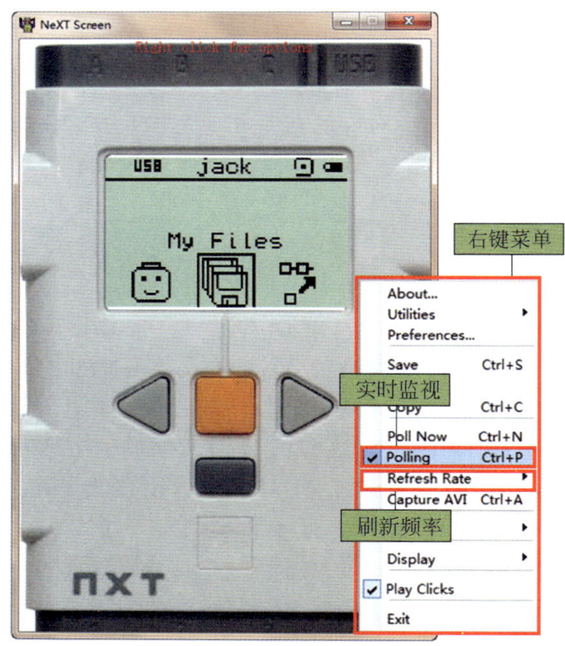

图 1.25　屏幕监视对话框

屏幕监视可以模拟整个 NXT 的操作，单击下面的虚拟按钮和用手按 NXT 按钮效果一样。在右键菜单下选择 Polling 命令即可进行实时监视，通过 Refresh Rate 子菜单项可以对刷新频率进行调整，选择时间越短，刷新频率越高，实时性就越好。

1.5 更新固件

学习 NXC 编程一方面要学习 NXC 编程的语法；另一方面要学习 NXC 中提供的系统函数，不需要知道函数的内部代码，只要会使用即可，就像使用 NXT-G 编程一样，拖动几个图块就能实现控制机器人了。在 NXC 编程的时候，有些函数需要更高版本的系统固件才能发挥作用。在 NXC 帮助文档中查阅某个函数的时候经常会看到固件版本需要 1.28 以上版本的英文提示，如图 1.26 所示。

Warning:

This function requires the enhanced NBC/NXC firmware version 1.28+.

Generated on Sun Mar 13 18:08:39 2011 for NXC by Doxygen

图 1.26　NXC 帮助文档中的提示

NXC 帮助文档中虽然提供了非常全面的技术支持，内容很多，但是也特别乱，讲解并不详细。要打开 NXC 帮助文档，可以选择 Help→Guide PDFs→NXC 菜单命令打开，如图 1.27 所示。

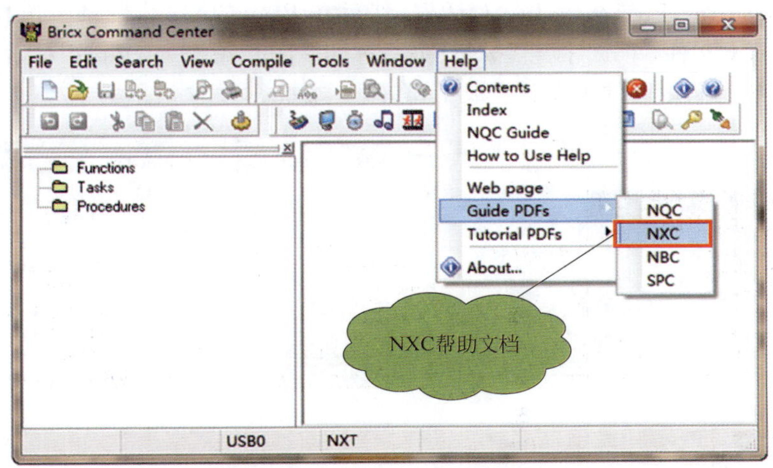

图 1.27　打开 NXC 帮助文档

NXC 帮助文档并不适合初学者，而且为全英文编写。Help 菜单下的 Tutorial PDFs 中也提供了与 NXC 相关的教程，内容比较简单，适合入门，英文学得好的读者可以尝试阅读。

从图 1.26 中可以看到，如果想充分发挥 NXC 的长处就需要更新 1.28 以上的固件。当安装完成 BricxCC 3.3.8.10 软件后，在其安装目录下会看到.rfw 后缀的文件。笔者计算机中 BricxCC 的安装目录为 C:\Program Files\BricxCC，带有名为 lms_arm_nbcnxc_132.rfw 和 lms_arm_nbcnxc_107.rfw 两个固件，如图 1.28 所示。

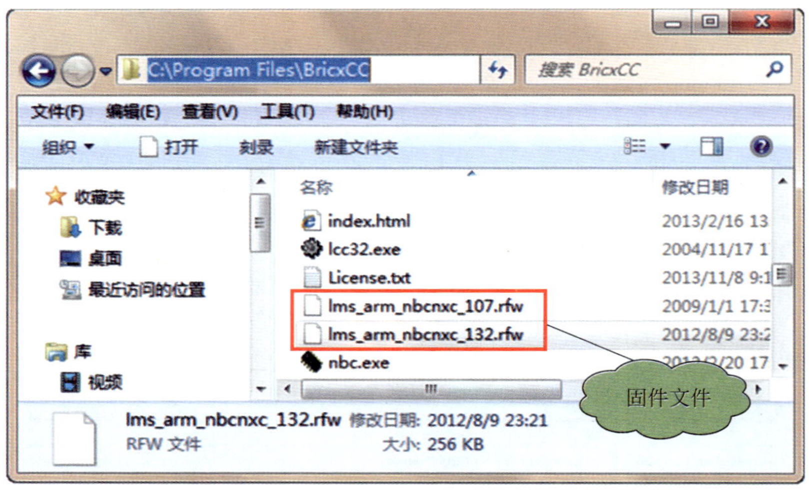

图 1.28　BricxCC 安装目录中的固件文件

BricxCC 3.3.8.10 软件中带有 132，表示固件的版本为 1.32，满足 NXC 中部分系统函数 1.28+固件的要求。找到了高版本的固件，如果想要把它下载到 NXT 中，需要使用 USB 线连接 NXT 再打开 BricxCC 软件，首先选择 Tools→Download Firmware 菜单命令，打开 Choose the Firmware file 对话框；然后在 BricxCC 安装目录中选择 lms_arm_nbcnxc_132.rfw 文件，单击“打开”按钮；最后弹出 Firmware Download 对话框显示下载进度，等进度条走满后固件更新就完成了，具体步骤如图 1.29 所示。

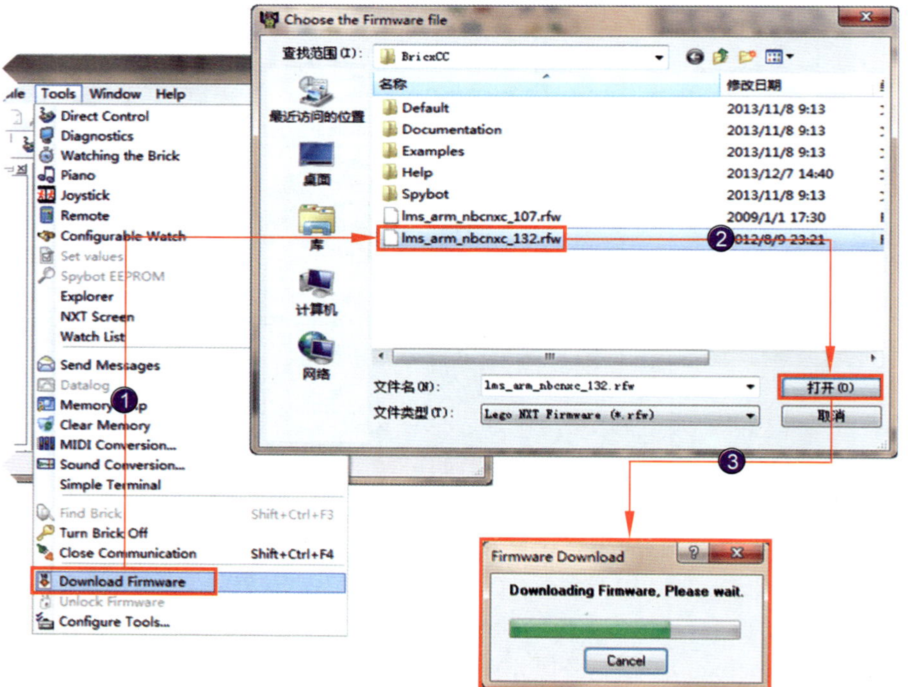

图 1.29　更新固件步骤

在更新固件过程中，如果听到 NXT 发出“哒哒哒”的声音，这属于正常现象。笔者的 NXT 也会发出这种声音，要耐心等待更新完毕。固件更新完后，在 NXT 中打开 Settings→NXT Version，可以看到固件版本变为 1.32，如图 1.30 所示。

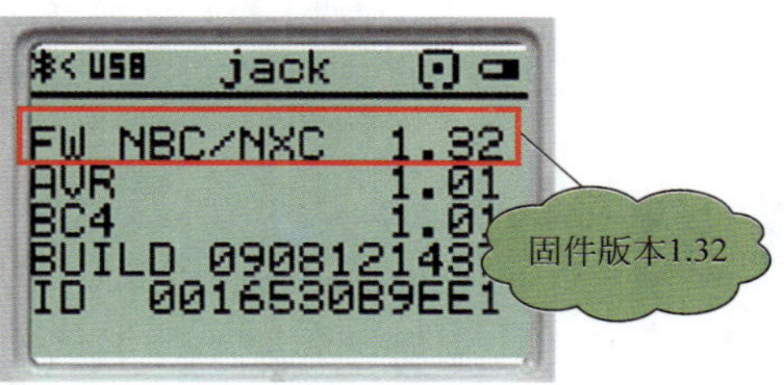

图 1.30 更新后的固件版本

完成这样的更新后 NXT 中的文件将会全部丢失，当然也包括开机声音文件和按键的声音文件。不过，依然可以通过 BricxCC 的浏览器工具将文件下载到 NXT 中。安装了 LEGO MINDSTORMS NXT 软件后，在其...\LEGO MINDSTORMS NXT\engine\Sounds 目录下有很多.rso 后缀的 NXT 声音文件，以感叹号(!)开头的声音文件为 NXT 系统声音文件，如图 1.31 所示。

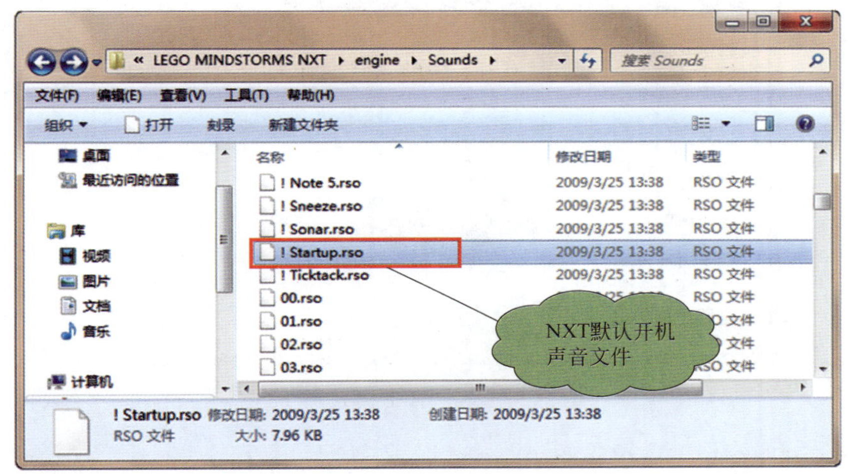

图 1.31 NXT 系统声音文件

按照 1.4.6 小节中介绍的使用 BricxCC 浏览器(Explorer)工具，可以将图 1.31 中的系统声音文件下载到更新固件后的 NXT 中，所以大家不必担心更新固件后不会使 NXT 没有开机声音的问题。在以后的学习中，还会介绍编程让 NXT 发出声音，那时将会对 NXT 声音文件有更进一步的认识。当然，在习题 1-6 中将教大家怎样将计算机磁盘中的声音文件下载到 NXT 中。

1.6 小 结

本章首先对 NXC 的由来及含义做了简要的介绍；然后又介绍了 NXC 开发环境 BricxCC 的安装和使用，而且通过编写一个具体实例讲解了 NXC 语言编程；最后介绍了 BricxCC 软件中一些有趣工具的使用和更新 NXT 固件等内容。本章的重点内容是理解 NXC 语言的含义，以及 BricxCC 开发环境的简单使用。细心的读者可能会发现书中

BricxCC 软件界面和自己计算机上安装的稍有不同。下一章将会详细介绍怎样配置 BricxCC 软件，读者可以根据自己的需要来对开发环境进行调整。

1.7 习题

【习题 1-1】 创建一个新文件，尝试使用 BricxCC 中的模板(Templates)为其迅速创建一个任务框架，然后将其保存并命名为 Test3 的 NXC 项目文件。

【提示】 在图 1.32 所示的模板区的 Programs 项目下，可以找到任务框架的模板，添加后如图 1.32 所示。

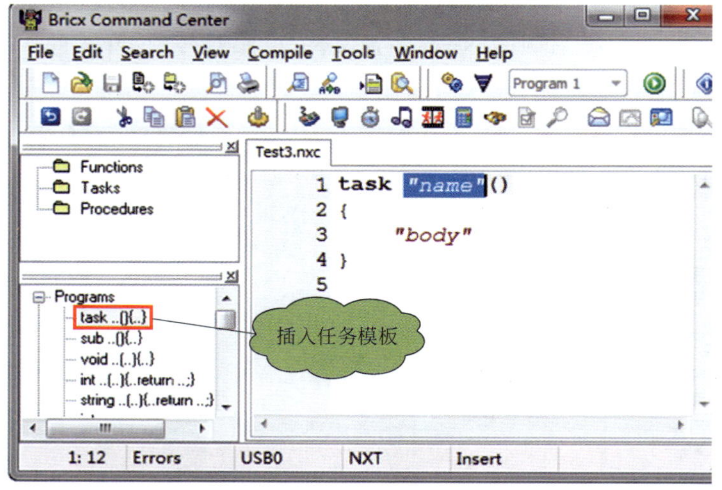

图 1.32 任务模板

【习题 1-2】 利用上面创建的 Test3 项目，为其添加主任务，并编写程序实现让机器人在地面上画个 S 形状。

【提示】 如果理解了 1.3.4 小节中的画圆程序，实现画“S”就非常简单，只需反方向画两个半圆即可。

【参考代码】 实现画 S 形程序。

```
task main()
{
    OnFwd(OUT_B, 75);
    OnFwd(OUT_C, 15);
    Wait(5000);

    OnFwd(OUT_B, 15);
    OnFwd(OUT_C, 75);
    Wait(5000);

    Off(OUT_BC);                              //关闭 BC 输出端口
}
```

【习题 1-3】 创建一个名为 Test4 的 NXC 项目，编写程序实现让机器人原地旋转 360°。

【提示】 要想实现原地旋转，只需让 B、C 输出口以方向相反、速度相同的输出来控制电动机运行一段时间即可实现。

【参考代码】 旋转 360°程序。

```
task main()
{
    OnFwd(OUT_B, 75);
    OnRev(OUT_C, 75);

    Wait(4000);

    Off(OUT_BC);
}
```

【习题 1-4】 将电动机连接在 NXT 输出口 A 上，使用 BricxCC 软件中的"直接控制(Direct Control)"工具让它动起来，并尝试一下电动机缓慢停止和急停按钮，看看它们有什么不同。

【提示】 这里主要让大家学习使用直接控制面板中的电动机(Motors)控制。既然电动机连接在 A 口，那么就需要单击"直接控制"对话框下对应 A 的按钮，如图 1.33 所示。

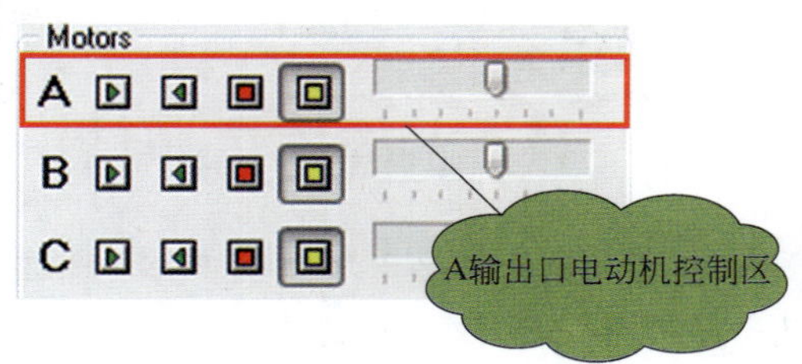

图 1.33　A 输出口控制区按钮

在使用"直接控制"对话框之前，首先需要确保 NXT 已经连接上了计算机，可以参考 1.2.3 小节进行连接。然后启动"直接控制"对话框，通过控制图 1.33 中被框起的按钮即可实现控制输出口 A 上的电动机。在单击相关按钮后，需要用鼠标调节滑杆来改变电动机的输出功率。最右边的按钮使电动机缓慢停止，第三个按钮实现电动机的急停。缓慢停止和急停的差别在于，缓慢停止是电动机靠惯性停止，急停是输出口向电动机输出瞬时的反向电流让电动机立马刹车。

【习题 1-5】 将触觉传感器连接到输入口 1 上，使用 BricxCC 软件中的状态监视面板(Watching the Brick)监视传感器反馈回来的值。

【提示】 在使用状态监视面板进行监视传感器值之前，首先需要使用"直接控制"对话框配置输入口上对应传感器类型。这里需要设置输入口 1 为触觉传感器，值类型为布尔类型(1 或 0)，如图 1.34 所示。

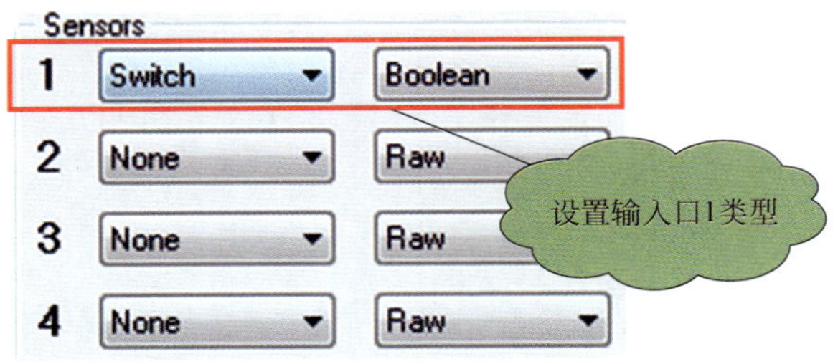

图 1.34 设置输入口 1 类型

大家不必担心不懂 Switch 和 Boolean 的含义，知道在使用传感器之前首先需要设置相应输入口类型和传感器相对应即可。设置好输入口 1 类型后，打开“状态监视”对话框并勾选 Sensor 1 复选框；然后选择监测时间为 200ms；最后单击 Poll Regular 按钮，如图 1.35 所示。

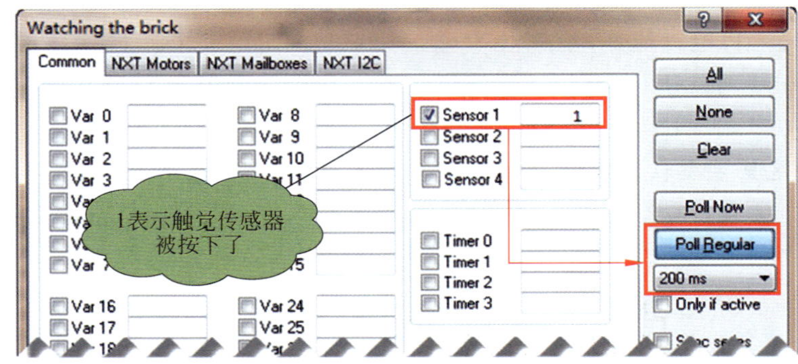

图 1.35 监视触觉传感器

按照图 1.35 设置完成后，按下触觉传感器编辑框中显示 1，松开显示 0。因为选择的是 200ms 实时监控，所以当按下和松开触觉传感器的时候编辑框中的数字会立刻发生变化。

【习题 1-6】 使用 1.4.6 小节中介绍的浏览器(Explorer)工具，将图 1.31 中的声音文件下载到 NXT 中。

【提示】 按照 1.5 节中的内容完成固件更新后，原本 NXT 自带的声音文件全没了，即使在 NXT 中设置为有声音，开机和按键的时候也不会发出声音。要下载图 1.31 中的声音文件，需要首先安装 Lego Mindstorms NXT 软件，该软件就是乐高机器人自带光盘中的软件。

要向 NXT 中下载文件，首先打开 BricxCC 软件中的浏览器工具；然后在右上角窗口中选择文件路径，最后选中文件将其拖到左侧窗口中即可，如图 1.36 所示。

笔者的声音文件路径为 C:\Program Files\LEGO Software\LEGO MINDSTORMS NXT\engine\Sounds，在 Sounds 文件夹下放有很多.rso 后缀的 NXT 声音文件。将 !Startup.rso 文件下载到 NXT 后，开机声音就会有了。如果想要按键声音，还需要下载 !Click.rso 文件。

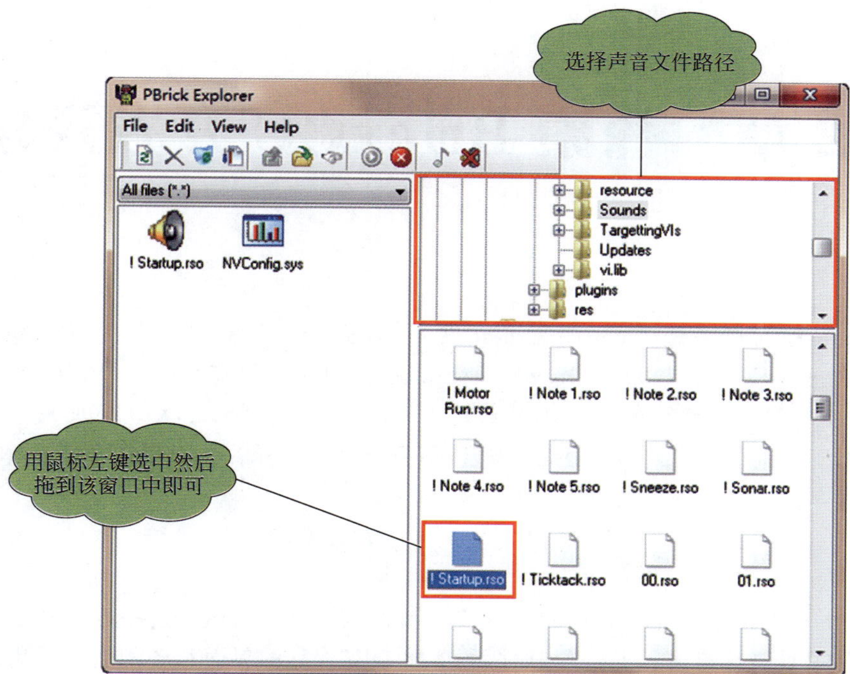
选择声音文件路径
PBrick Explorer
File Edit View Help
All files (*.*)
! Startup.rso
NVConfig.sys
resource
Sounds
TargettingVIs
Updates
vi.lib
plugins
res
! Motor Run.rso
! Note 1.rso
! Note 2.rso
! Note 3.rso
! Note 4.rso
! Note 5.rso
! Sneeze.rso
! Sonar.rso
! Startup.rso
! Ticktack.rso
00.rso
01.rso
用鼠标左键选中然后
拖到该窗口中即可

图 1.36　下载声音文件

第 2 章　探索 BricxCC 开发环境

对于编程人员来说，写程序需要开发工具，而开发工具往往需要花大价钱购买。BricxCC 对于 LEGO MINDSTORMS 编程来说，可以说是目前市面上最好的多语言开发环境了。BricxCC 支持多种语言编程，包括 MindScript、LASM、NXC(NQC)、brickOS C/C++、leJOS Java 等。它不仅适用于 NXT，而且还适用于乐高的其他可编程积木。

2.1　打开 BricxCC

在第 1 章中介绍了 BricxCC 软件的安装及连接 NXT，虽然说这一内容对于编程来说已足够了，但是当你打开 BricxCC 软件后，看到眼花缭乱的界面和各种按钮不免会产生好奇。本章将会在 BricxCC 软件的使用方面进行深入探讨。

2.1.1　连接 NXT

1. 首次连接 NXT

打开 BricxCC 软件，首先看到的是 Find Brick 对话框。在该对话框中将设置连接你的可编程积木的方式、积木类型以及积木系统和固件的类型，如图 2.1 所示。

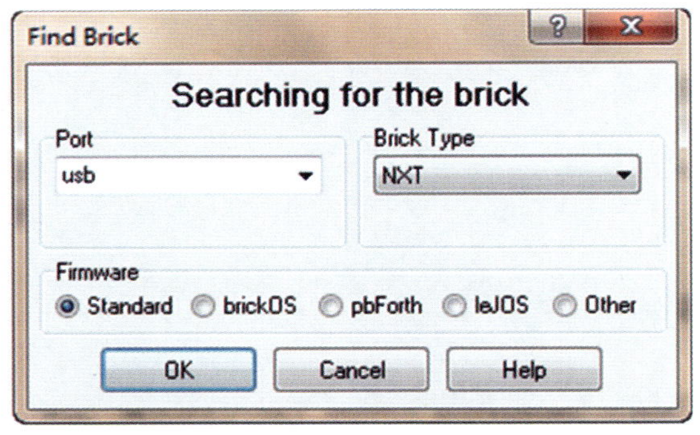

图 2.1　Find Brick 对话框

第一次运行 BricxCC 软件时，默认的端口和积木类型并不适用于 NXT。第 1 章中介绍选择 Automatic 自动端口类型，但是在这里手动输入 usb，然后在“Brick Type”下拉列表框中选择 NXT。在 Firmware 组合框中，不管使用的是 NXT 增强型固件(按照 1.5 节中的方法更新固件后就为增强型固件了)还是标准型固件，这里都选中 Standard 单选按钮。

最后别忘了打开 NXT，并用 USB 线将计算机 NXT 连接起来，然后单击 OK 按钮。

如果 BricxCC 连接上 NXT，会正常显示软件窗口；如果连接失败，会弹出提示框，提示 BricxCC 中某些功能不能被使用，如图 2.2 所示。

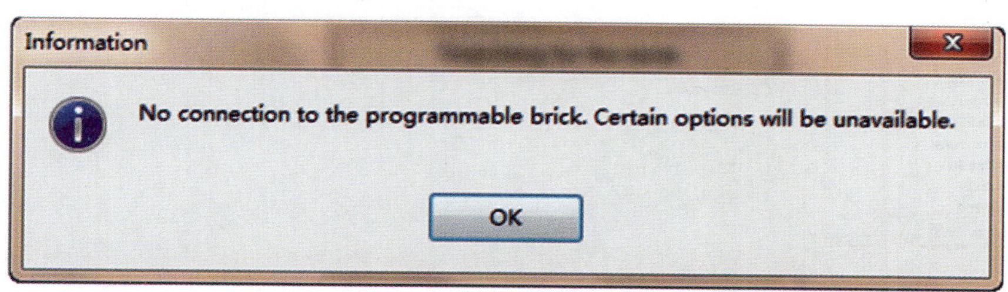

图 2.2　连接失败提示框

2. 连接过的 NXT 设备

不管是通过 USB 还是蓝牙，在 Find Brick 对话框的 Port 下拉列表框中都会自动保存连接成功的 NXT 设备。笔者的 Port 下拉列表框如图 2.3 所示。

图 2.3 所示下拉列表框中的信息保存在一个名为 nxt.dat 的文件中。如果使用的是 Windows XP 系统，该文件所在文件夹路径为"C:\Documents and Settings\＜username＞\Application Data\JoCar Consulting\BricxCC\3.3"；如果使用的是 Windows 7 系统，该文件所在文件夹路径为"C:\Users\＜username＞\AppData\Roaming\JoCar Consulting\BricxCC\3.3"。如果将该文件删除了，当启动 BricxCC 后又会被自动创建。笔者计算机中 nxt.dat 文件的内容如图 2.4 所示。

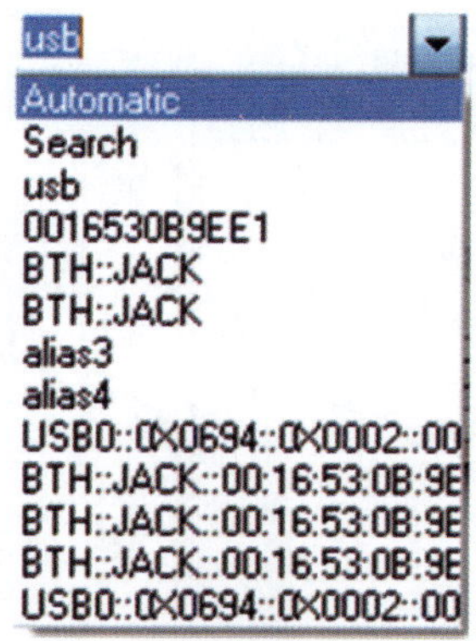

图 2.3　笔者的 Port 下拉列表框

nxt.dat - 记事本

文件(F)　编辑(E)　格式(O)　查看(V)　帮助(H)

```
0016530B9EE1=USB0::0X0694::0X0002::0016530B9EE1::RAW
BTH::JACK=BTH::JACK::00:16:53:0B:9E:E1
BTH::JACK=BTH::JACK::00:16:53:0B:9E:E1::3
alias3=BTH::JACK::00:16:53:0B:9E:E1::7
alias4=USB0::0X0694::0X0002::001653149A90::RAW
```

图 2.4　nxt.dat 文件中的内容

大家不必关心 nxt.dat 中记录内容的具体含义，只要知道该文件中保存了图 2.3 所示的下拉列表框中的信息即可。如果想清除图 2.3 中下拉列表框中冗余的信息，将 nxt.dat 文件删掉即可。

3. 和 NXT 建立连接的 BricxCC 软件

如果和 NXT 已经建立连接，BricxCC 软件中工具栏的各按钮会处于激活状态。BricxCC 软件打开后的界面如图 2.5 所示。

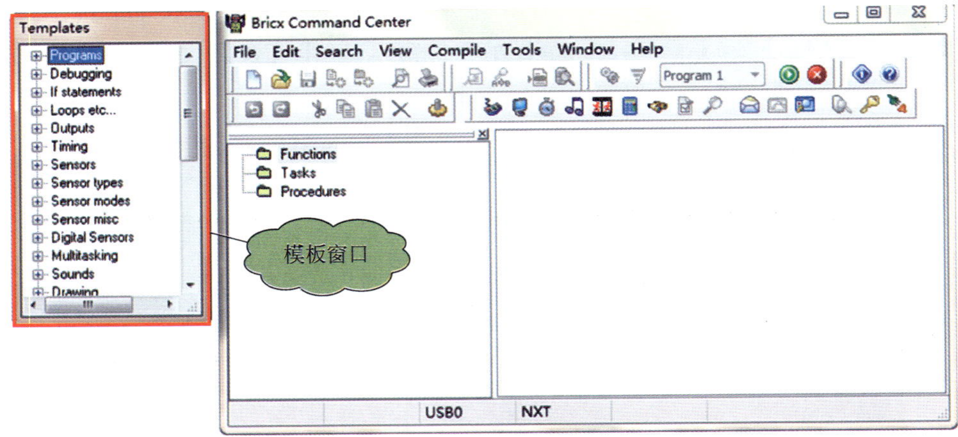

图 2.5 BricxCC 软件界面

默认的 BricxCC 软件中模板窗口(Templates)作为一个独立的分割窗口,在主窗口左侧。在早些版本中,模板窗口大到可以占据整个屏幕。但是现在模板窗口使用树形结构来管理不同的分类,使用户更容易去管理和使用这些模板。

当然,模板窗口也可以和代码浏览器窗口一样停靠在主窗口左侧,作为主窗口中的分割窗口,如图 2.6 所示。笔者建议将模板窗口停靠在代码浏览器窗口下面位置,这样节省屏幕空间,而且也使软件界面看起来更加紧凑。

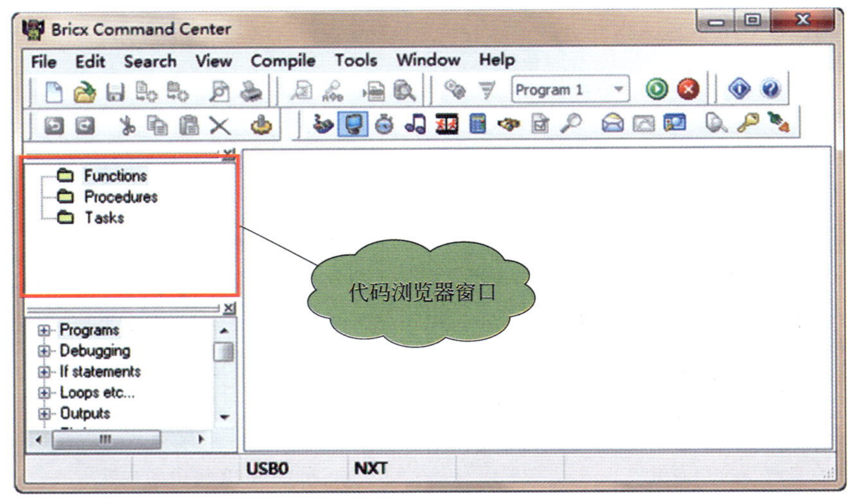

图 2.6 停靠模板窗口

当移动和调整 BricxCC 软件布局的时候,BricxCC 软件会自动记住窗口的形状和位置,待下次启动该软件后就不需要重新拖动和调整了。可以直接按 F9 键将模板窗口隐藏或显示,也可以在 BricxCC 菜单中选择 View→Templates 命令打开模板窗口。

2.1.2　多文档和标签窗口

打开安装完成 BricxCC 软件后，单击工具栏 New File 按钮后可以创建多个编辑窗口，这种窗口管理模式被称为多文档窗口显示，如图 2.7 所示。

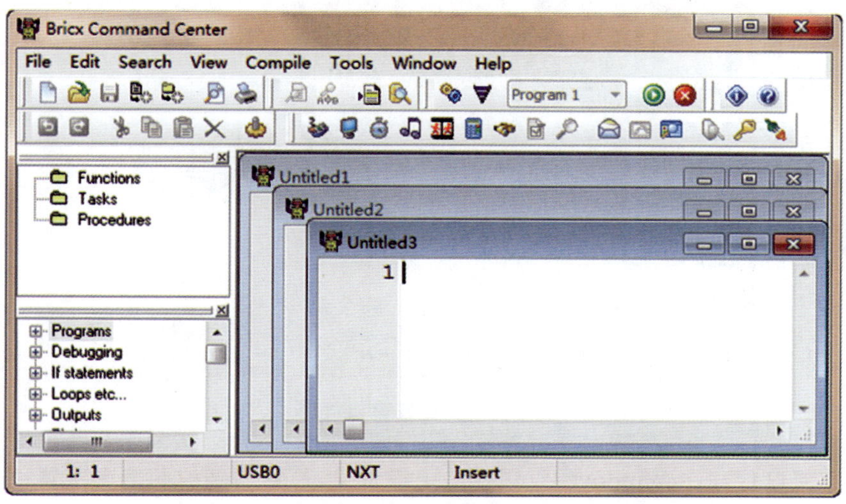

图 2.7　多文档窗口管理

默认情况下编辑窗口的显示模式为多文档(MDI)窗口模式，可以通过偏好设置将多文档窗口显示改为标签显示样式。首先选择菜单中的 Edit→Preferences 命令打开 Preferences 对话框，然后取消勾选 General 选项卡中的 Use MDI mode 复选框，如图 2.8 所示。

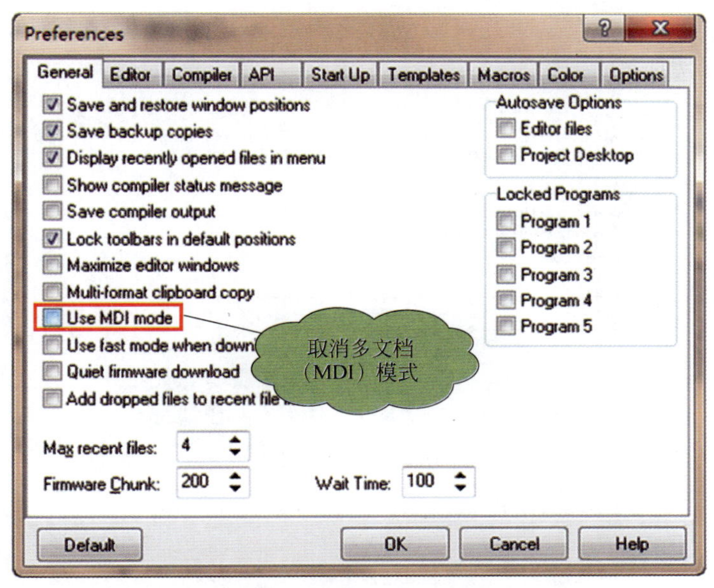

图 2.8　选择编辑窗口模式

软件编辑窗口从多文档模式到标签模式的转换需要重启软件才能生效。多标签编辑窗口模式的效果如图 2.9 所示。

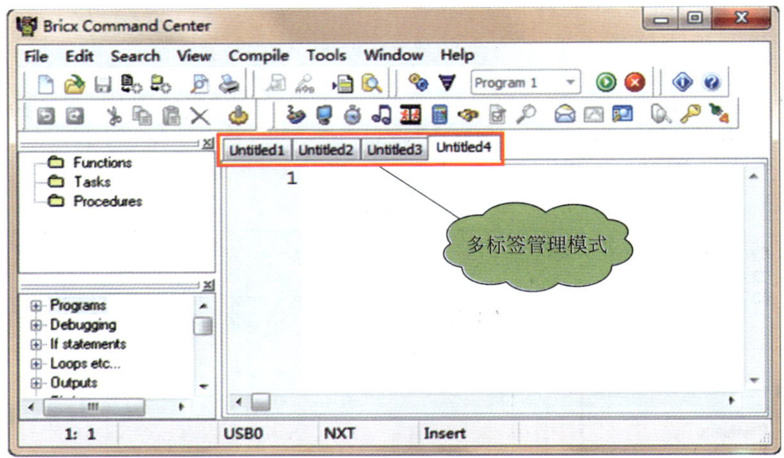

图 2.9 多标签窗口管理

多标签窗口管理在 Windows 应用程序中很常见,最常用到的网络浏览器也是使用标签的窗口模式管理不同网址的页面窗口。细心的读者在阅读第 1 章的内容时或许就注意到了笔者的 BricxCC 软件和自己的不同,因为笔者更喜欢标签式的窗口管理样式。

2.1.3 默认启动选项

BricxCC 默认启动选项就是在图 2.1 中看到的当启动 BricxCC 软件后,在 Find Brick 对话框中默认的端口及积木类型信息。默认启动选项可以在 Preferences 对话框的 Start Up 选项卡中进行修改。在这里还可以选择是否启动 Find Brick 对话框,也可以设置端口和类型的默认选项值,如图 2.10 所示。

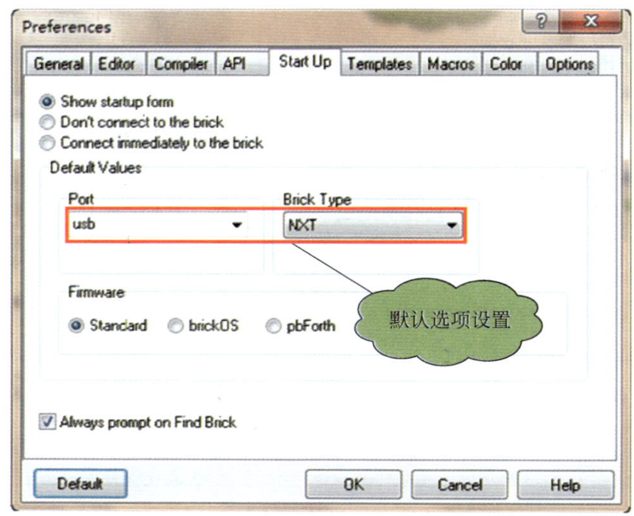

图 2.10 BricxCC 默认启动选项设置

BricxCC 软件默认积木类型为 RCX,最初端口的值为空。现在选择端口为 usb,积木类型为 NXT。设置完成后,启动 BricxCC 软件的时候在 Find Brick 对话框中显示的默认端口及积木类型选项就为 usb 和 NXT 了。

2.1.4　编译器设置

编译器是一个开发环境的核心功能,编译器可以将编写的代码转换为 NXT 能够识别的机器码。在 BricxCC 中支持多种积木类型而且支持多种编程语言,所以编译器的设置选项也特别多,如图 2.11 所示。不过这本书是讲解 NXC 编程,所以关于编译器设置只需要关注 NXC 就行了。

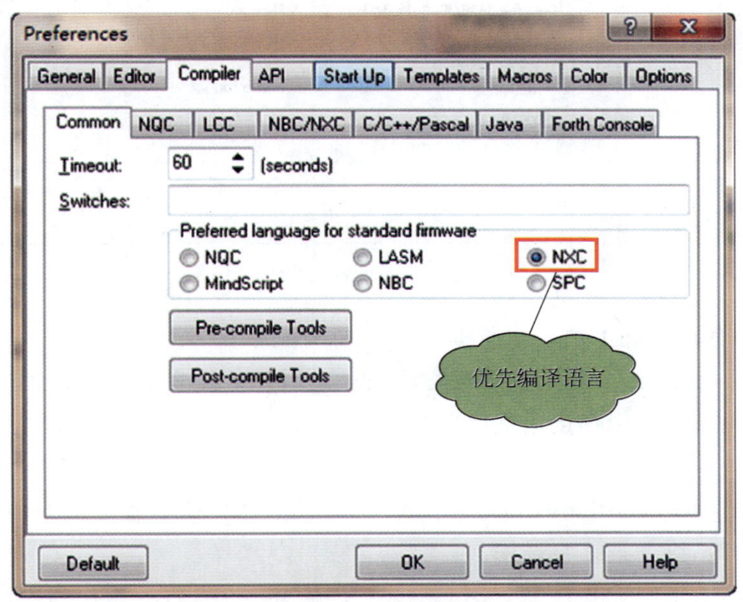

图 2.11　优先编译语言

这里选择 NXC 作为优先编译语言。如果代码文件有后缀,则根据后缀可以知道该文件中代码所使用的语言。如果文件没有后缀,或是在编辑器中写的代码文件还没有保存,就需要根据这里选择的优先编译语言选择相应的编译器了。

在不同的语言中,所用到的关键词也是不一样的。如果编译器知道用户使用的语言,就会将代码中的关键词自动高亮显示。这就是为什么在编辑器中书写的代码要比在记事本中书写的代码更加好看,因为 BricxCC 编辑器给代码中出现的关键词及符号自动添加了颜色。

在 Compiler 选项卡中选择 NBC/NXC 子选项卡可以对 NXC 语言做进一步的设置,通常这里接受默认设置即可,如图 2.12 所示。

NBC/NXC 选项卡中的一些常用的设置如下:

- Use internal compiler:如果勾选该复选框,表示使用 BricxCC 内部编译器,该选

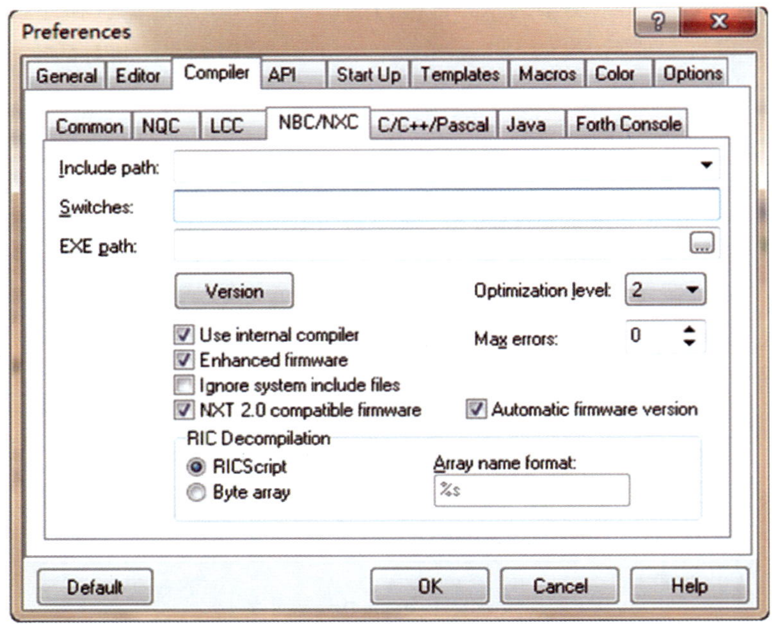

图 2.12 NBC/NXC 语言设置

项可以使编译和下载速度加快。

- Enhanced firmware：如果按照 1.5 节中的内容更新了 NXT 固件的话，就可以勾选该复选框，表示使用增强的固件，那就可以使编译器使用一些增强固件特有的函数了。
- NXT 2.0 compatible firmware：如果想让编写的 NXC 程序只对 NXT 2.0 版本固件有效，则勾选该复选框。

通常给 NXT 下载完程序后，NXT 会发出"嘀"的一声，告诉用户程序已经下载结束了。如果不想让 NXT 在程序下载结束时发出声音，只需要在 Switches 编辑框中输入"-q"即可。

2.1.5 工具栏和状态栏

工具栏为 BricxCC 提供了各种便捷操作，有些工具栏按钮只有连接上 NXT 后才会变为激活状态。状态栏用于显示当前 NXT 的连接状态。可以通过 View 菜单下的命令设置是否显示状态栏或是工具栏。BricxCC 软件中的状态栏和工具栏如图 2.13 所示。

状态栏只有一个，但是工具栏可以有很多，通过 View 菜单下的命令可以设置是否显示状态栏和要显示的工具栏等信息。图 2.13 中的状态信息表明通过 USB 进行连接，设备为 NXT。

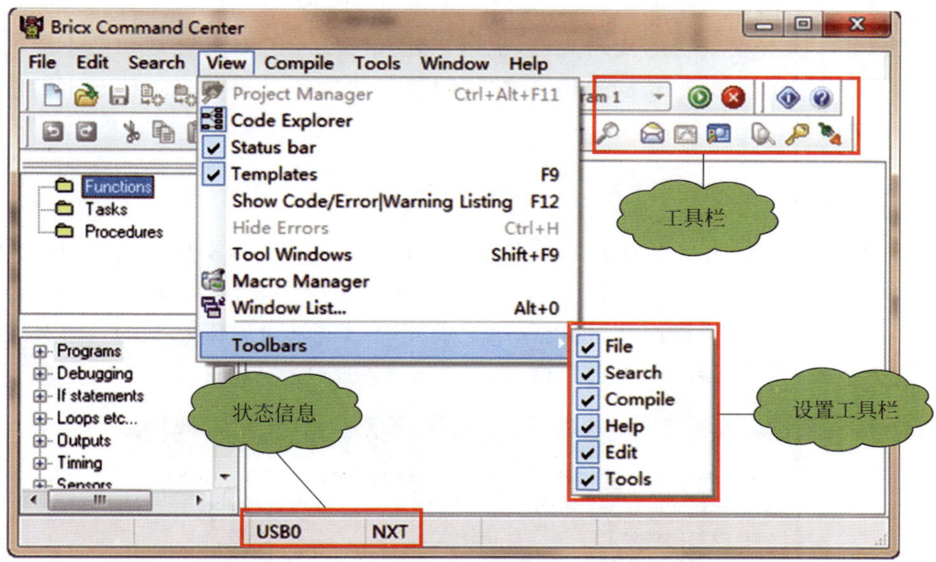

图 2.13　BricxCC 软件中的状态栏和工具栏

2.2　代码编辑器

代码编辑器占据了 BricxCC 开发环境窗口中最大的面积，当然它是不可缺少的，我们的代码都得通过代码编辑器编辑和写入，所以代码编辑器的好坏直接决定了开发环境是否好用。如图 2.14 所示，通过 BricxCC 代码编辑器打开多个代码文件。

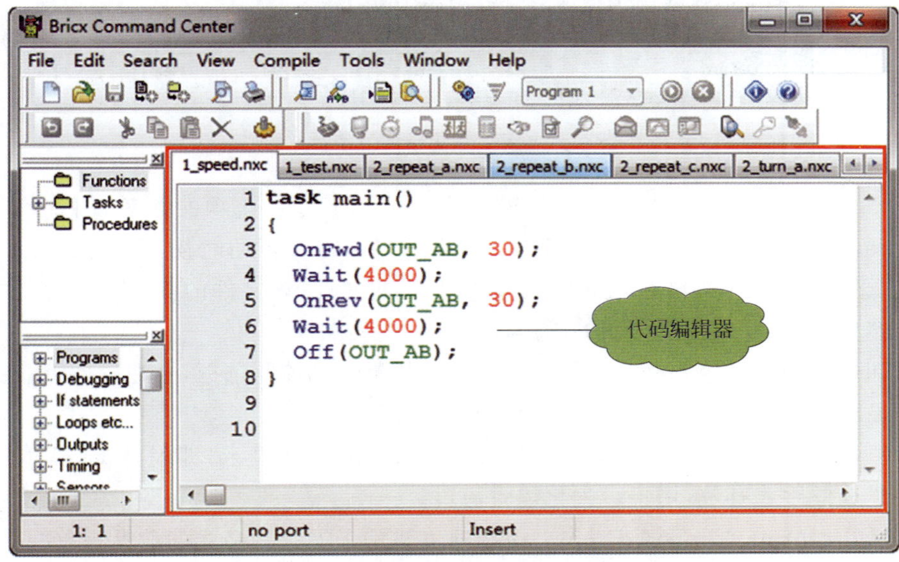

图 2.14　BricxCC 中的代码编辑器

可以看到代码编辑器中上部有很多标签，不同的标签表示不同的文件。可以通过单击相应的标签来选择要编辑的代码文件，也可以通过 Ctrl+Tab 组合键切换不同的标签页。当然只有当切换成标签显示的时候才会这样，有关标签显示和多文档显示的内容在 2.1.2 小节中已经讨论过。

2.2.1 一般编辑器选项

BricxCC 软件中代码编辑器提供了所有文本编辑应该具有的操作，包括选区文本、剪切、复制、粘贴、撤销等。可以通过工具栏中的按钮、右键菜单或是快捷键实现上面的操作。除了这些简单的编辑操作外，也可以通过偏好对话框来设置编辑器的一些属性。偏好对话框中有关于编辑器的一般选项设置，如图 2.15 所示。

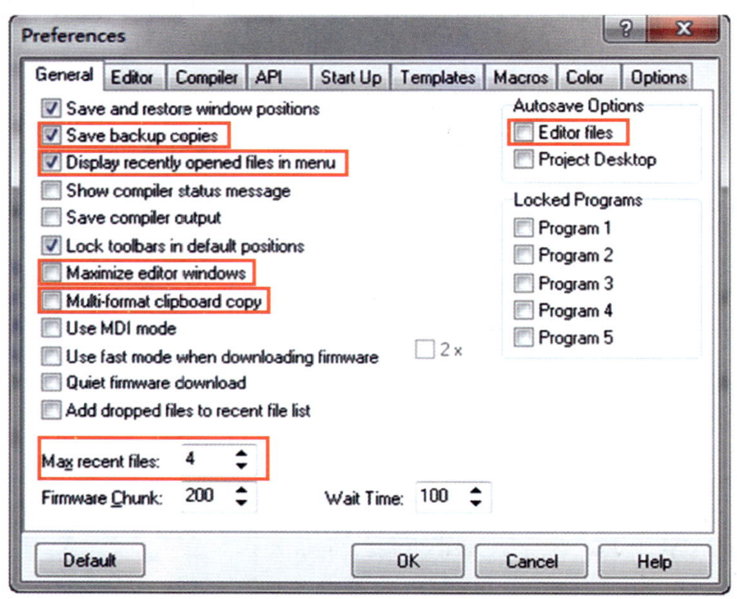

图 2.15 关于编辑器的一般选项

图 2.15 中加框的选项都是关于编辑器的偏好设置，这些选项的含义如下。

- Save backup copies：如果勾选该复选框，当保存文档的时候，会在文档的当前目录生成一个和文档名相同但后缀为.bak 的文件，该文件的内容和保存的文档内容相同，主要起备份文档的作用。
- Display recently opened files in menu：如果勾选该复选框，会在软件 File 菜单中显示最近打开过的文档，以便快速打开最近文档。
- Maximize editor windows：该选项只适用于多文档显示，即勾选 Use MDI mode 复选框后才有效，用于最大化编辑窗口。
- Multi-format clipboard copy：该选项主要用于支持多格式的剪贴板，勾选该复选框后，不仅可以粘贴普通的文本，还可以粘贴 HTML 和 RTF 格式的文本内容。
- Max recent files：该选项用于设置显示最近文档的个数，默认为 4 个，当然只有勾

选 Display recently opened files in menu 复选框后该设置才起作用。

- Editor files：勾选该复选框后，当编译代码文件时系统会自动执行保存命令，保存编辑器中的代码文件。

上面列出了偏好设置中关于代码编辑器的一般设置，这些设置可以根据自身的喜好做相应的修改。对于笔者来说，只将 Use MDI mode 取消勾选，其他均保持默认设置，因为标签形式窗口比多文档窗口更便于管理打开的多个代码文件。

2.2.2　编辑器偏好设置

1. 选项设置

在偏好设置的 Editor 选项卡中，可以对 BricxCC 代码编辑器做更为详细的设置。在偏好设置对话框中单击 Editor 选项卡，即可显示编辑配置对话框，如图 2.16 所示。

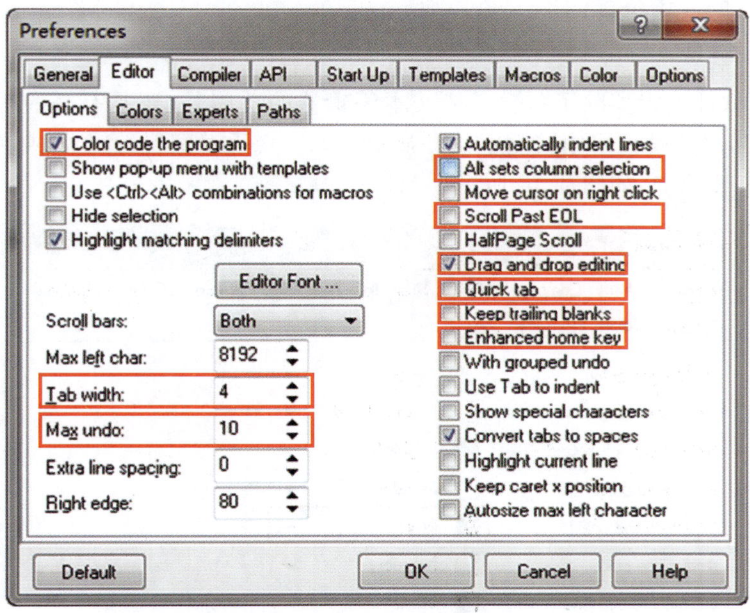

图 2.16　Editor 选项卡

在 Editor 选项卡中可以看到有很多选项可供设置，这里只向读者介绍一些比较实用的设置，就是图 2.16 所示偏好设置对话框中被框起来的选项。这些选项的含义如下。

- Color code the program：关键字高亮显示，勾选该复选框后，代码中的关键字会被编辑器自动高亮显示，让代码更加清晰明了。
- Tab width：按下 Tab 键光标缩进的距离，默认为两个空格，笔者改为了 4 个空格，这样代码会更加有层次感。
- Max undo：最多撤销步数，默认为 10 步，也可以将其改大一点，这样当需要撤销操作的时候就不至于因为步数限制而返回不到想要的状态。
- Alt sets column selection：该选项可以实现鼠标按列选择，勾选该复选框后，在代码编辑页面，按住 Alt 键和鼠标左键进行选择文本可以实现指定列选取。

- Scroll Past EOL：勾选该复选框后，光标可以停留在编辑框的任何位置进行输入，默认该复选框为勾选状态，不过笔者感觉这样不符合一般文档编辑器的习惯。
- Drag and drop editing：拖拽编辑，勾选该复选框后，当选中某段文本后，可以按住鼠标左键将其拖拽到指定位置。
- Quick tab：勾选该复选框后，会让 Tab 缩进感觉莫名其妙，所以如果想让编辑器按照指定的缩进距离符合常理地进行缩进，还是不要勾选该复选框为好。
- Keep trailing blanks：勾选该复选框编译器会保存程序代码每行结尾的空格和代码结尾多余的空行，而这些空格和换行对于编译器来说是无用的，所以不需要勾选。
- Enhanced home key：勾选该复选框后，按下键盘上的 Home 键，光标会自动移到该行代码的缩进末位，再按一次会移动到该行开始位；如果不勾选，光标会直接移到该行的开始位。

2. 颜色设置

BricxCC 软件编辑器除了包含一般文本编辑器的功能外，还具有一些代码编辑器专属好用的功能，那就是代码中关键字高亮显示。如果想手动配置编辑器中文本的颜色，可以单击 Colors 选项卡，如图 2.17 所示。

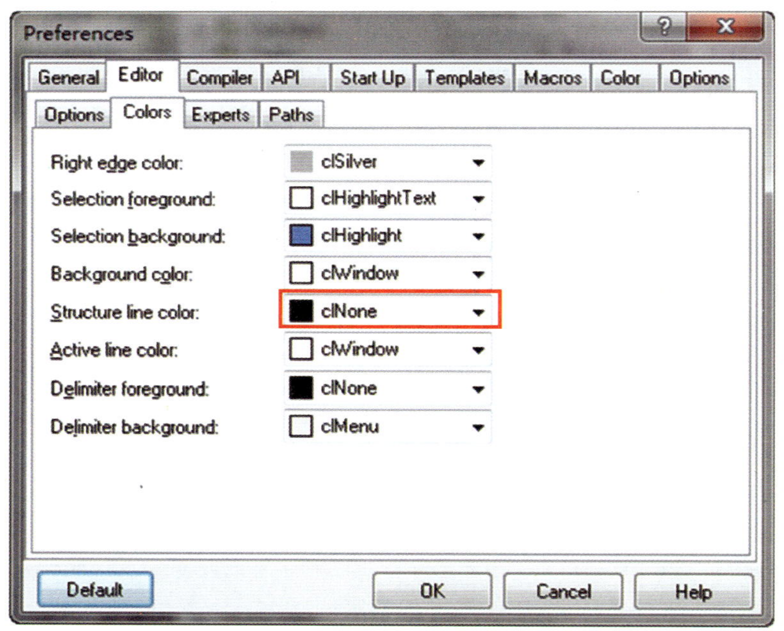

图 2.17　编辑器颜色选项卡

在图 2.17 所示的编辑器颜色选项卡中，可以配置编辑器中代码的颜色。这里还有一个很有用的功能，但是系统默认不显示，即 Structure line color。通过配置 Structure line color，编辑器会把花括号中的程序块用垂直的虚线连接起来，如图 2.18 所示。

```
int move_time, turn_time;

task main()
{
  while(true)
  {
    move_time = Random(600);
    turn_time = Random(400);
    OnFwd(OUT_AC, 75);
    Wait(move_time);
    OnRev(OUT_A, 75);
    Wait(turn_time);
  }
}
```

图 2.18　花括号中代码块虚线

3. 其他设置

在编辑配置中还有 Experts 选项，正如它的名字一样，该选项中的配置比较复杂，不适合进行修改。只有对编辑器有过分要求的用户或许才会用到，所以这里就不介绍了。

2.2.3　宏命令

BricxCC 软件还提供了一些快捷输入功能，可以通过配置相应的宏命令实现。在偏好设置中选择 Macros 选项卡，即可打开宏命令对话框，在这里可以进行相应的宏命令设置，如图 2.19 所示。

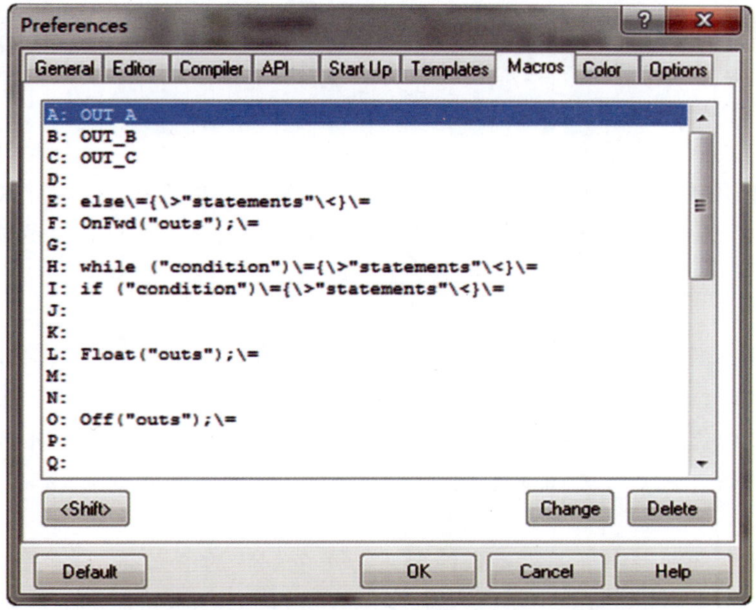

图 2.19　宏命令配置对话框

这里有 A～Z 和 0～9 个按键可供配置。图 2.19 中显示了软件默认配置的一些快捷宏命令。例如，第一行的 A，表示在编辑器中可以用 A 来输入 OUT_A。如果想在编写代码的时候通过键盘上的 A 键将 OUT_A 输入到代码中，需要在 Editor 选项卡中勾选 Use <Ctrl><Alt> combinations for macros 复选框，如图 2.20 所示。

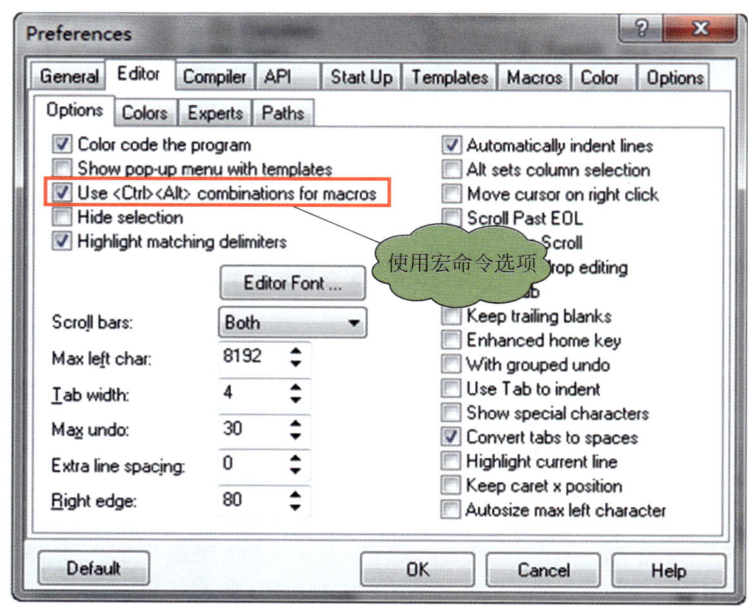

图 2.20 使用宏命令选项

勾选了 Use <Ctrl><Alt> combinations for macros 复选框后，就可以在编辑器中通过按 Ctrl+Alt+字母或数字组合键输入对应的宏命令了。例如，通过按Ctrl+Alt+A组合键可以快速输入 OUT_A 代码。

可以通过双击或是单击右下角的 Change 按钮修改选中的宏命令代码。左下角的 Shift 按钮可以用来设置 Shift 版本的宏命令，以便有更多的选择。设置好的 Shift 宏命令，就需要使用 Ctrl+Alt+Shift+相应的字母和数字组合键完成宏命令的输入了。

2.2.4 颜色配置

在前面的编辑配置小节中提到配置编辑器颜色的内容，只提供了编辑器中一些简单的颜色配置选项。不过，在 BricxCC 软件的偏好设置中提供了专门的颜色配置选项卡，用于配置编辑器中代码高亮显示。代码高亮显示就是将代码中语法、关键词、符号等用不同的颜色加以区分，使代码更加清晰明了。BricxCC 软件中颜色配置选项卡如图 2.21 所示。

在颜色配置选项卡中首先需要选择要进行颜色配置的语言类型，这里选择 NXC，然后根据代码中元素自定义其颜色，以及字体是否加粗、为斜体和加下划线，最后在 Color 中选取自己想要的前景色和背景色。一般情况下，没必要修改默认设置，如果在设置后想恢复默认设置，可以单击左下角的 Default 按钮。

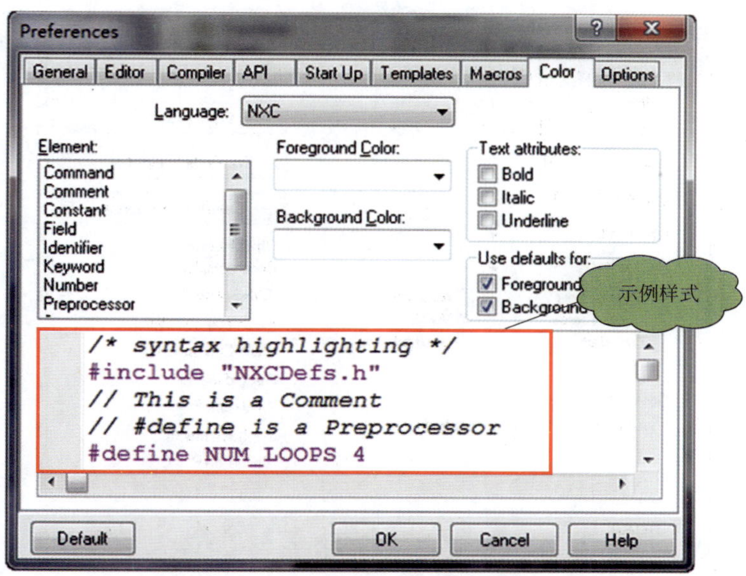

图 2.21　**颜色配置选项卡**

2.2.5　选项页面

最后再看一下关于编辑器设置的一些其他选项。首先，选择偏好设置中的 Options 选项卡，在该选项卡下最直接且常用的就是设置编辑框栏距。BricxCC 软件中的编辑框栏距如图 2.22 所示。

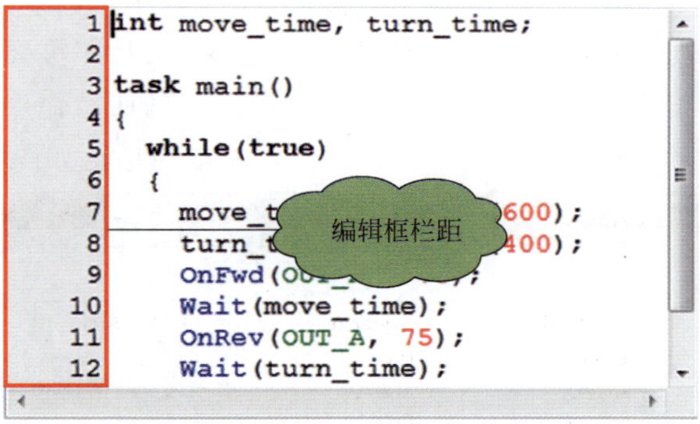

```
int move_time, turn_time;

task main()
{
  while(true)
  {
    move_t                600);
    turn_                 400);
    OnFwd(O
    Wait(move_time);
    OnRev(OUT_A, 75);
    Wait(turn_time);
```

编辑框栏距

图 2.22　**编辑框栏距**

栏距也是代码编辑器一个特别常用的功能，优秀的编译器不仅可以通过栏距知道当前代码的行数，而且可以在栏距中设置书签和断点等功能。BricxCC 软件中的栏距功能比较简单，但非常实用。在偏好设置的 Options 选项卡中可以设置有关栏距的信息，如图 2.23 所示。

在 Options 选项卡的左上区域组合框中，可以对编辑器栏距进行设置。最直观的一个设置就是 Line numbers，可以在栏距中设置对应代码的行号。当然该组合框中还能设

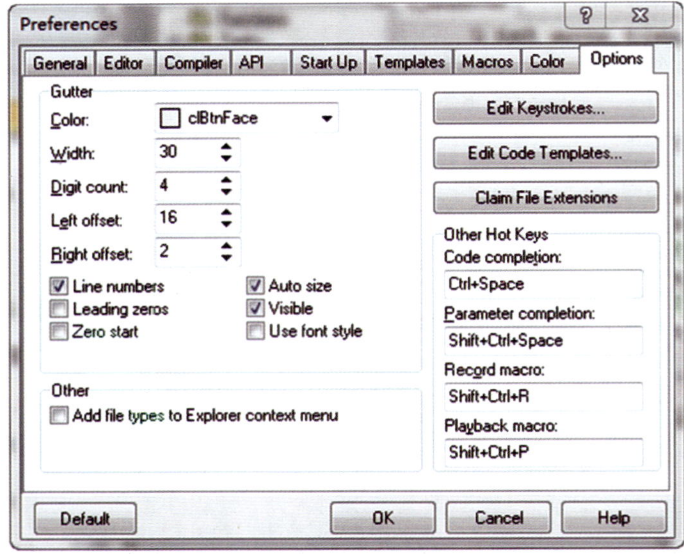

图 2.23　Options 选项卡设置

置栏距的宽度、背景色、显示数的位数、是否行号中有多余的 0、是否从 0 开始等。读者可以自己尝试着设置一下，看有什么变化。设置乱了也没关系，单击左下角的 Default 按钮就能恢复默认设置了。该选项卡中的一些其他选项包括热键设置这里就不介绍了，Edit Keystrokes、Edit Code Templates 和 Claim File Extensions 在后面进行介绍。

2.2.6　编辑命令

在图 2.23 所示的选项卡中，单击 Edit Keystrokes 按钮，即可弹出编辑命令对话框。在编辑命令对话框中可以对 BricxCC 软件编辑器中涉及的所有命令设置快捷键，可以根据自己的喜好对特定的快捷键命令进行修改。编辑命令对话框如图 2.24 所示。

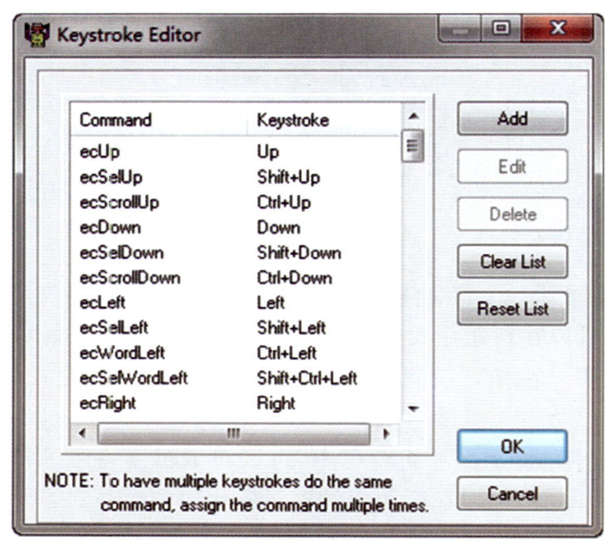

图 2.24　编辑命令对话框

在该对话框中，左边的列表视图中显示的 Command 列表示软件中的编辑命令，右边的 Keystroke 表示编辑命令所对应的快捷键。选中其中的选项后，右边的 Edit 和 Delete 按钮就会变为可用状态。双击其中的选项可以进行修改，如图 2.25 所示。

修改编辑命令快捷键的时候单击 Clear Key 按钮将原先的快捷键清除掉，然后把光标放在第一个 Keystroke 编辑框中，输入想要的快捷键，第二个 Keystroke 保持为 None，最后单击 OK 按钮即可。

相同的编辑命令可以对应多个不同的快捷键。如果想添加新的命令快捷键只需单击编辑器命令对话框中右侧的 Add 按钮即可弹出添加编辑命令对话框，如图 2.26 所示。

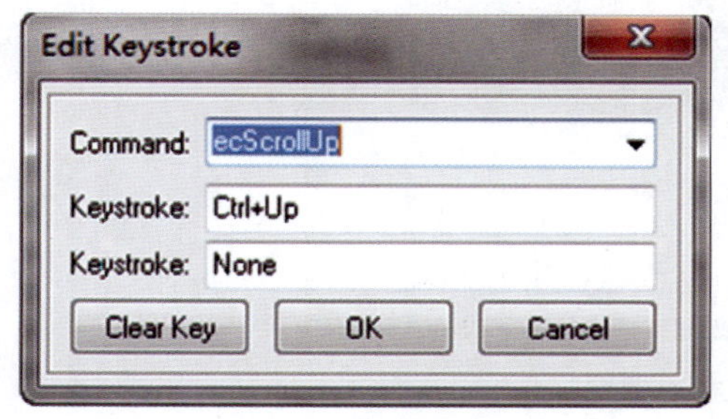

图 2.25 修改编辑命令

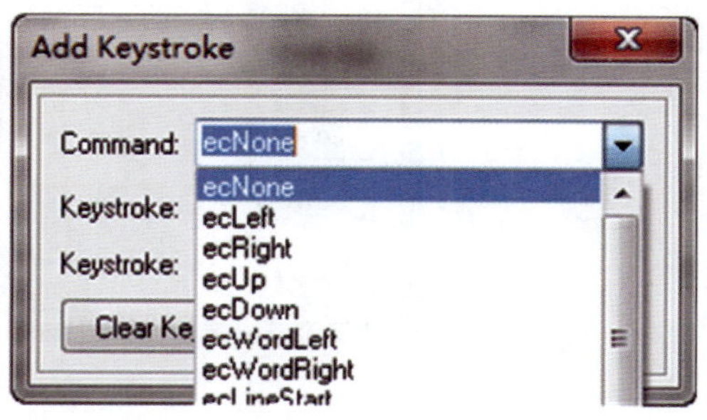

图 2.26 添加编辑命令对话框

添加编辑命令对话框和修改编辑命令对话框基本一样，只需要在 Command 下拉列表框中选择要添加的命令输入快捷键，然后单击 OK 按钮即可。

2.2.7 代码模板

在 BricxCC 软件编辑器中输入 ifeb，然后按 Ctrl+J 组合键，可以看到编辑框中自动输入条件语句代码的框架，如图 2.27 所示。

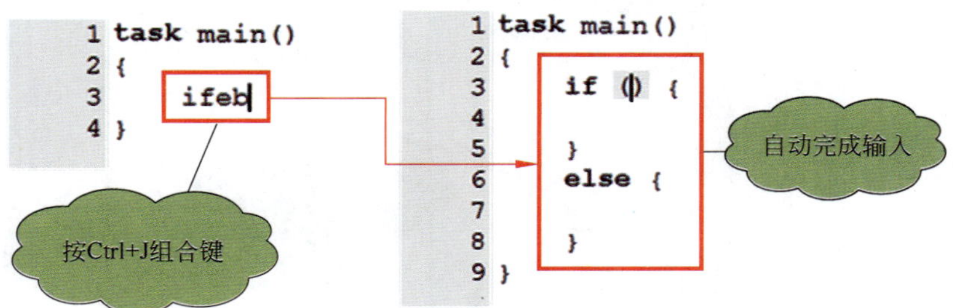

图 2.27 代码模板使用

Ctrl+J 组合键在编辑命令中所对应的命令为 ecAutoCompletion，表示自动完成的意思。ecAutoCompletion 命令为自动输入命令，可以在图 2.24 所示的编辑命令列表框中找到。这里的 ifeb 其实就是代码模板。代码模板可以在代码模板对话框中进行设置。在图 2.23 中单击 Edit Code Templates 按钮即可打开代码模板对话框，如图 2.28 所示。

如果要添加代码模板，首先在代码模板对话框中的 Template 列表视图中添加命令及命令描述，然后在 Code 编辑框中添加代码模板所对应的代码即可。例如，图 2.28 中的

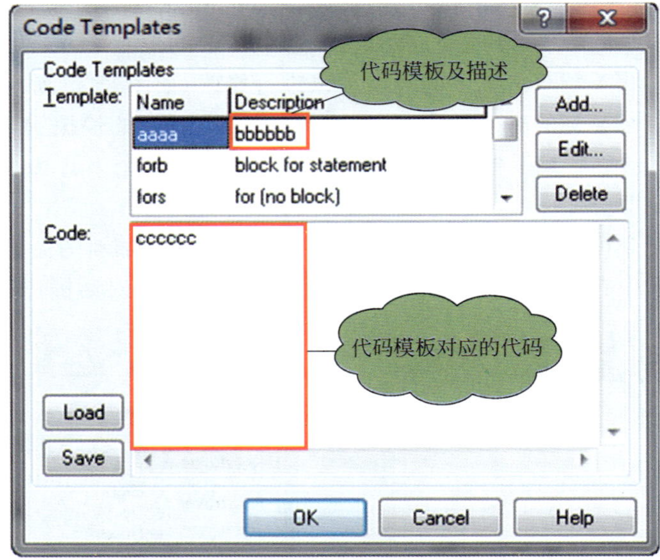

图 2.28 代码模板对话框

aaaa 代码模板，它的描述为 bbbbbb，代码为 cccccc，在 BricxCC 软件编辑器中输入 aaaa，通过按 Ctrl+J 组合键即可输入 cccccc。可以在 Template 列表视图中找一下 ifeb 代码模板，如图 2.29 所示。

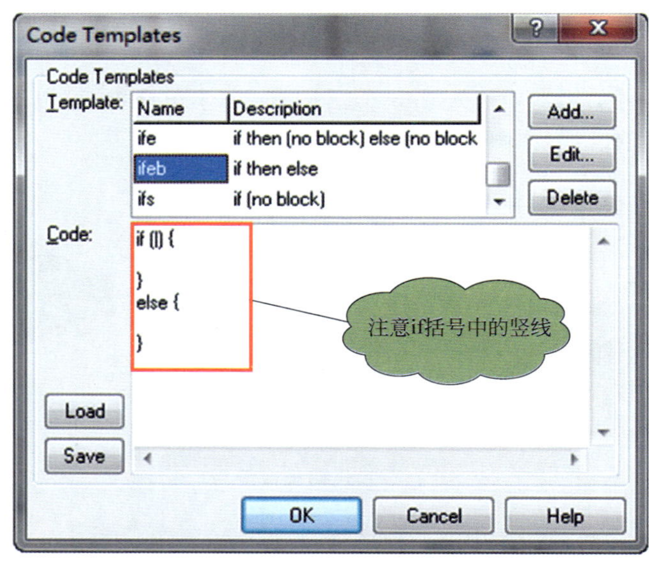

图 2.29 ifeb 代码模板

当通过输入 ifeb 代码模板加 Ctrl+J 组合键输入条件语句代码后，光标会自动移动到 if 语句后的括号中。这主要由 ifeb 代码模板中"|"符号决定的，该竖线的位置就是执行代码模板后光标所在的位置。在代码模板对话框的右侧可以进行添加、修改和删除操

作，添加代码模板对话框中只能输入代码模板名称和描述，代码模板的实现还得在代码模板对话框的 Code 编辑框中进行输入。

2.2.8　关联文件扩展类型

安装完 BricxCC 软件后，在桌面上右击，弹出快捷菜单，然后选择“新建”子菜单，在弹出的命令列表中可以看到有很多 BricxCC 支持的默认文件扩展类型，如图 2.30 所示。

或许会感觉 BricxCC 软件把右键菜单弄得乱七八糟，其实在 BricxCC 软件中可以选择软件默认支持的关联文件。在图 2.23 所示的选项设置页面中单击 Claim File Extensions 按钮，即可弹出关联文件扩展类型对话框，如图 2.31 所示。

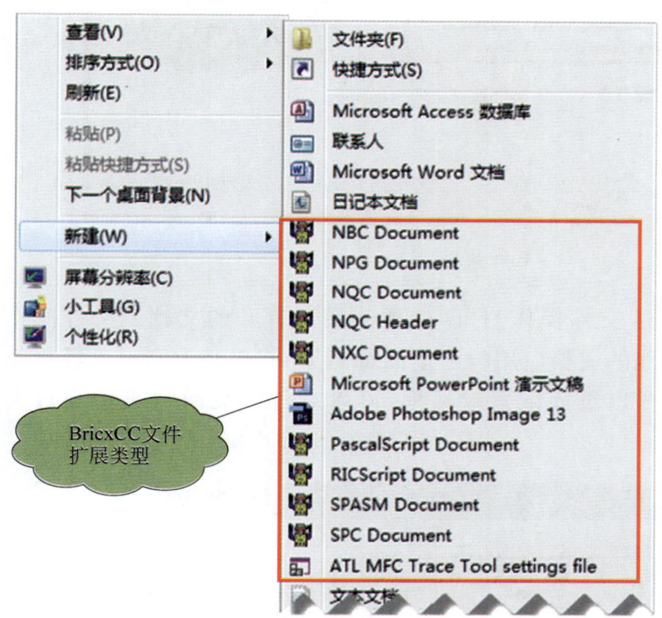

图 2.30　右键菜单中的 BricxCC 软件文件类型

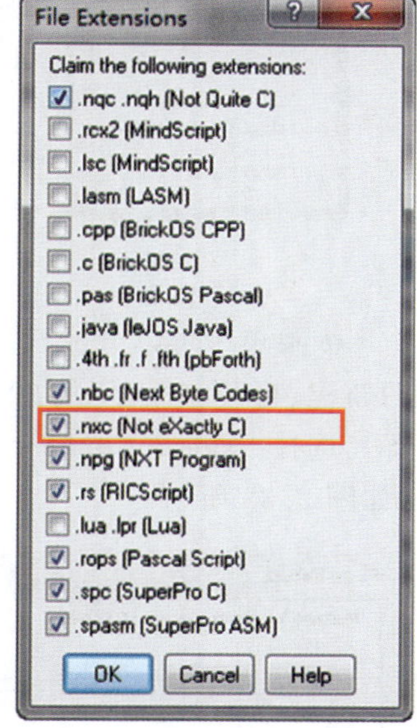

图 2.31　关联文件扩展类型对话框

在该对话框中被勾选的文件类型都被认为是 BricxCC 软件默认文件类型，BricxCC 软件会在操作系统注册表中注册这些文件扩展类型，所以在右键菜单的“新建”子菜单中会看到很多标有 BricxCC 图标的文件类型。这里只需要勾选.nxc 扩展类型即可。这样 BricxCC 软件只会把以.nxc 为后缀的文件当成自己的默认文件，操作系统右键菜单中“新建”子菜单也会简洁许多。

2.3　文件操作和编辑

2.3.1　文件操作

在 BricxCC 软件的 File 菜单中提供了关于文件的操作选项，包括打开、保存、关闭和打印文件等操作，如图 2.32 所示。

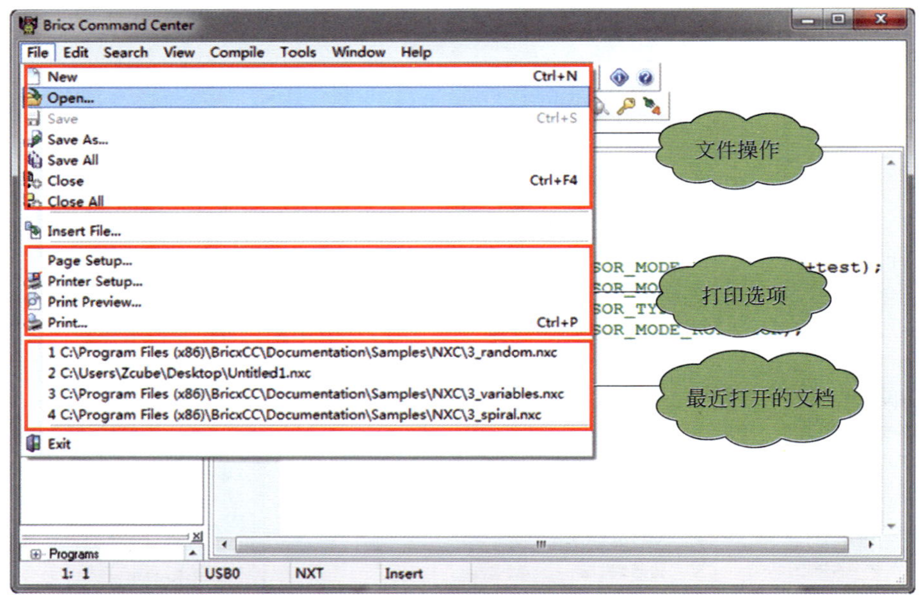

图 2.32　File 菜单

File 菜单中可以分成三大部分：文件操作、打印选项和最近打开的文档。文件操作中的新建、打开和保存等功能在其他的文档应用程序里面都能见到，想必大家都已经很熟悉了。选择 Page Setup 命令即可弹出页面配置对话框，可以对打印页面的布局进行设置，如图 2.33 所示。

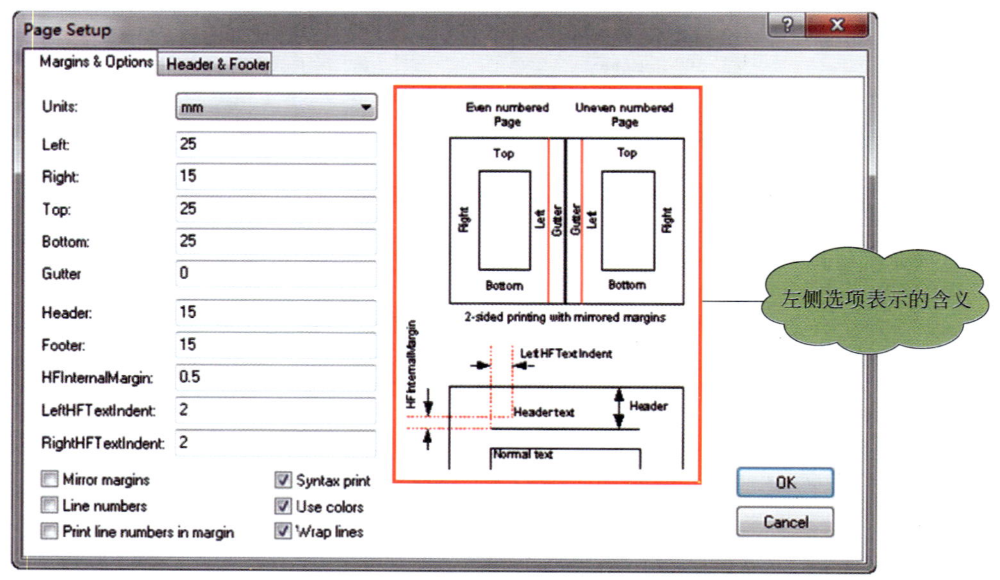

图 2.33　打印页面设置对话框

在打印页面设置对话框中可以对页边距的宽度、页眉等进行设置。该对话框右侧描

述了各设置项在打印页中表示的含义。单击 Header & Footer(页眉和页脚)选项卡，可对打印页的页眉页脚进行详细设置，如图 2.34 所示。

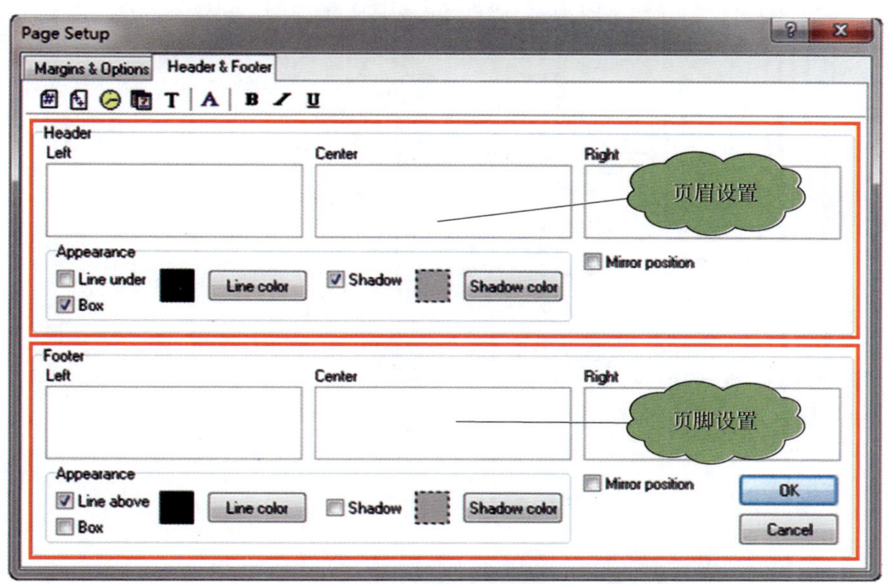

图 2.34　页眉页脚设置

在图 2.34 所示的页眉页脚对话框中提供了 3 个编辑框用于输入页眉页脚左侧文字、中间文字和右侧文字，在 3 组编辑框中可以同时包含内容。读者可以尝试着在页眉页脚 3 组编辑框中输入不同的内容，然后在 File 菜单中选择 Print Preview 命令预览打印的效果。

File 菜单中间还有一个 Insert File 命令，用于将文件中的文本内容插入编辑器光标所在位置。最下面为最近打开的文档，读者或许已经再熟悉不过了。菜单中最近打开文档的数量可以在配置中进行修改。

2.3.2　编辑菜单

File 菜单栏旁边是 Edit(编辑)菜单。Edit 菜单中除了包含编辑器常用的编辑命令剪切、复制、粘贴和删除外，还包含撤销和重做等一些高级文档才具备的功能。BricxCC 中的 Edit 菜单如图 2.35 所示。

编辑菜单最后的 Preferences(偏好设置)命令我们已经很熟悉了，通过它启动 BricxCC 偏好设置对话框，在偏好设置对话框中可以对 BricxCC 软件进行全方位的配置。

对于编辑菜单中基本的编辑命令这里就不多说了。

该菜单中有个 Copy Special 命令，该命令中有 HTML 和 RTF(Rich Text Format)两个特殊的子命令。这两种复制模式和一般的 Copy 是不一样的，如果使用 Copy 来复制 BricxCC 编辑器中的代码，那么剪贴板中只保存有代码的文本信息。但是，可以看到编辑器中的代码文本是有颜色和粗斜体之分的，而且字体为 Courier New，这些信息使用简单的 Copy 命令都会被忽略。下面通过 HTML 和 RTF 分别复制下面这段代码，如图 2.36 所示。

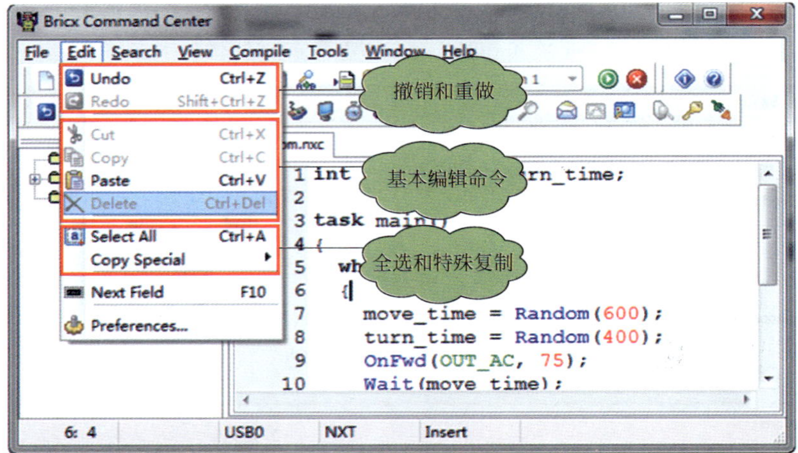

图 2.35 编辑菜单

```
task main()
{
    OnFwd(OUT_B, 75);
    OnFwd(OUT_C, 75);
    Wait(2000);
    OnRev(OUT_BC, 75);
    Wait(2000);
    Off (OUT_BC);
}
```

图 2.36 BricxCC 编辑器中的代码

首先，全选图 2.36 所示编辑器中的代码；然后，通过 Copy Special 命令中的 HTML 子命令进行复制；最后将其粘贴到记事本中。粘贴后的代码如图 2.37 所示。

新建文本文档.txt - 记事本

文件(F) 编辑(E) 格式(O) 查看(V) 帮助(H)

```
<html>
<head>
<title>Untitled</title>
</head>
<!-- Generated by SynEdit HTML exporter -->
<body text="#000000" bgcolor="#FFFFFF">
<pre>
<code><font  size=3 face="Courier New"><font color="#000000"><b>task </b>main()
{
        <font color="#0000FF">OnFwd</font>(<font color="#008000">OUT_B</font>,
        <font color="#0000FF">OnFwd</font>(<font color="#008000">OUT_C</font>,
        <font color="#0000FF">Wait</font>(<font color="#FF0000">2000</font>);
        <font color="#0000FF">OnRev</font>(<font color="#008000">OUT_BC</font>,
        <font color="#0000FF">Wait</font>(<font color="#FF0000">2000</font>);
        <font color="#0000FF">Off </font>(<font color="#008000">OUT_BC</font>);
}
</font>
</code></pre>
</body>
</html>
```

图 2.37 HTML 版本的代码

可以看到通过 HTML 复制的代码包含了更多的信息，通过 font color 这些关键字，很容易理解这些信息中包含了在 BricxCC 编辑器中所看到代码的所有信息。将该文件 .txt 后缀名改为 .html，然后用浏览器打开，又可以看到有颜色的代码了，如图 2.38 所示。

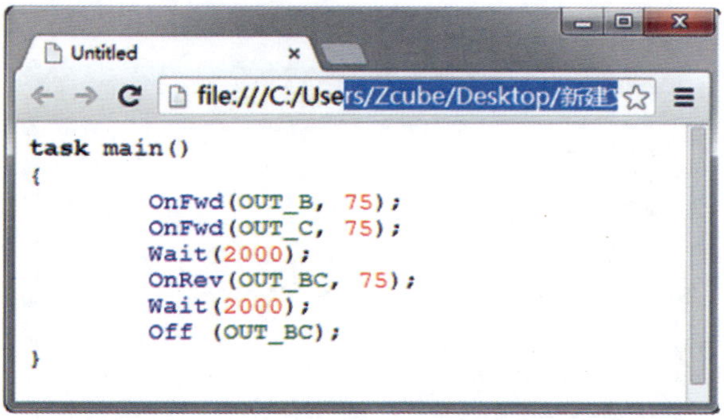

```
task main()
{
        OnFwd(OUT_B, 75);
        OnFwd(OUT_C, 75);
        Wait(2000);
        OnRev(OUT_BC, 75);
        Wait(2000);
        Off (OUT_BC);
}
```

图 2.38　用浏览器打开 HTML 代码

可以看到用浏览器打开粘贴的 HTML 代码后，重新还原了原先代码的颜色和字体。大家可以用同样的方法试一下 RTF 复制，然后将其复制到 Word 中，可以看到也可以还原原先代码的颜色和字体。

最后说一下 Edit 菜单中 Next Field 命令，该命令的快捷键为 F10，通过 Next Filed 命令可以快速选中代码中光标下的字符串，然后通过 F10 键就可以向下进行切换。读者可以在编辑器中输入几段字符串（“字符串得加双引号”），尝试一下 Next Filed 命令。

2.3.3　搜索菜单

BricxCC 软件提供的查找功能非常丰富，有些是专为代码文档设计的，单击菜单栏的 Search 菜单可以看到该软件中提供的相关搜索功能，如图 2.39 所示。

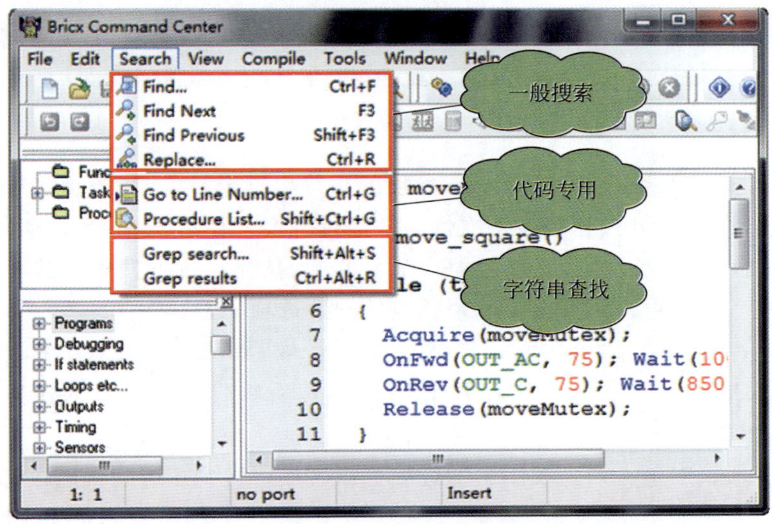

图 2.39　Search 菜单

Search 菜单中用分隔符分成了 3 个部分，一般搜索提供了在编辑器中对搜索的字符串进行匹配，查找查找下一个(F3)和查找上一个(Shift ＋ F3)，还有替换功能都是在其他编辑软件中会经常用到的。在该菜单中选择 Replace 命令可以弹出替换对话框，如图 2.40 所示。

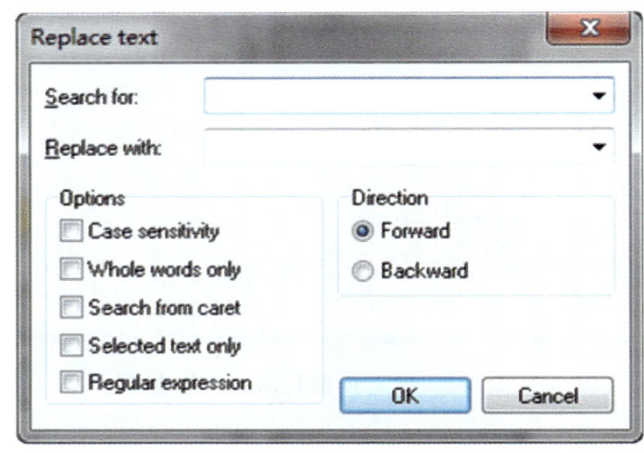

图 2.40　替换对话框

查找对话框和替换对话框的区别在于：替换对话框比查找对话框多出了 Replace with 编辑框。在 Search for 编辑框中输入要查找的字符串，然后在 Replace with 编辑器中输入将要替换的字符串，最后单击 OK 按钮。在编辑器中将会弹出确认替换对话框，如图 2.41 所示。

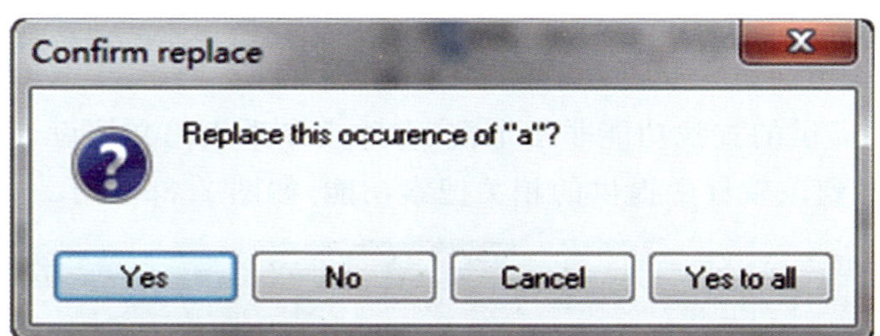

图 2.41　确认替换对话框

单击 Yes 按钮将会在编辑器中对要替换的字符串逐个替换，每替换一个都会进行询问。如果单击 Yes to all 按钮将会一次性全部进行替换。在图 2.40 所示的替换对话框中的 Options 组合框中，包含了区分大小写、全字匹配、从光标位置搜索、搜索选择文本、正则表达式搜索。读者可以根据需要选择相应的搜索选项。

Go to Line Number 命令比较简单，只要输入行号后单击 OK 按钮光标会自动跳转到相应的行号。Procedure List 命令用于分析代码，然后将代码中所有的任务、子程序、函数列出来，如图 2.42 所示。

在该程序列表中单击列表视图中的选项可以直接跳转到相应的代码段部分。该对话框上面的按钮含义分别是复制、字体、匹配方式(开头、任意位置)、跳转和帮助。通过 Search 文本框可以对结果做筛选操作。

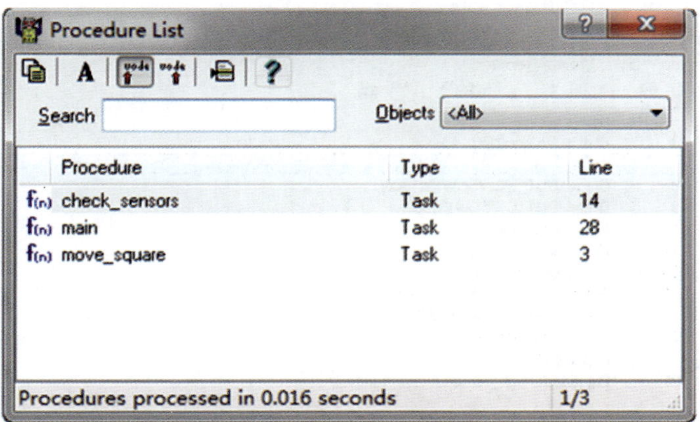

图 2.42　程序列表对话框

Search 菜单中最后的字符串查找命令是最新的 BricxCC 软件中特有的命令，通过 Grep Search 命令可以打开字符串搜索对话框，如图 2.43 所示。

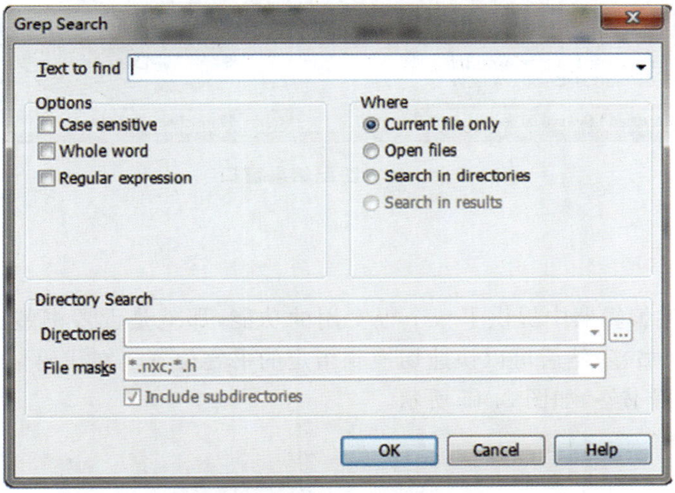

图 2.43　字符串查找

在 Text to find 输入框中输入要查找的字符串，然后单击 OK 按钮，即可进行匹配。在该对话框中默认是只在当前打开的文件中进行搜索，但也可以通过 Where 组合框中的选项选择在所有打开的文件中或是在指定目录，下面的 Directory Search 组合框可以选择搜索路径和文件类型。在左边的 Options 组合框可以选择是否区分大小写、全字匹配、正则表达式搜索。输入字符 a，然后单击 OK 按钮，会自动弹出 Grep Results 窗口显示匹配结果，如图 2.44 所示。

在匹配结果窗口的列表框中清晰地显示了匹配成功的代码行，选中其中一条信息可以在对话框下面预览与该代码行相关的代码段信息。匹配结果窗口为非模态形式，双击匹配结果中的条目，光标会自动跳转到 BricxCC 软件编辑框中对应的代码行位置。

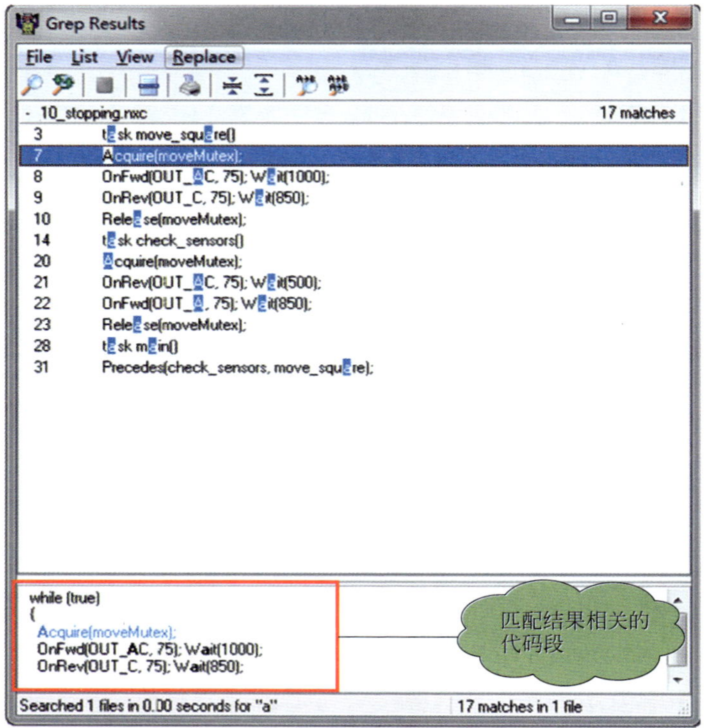

图 2.44 匹配结果窗口

2.3.4 书签

BricxCC 软件编辑器中提供了一个很实用的功能，那就是设置书签。在编辑器中最多可以设置 10 个书签，然后可以快速切换到指定的书签位置。在代码量十分大时可以在感兴趣的地方设置书签，如图 2.45 所示。

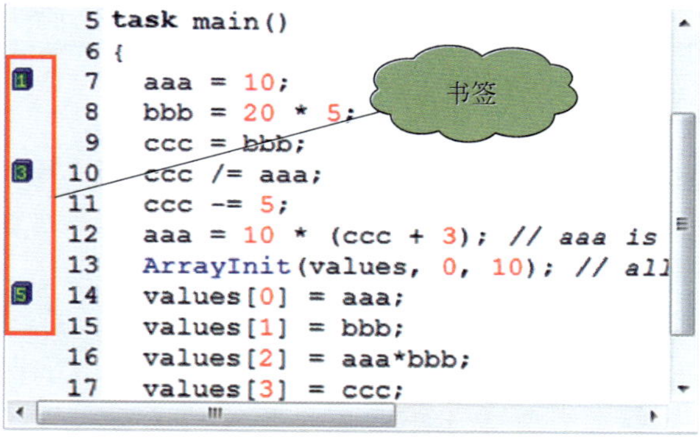

```
task main()
{
   aaa = 10;
   bbb = 20 * 5;
   ccc = bbb;
   ccc /= aaa;
   ccc -= 5;
   aaa = 10 * (ccc + 3); // aaa is
   ArrayInit(values, 0, 10); // all
   values[0] = aaa;
   values[1] = bbb;
   values[2] = aaa*bbb;
   values[3] = ccc;
```

书签

图 2.45 栏距中的书签

设置书签可以通过右键菜单中的 Toggle Bookmarks 命令进行设置，可以看到这里面有 10 个子命令，分别代表 10 个不同的书签，如图 2.46 所示。

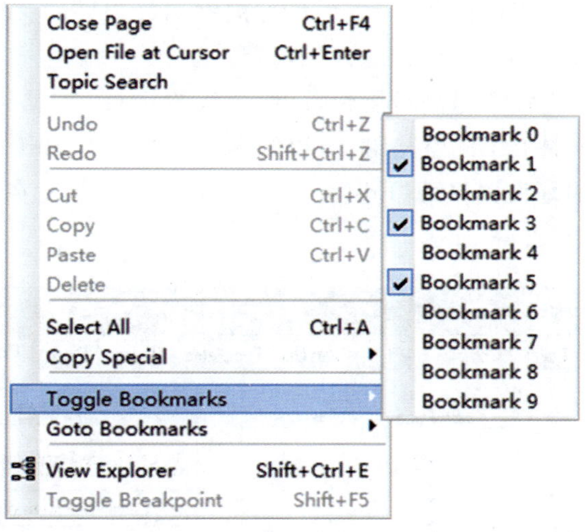

图 2.46　设置书签

不同的书签可以设置在同样的光标位置，勾选的子命令表示该书签已经被使用了。如果想跳转到指定书签选择 Goto Bookmarks 命令，并选择相应的书签即可。除了通过右键菜单设置和选择书签外，还可以通过快捷键进行设置。设置书签的快捷键为 Ctrl+Shift+数字，转到书签的快捷键为 Ctrl+数字键。编辑器中的右键菜单还提供了一些其他命令，包括关闭、打开文件、复制粘贴等，读者可以自己摸索。

2.3.5　代码补全

代码补全功能是只有高级的代码编辑器才具备的功能，就是当输入关键词的开头后，编辑器自动把最有可能会用的关键词列出来供输入者选择，不需要把每一个关键词都准确无误地输一遍，如图 2.47 所示。

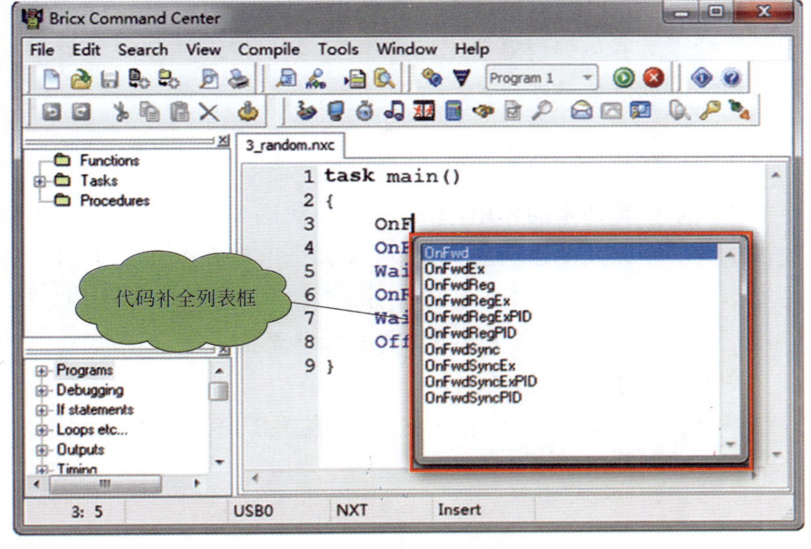

图 2.47　代码补全功能

当出现代码补全列表框的时候，可以通过方向键选择想要的关键字，然后再按 Enter 键就能将代码补全列表框中的关键词输入编辑器。

调用代码补全列表框需要重新设置快捷键，默认的 Ctrl+空格组合键通常会失灵，因为一般的输入法切换就是 Ctrl+空格键，所以笔者将其修改为 Shift+Ctrl+J。修改代码补全快捷键依然是在偏好设置里面(Edit→Preferences...)，然后在偏好设置对话框中选择 Options 选项卡，如图 2.48 所示。

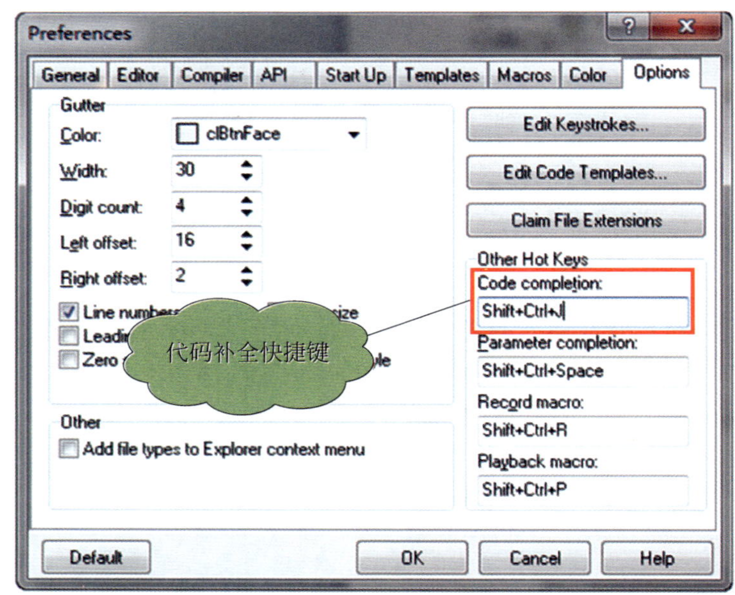

图 2.48 代码补全快捷键

修改完成后，在编辑器中输入代码的时候只需要输入代码的前半部分，然后按 Shift+Ctrl+J 组合键，系统会自动弹出代码补全列表框供选择。这样可以大大节约编码时间，而且不需要将每个关键字或系统函数都记得准确无误，只要大概知道然后通过代码补全列表框中列出的关键字进行选择即可。

2.3.6 参数补全

从上一小节知道了代码补全的作用，参数补全和代码补全有异曲同工之妙。代码补全可以自动提供函数名字以及关键词的选择，参数补全可以在输入函数名后提供该函数中参数列表的类型及含义的信息，如图 2.49 所示。

图 2.49 展示了当输入函数 OnFwd()后，将光标移至括号中，然后通过 Shift+Ctrl+空格组合键就可以调出参数补全对话框。Shift+Ctrl+空格组合键是软件默认的快捷键，如果该快捷键和系统中的其他软件有冲突，可以在图 2.48 所示对话框中的 Parameter completion 编辑框中设置该功能的快捷键。

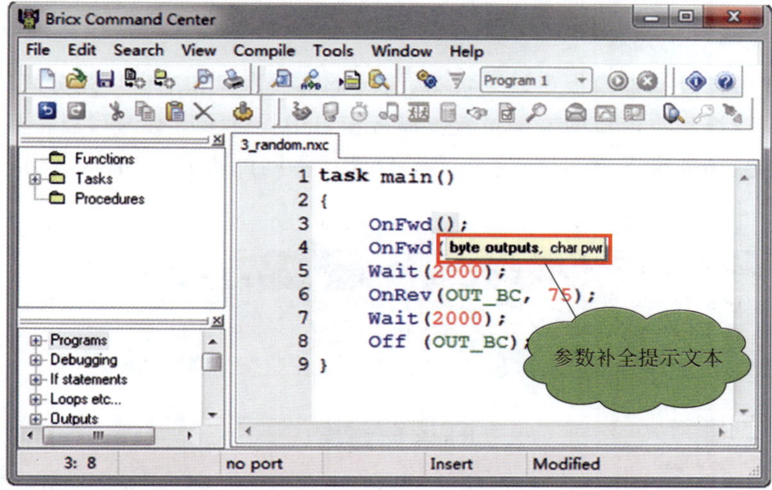

图 2.49　参数补全功能

2.4　视图和编译

视图(View)菜单中提供了两个重量级的工具：模板(Templates)和代码浏览器(Code Explorer)。模板可以让我们更加便捷地编写代码，代码浏览器可以有助于了解代码的整体架构。对于一个编译器来说，编译是最核心和根本的问题，写完的代码都需要经过编译才能被 NXT 认识。模板和代码浏览器都隶属于 View 菜单，如图 2.50 所示。

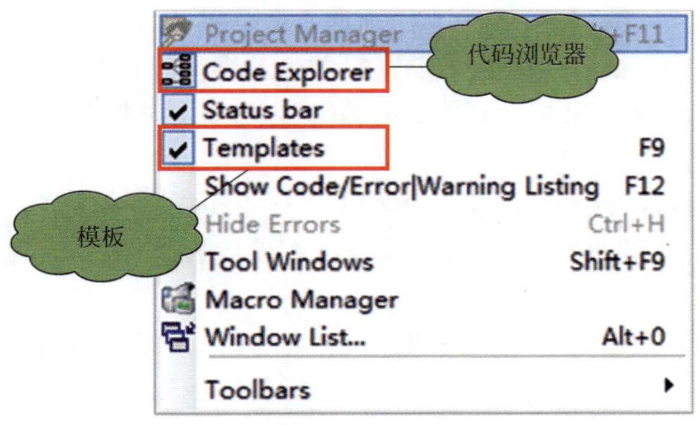

图 2.50　View 菜单

如果所用的 BricxCC 软件左侧没有代码浏览器和模板框，可以在 View 菜单中进行激活。View 菜单中的 Status bar 表示状态栏；Show Code/Error|Warning Listing 用于显示代码编译时候的信息，如果代码编译时有错误和警告，可以按 F12 键查看其详细的信息；Window List 用于查看打开的代码文档；Toolbars 用于选择工具栏中要显示的工具条种类；Macro Manager 和其他命令暂且不必理会，因为以后很少用到。

2.4.1 模板

在图 2.5 中已经知道模板窗口了，默认情况下模板窗口和主窗口是分离的，而笔者更习惯把模板窗口拖到主窗口的左侧位置。模板窗口中提供了所有编写程序基本的结构框架以及系统函数和关键字，而且将这些元素分成了不同的类别。BricxCC 软件中使用模板的过程如图 2.51 所示。

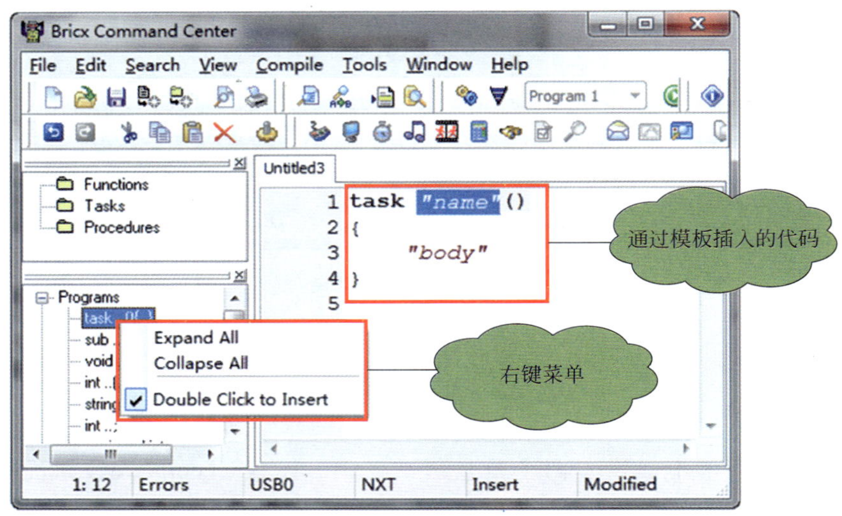

图 2.51 BricxCC 中的模板

图 2.51 展示了怎样在编辑器中插入模板，只需要单击左侧模板窗口中的模板即可。在模板窗口中右击，可以看到有 3 个命令，前两个命令用于展开和收缩模板窗口中的树形结构；Double Click to Insert 命令用来设置双击输入模板。双击插入模板的好处是可以通过单击选中模板，然后将其拖动到右侧的编辑器中，双击模板则默认将代码插入右侧编辑器中光标所在位置。

如果想设置模板，可以在偏好设置中选择 Templates 选项卡，在该选项卡中可以对模板进行全面的设置，包括插入新的模板、改变已有模板的内容、删除移动模板位置等，如图 2.52 所示。

设置模板的时候要注意应该首先选择相应的语言，这里使用的是 NXC，所以在 Language 输入框中选择 NXC 即可。图 2.52 所示的模板列表框中，如果以“－”或“|”开头则表示类别，类别下面的直到下一个类别出现都为模板代码，模板代码中“\＝”符号表示换行，“\＞”符号表示换行加缩进，“\＜”表示换行减少缩进。大家可以自己尝试修改一下，将自己常用的模板添加到一个固定的类别中，并尝试修改一下类似“\＝”的符号，看添加的时候会是什么样子。如果修改错误了，可以通过对话框右下角的 Default 按钮恢复系统默认设置。

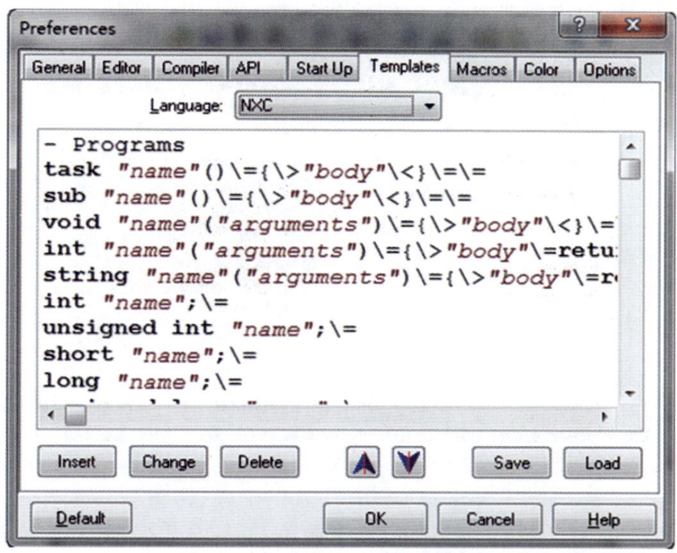

图 2.52　设置模板对话框

2.4.2　代码浏览器

代码浏览器会对代码中出现的任务、函数、子程序进行提取，然后将其自动列在代码浏览器窗口的树形结构中，如图 2.53 所示。

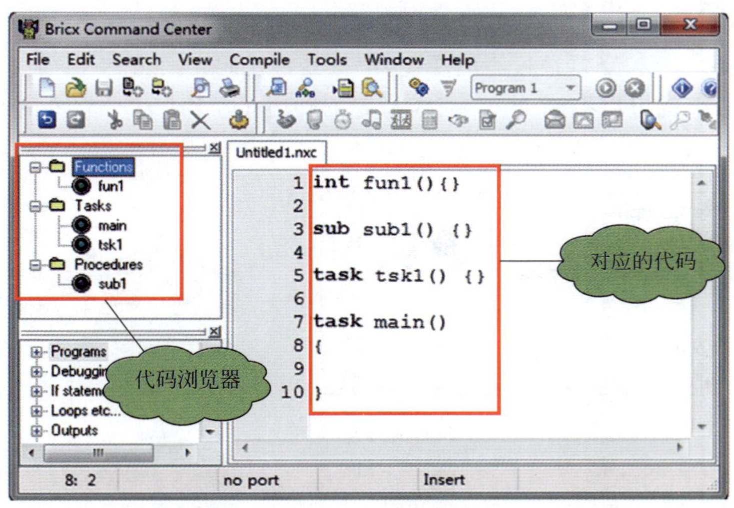

图 2.53　代码浏览器

从图 2.53 中可以看到，代码浏览器中列出了对应代码中的函数、任务和子程序名。可以通过双击代码浏览器中的选项快速定位到相应的代码块中。代码浏览器中函数、任务和子程序的分类主要依据 task、sub、int 等关键字。子程序对应的为 sub 和 void；任务对应的为 task；函数对应的一般为具有返回值的子程序。在代码浏览器的右键菜单中选

择 Properties 命令即可打开代码浏览器选项对话框，如图 2.54 所示。

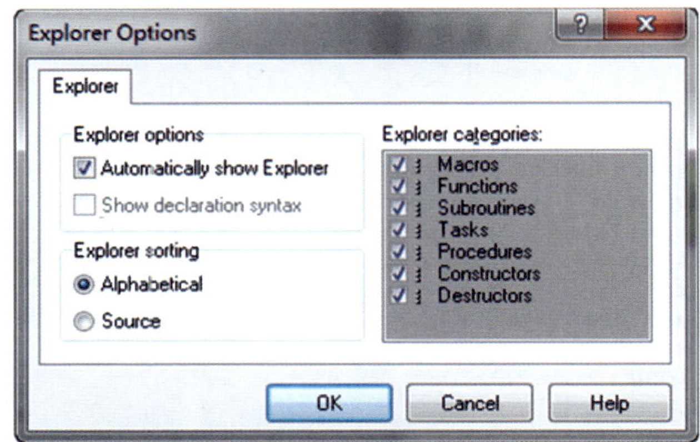

图 2.54　代码浏览器选项对话框

在代码浏览器选项对话框中，可以选择资源的排序方式。默认是按照名字的字典顺序，也可以选择按照代码在编辑器中出现的先后顺序进行排序。在 Explorer categories 选项中可以选择要在浏览器中显示的类别。注意在复选框后面有 3 个竖排的小点，单击这 3 个小点可以改变树形结构中是否保持展开和收缩。默认是保持收缩状态，因为如果程序量比较大的时候，程序块会很多，代码浏览器保持展开状态的话不利于对程序进行管理。

2.4.3　编译和运行

编译代码是一个编译器最核心的功能，编译器将代码转换为 NXT 能识别的语言，然后下载到 NXT 中就可以控制 NXT 完成指定的功能了。BricxCC 软件的编译功能主要集中在 Compile 菜单中，如图 2.55 所示。

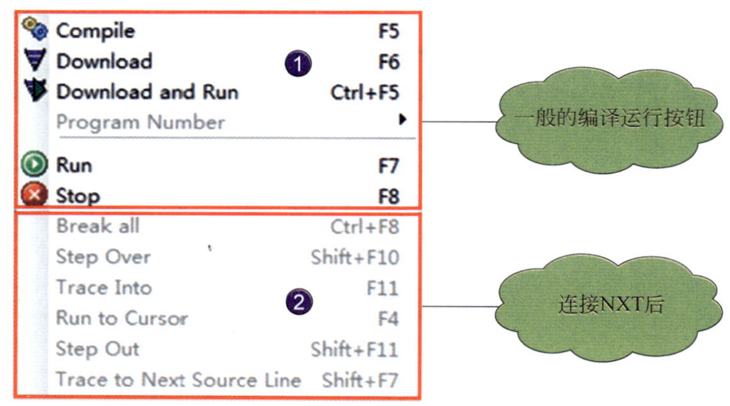

图 2.55　Compile 菜单

Compile 菜单可以分成两个部分，如果没有连接 NXT，Compile 菜单中只有标号 1 的那些命令；如果连接了装有增强型固件的 NXT，则会出现标号 2 的命令。标号 2 的那些

命令是用于 BricxCC 软件和 NXT 结合调试程序，但是在实际使用的时候经常会造成卡死情况，所以这里只介绍标号 1 中常用的编译命令。

写完程序后，首先需要选择 Compile 命令，或直接按 F5 键。这时所写的 NXC 代码就会被编译器转换为 NXT 能识别的代码。连接 NXT 后再选择 Download 命令，就可以将 NXT 能识别的代码下载到 NXT 中了。可以在 BricxCC 软件中选择 Run 命令运行已经下载的程序，或是在 NXT 中选择程序按橘黄色按钮。在 1.3.3 小节中我们就尝试编译程序了，并展示了编译错误后编译器给予的提示错误信息和警告功能。

编译错误提示信息只会在编译出现错误的时候才会弹出，编译成功的话它就会自动消失。如果想查看详细的编译信息，可以选择 View→Show Code/Error|Warning Listing 菜单命令显示代码编译时的信息，不管编译成功还是失败都可以查看。Show Code/Error|Warning Listing 命令弹出的编码信息列表，如图 2.56 所示。

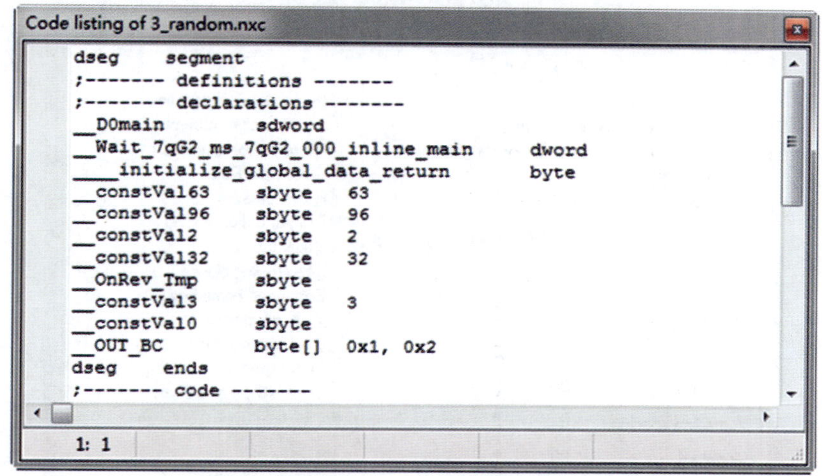

图 2.56　代码编译信息列表

通常编译操作都是由编译器自动完成的，只需要单击编译按钮即可。在编译菜单中的命令上都列有相应命令的快捷键，当然也可以使用工具栏中的命令进行启动。大多数常用的命令在工具栏中都能找到。

2.5　小　　结

本章对 BricxCC 软件进行了深入的剖析，从最开始的连接 NXT 到关于 BricxCC 软件编辑器的使用及设置。学习本章内容只要求读者能大概了解 BricxCC 软件的功能及一些设置所在的位置，能够根据自己的需求对编辑器做一些定制。读者应该着重练习代码模板、代码补全以及参数补全等这些技巧性的内容，这样可以大大提高编码效率。

2.6 习　　题

【习题 2-1】 在代码编辑的过程中常常会用到编辑器的撤销和重做功能，编辑错误时可以通过撤销返回到之前的状态。但是 BricxCC 软件中默认撤销步数为 10，这往往是不够用的，读者可以将其修改为 30。

【提示】 这个问题涉及 2.2.2 小节中讲解的编辑器偏好设置，撤销和重做对应的命令为 Max undo。首先在 Edit(编辑)菜单下选择 Preferences(偏好设置)命令，然后在弹出的偏好设置对话框中选择 Editor 选项卡，最后在该选项卡的 Max undo 微调框中进行修改，如图 2.57 所示。

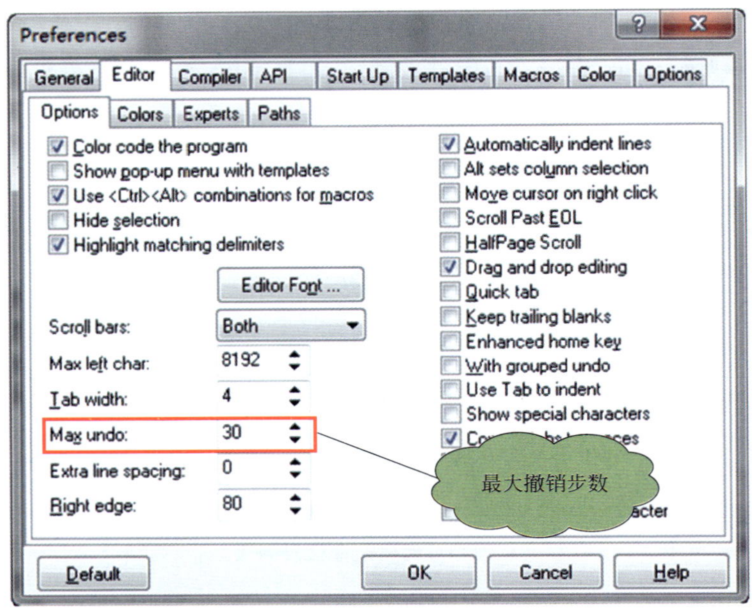

图 2.57　**修改最大撤销步数**

【习题 2-2】 BricxCC 软件的编辑器默认为多文档窗口显示，为了便于对打开多个文档进行管理，请读者尝试将其修改为选项卡标签样式。

【提示】 选项卡标签样式被广泛应用在上网浏览器中，不过 BricxCC 软件也提供了修改为标签样式的选项。请读者参考 2.1.2 小节中的内容设置标签样式文档。

【习题 2-3】 安装完 BricxCC 软件，桌面右键菜单的“新建”子菜单项中会出现很多关于 BricxCC 软件的关联文件，请读者只保留 NXC 将多余的关联文件删除。

【提示】 BricxCC 软件功能强大，不仅提供了 NXC 为 NXT 编写代码，还可以为乐高的其他积木类型编程。这里只关注 NXC 编程，所以并不需要 BricxCC 软件支持所有的关联文件。想在操作系统中删除多余关联文件，请读者查阅 2.2.8 小节内容。

【习题 2-4】 如果读者之前曾经使用过其他编译器，在 BricxCC 软件中写代码会发现缩进特别奇怪，不符合一般使用习惯。读者可找到 Quick tab 复选框，取消勾选，然后

修改 Tab 宽度为 4 单位长度。

【提示】 BricxCC 软件中的 Quick tab 复选框会使 Tab 缩进感觉莫名其妙，如果想让编辑器按照指定的缩进距离符合常理地进行缩进，建议还是不要勾选该复选框。编辑器选项设置中的 Quick tab 和 Tab width 的位置如图 2.58 所示。

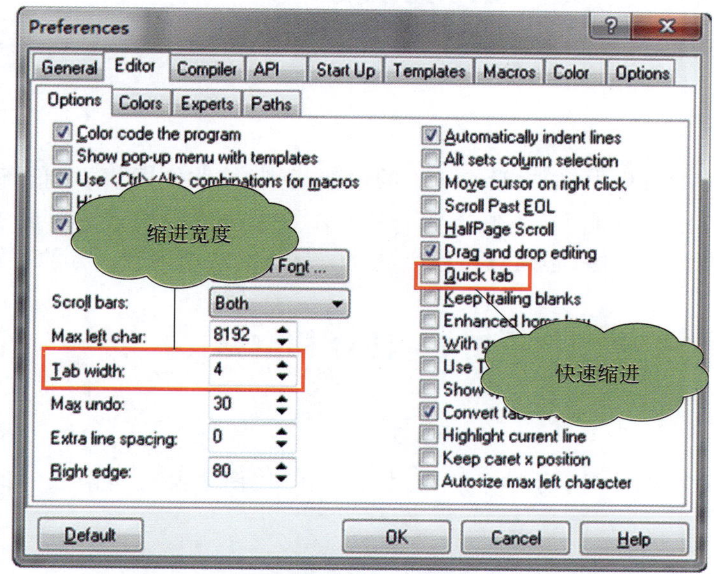

图 2.58　设置缩进相关选项

第3章 语法规则

在人类交流的过程中，如果没有统一的语法规则，彼此之间将不能理解对方的意思。计算机没有理解语言的能力，必须分毫不差地按照语法规则编写的程序才能被它执行。如果想编写出合格的程序，必须对该程序设计语言的语法规则有充分的了解。

3.1 注释和空格

3.1.1 注释

注释是在编写程序时，写程序的人对一条语句、程序段或是函数等的解释或提示。例如：

```
task main()
{
    OnFwd(OUT_B, 75);                    //控制 B 端口电动机 75%功率正向旋转
    OnFwd(OUT_C, 75);

    Wait(2000);                          //延时 2s

    OnRev(OUT_BC, 75);

    Wait(2000);

    Off(OUT_BC);                         //关闭 B、C 端口
}
```

这里用到了C++语言中的单行注释“//”。单行注释的特点是简单，注释以符号“//”开始，新的一行到来为结束。意思是单行注释只对本行要注释的内容有效。

还有一种注释格式，代码如下：

```
/*
    名称:主函数
    功能:控制 B、C 端口电动机先前进 2s 再后退 2s
*/
task main()
{
```

```
    OnFwd(OUT_B, 75);
    OnFwd(OUT_C, 75);

    Wait(2000);

    OnRev(OUT_BC, 75);                    /* 控制 B、C 端口电动机以 75%功率正向旋转 */

    Wait(2000);

    Off(OUT_BC);
}
```

较早版本的 C 语言中，只能用这种类型的注释，以“/ * ”开始、“ * /”结束。所以说“/ * ”和“ * /”是成对出现的。在写这种注释的时候通常先打出一对“/**/”，然后再在里面添加注释内容。

注意：“/**/”注释中间不能嵌套该类型的注释，如/ * ABCD/ * EDG * /HIJK * /。这段注释的有效部分是/ * ABCD/ * EDG * /，后面的 HIJK * /不属于注释部分。这样编译，将会导致编译错误。所以在注释一段标有注释的代码时要格外注意这一点。

前面所写的程序均比较简单，即使没有注释也不会有特别难懂的地方。随着以后学习的知识越来越多，编写的程序越来越复杂，要养成添加注释的好习惯。因为这样不仅可以使别人更容易理解代码的意思，也便于自己以后维护。

3.1.2　空格

在编写程序时，一定要注意代码的规范格式。请看下面代码。

```
task main(){OnFwd(OUT_B, 75);OnFwd(OUT_C, 15);
Wait(5000);OnFwd(OUT_B, 15);OnFwd(OUT_C, 75);
Wait(5000);Off(OUT_BC);}
```

上面代码是习题 1-2 中的走 S 形的代码。这段代码可以编译通过。对于计算机来说，这两种代码是一样的，唯一不同的是代码中空格和回车的多少。不过对于编译器来说，语句间的回车和空格符统统被忽略掉。

虽然说程序语法正确与否与程序语句间的空格多少并无关系，但是可以看到，上面代码阅读起来非常费劲。所以通常在书写代码时除了要在难以理解的代码段添加注释外，还要特别注意编程规范。下面就对这段代码中需要注意的相关格式及编程规范做一下注释，供大家参考。

【例 3-1】　编程规范及格式示范代码。

```
task main()
{    //花括号顶头写，且要和下面的花括号对齐

    OnFwd(OUT_B, 75);                    //语句前要用 Tab 键进行缩进
```

```
    OnFwd(OUT_C, 15);                   //语句中出现逗点","符号通常后面留一个空格
    Wait(5000);

    //程序段分块写,用换行隔开
    OnFwd(OUT_B, 15);
    OnFwd(OUT_C, 75);
    Wait(5000);

    Off(OUT_BC);
}
```

在书写程序的时候,通常将成对的符号先打出来,然后在里面填写代码,如{}、()、/**/。还要注意,代码中除了注释中会出现中文符号外,代码部分全部都是英文半角符号。

编程规范是具备编写漂亮代码最基本的要求,所以希望读者在一开始就养成良好的编程习惯,千万不要吝啬在代码中添加空格和回车。

3.2 常量与变量定义

在接触一门新技术时,往往第一感觉都是很难。但用得多了,理解它的本意后就会觉得不过如此。任何一门技术都不难,难的是接触一个新的领域时,首先要接受各种陌生的词汇。

3.2.1 常量和符号常量

在程序运行过程中,其值不能改变的量称为常量。在 C 语言中常量有不同类型,如 1、2、3 为整型常量,1.23、11.3 则为实型常量,在编程语言中也称小数为浮点数。当然也有字符型常量,如 a、B、C。如果想在屏幕上输出字母信息,就会用到字符型常量。

下面是我们写过的第一个程序。大家可以发现,这里面用了 5 个常量,即 75 和 2000 共出现 5 次。

```
task main()
{
    OnFwd(OUT_B, 75);
    OnFwd(OUT_C, 75);

    Wait(2000);

    OnRev(OUT_BC, 75);

    Wait(2000);

    Off(OUT_BC);
}
```

这样使用常量有一个弊端,如果对相同的常量进行修改,往往得修改多个地方。假设

现在想让电动机功率都输出为80,这样得修改3个地方。用一个标识符代表一个常量,可以解决上面大量使用相同常量需要修改时所带来的麻烦。

【例3-2】 用标识符来代替常量代码。

```
#define RS 75
#define TIM 2000

task main()
{
    OnFwd(OUT_B, RS);
    OnFwd(OUT_C, RS);

    Wait(TIM);

    OnRev(OUT_BC, RS);

    Wait(TIM);

    Off(OUT_BC);
}
```

程序中用#define命令行定义RS和TIM代表常量75和2000,之后程序中只要出现RS都代表75,出现TIM都代表2000。这样编译的程序和之前程序实现的功能是一样的。这种用一个标识符代表一个常量的符号,称为符号常量。

请注意符号常量和变量不同。符号常量在其作用域内(本例中为主函数)是不能改变的,也不能再被赋值。后面会介绍变量。例如,下面的赋值操作是错误的。

```
RS=80;                                    //错误
```

或许读者还不理解赋值的含义。在NXC语言中,把该符号"="称为赋值号。在此"="不是数学上的等号。赋值号主要用于给变量赋值。初次理解这样的概念或许会有些抽象,不过往后慢慢就会习惯。

注意:习惯上,符号常量名用大写,变量名用小写,以示区别。

使用符号常量时,只需改动一处就能将程序中所有相同常量都进行修改。例如,将#define RS 75改为

```
#define RS 80
```

程序中所有用到RS的地方都用80代替。用#define命令行定义符号常量也称为宏定义。当然,它的用法不仅如此,以后用到的时候再做讨论。

3.2.2 变量

理解变量之前,首先得理解内存中数据的存储。读者不必害怕,理解它要比你想象的简单得多。可以把内存想象成一列格子,用来存放数据,每个格子都有唯一的编号地址。

图 3.1 所示为地址 0000 到 FFFFF 的内存。

变量代表内存中特定属性的一个存储单元。它用来存放数据，也就是变量的值。可以想象成变量代表内存中的一个格子，可以往这个格子里面放数，这个数就表示变量的值。在程序运行期间，变量的值是可以改变的。

一个变量应该有一个名字，以便引用。变量名、变量值和存储单元的关系如图 3.2 所示。

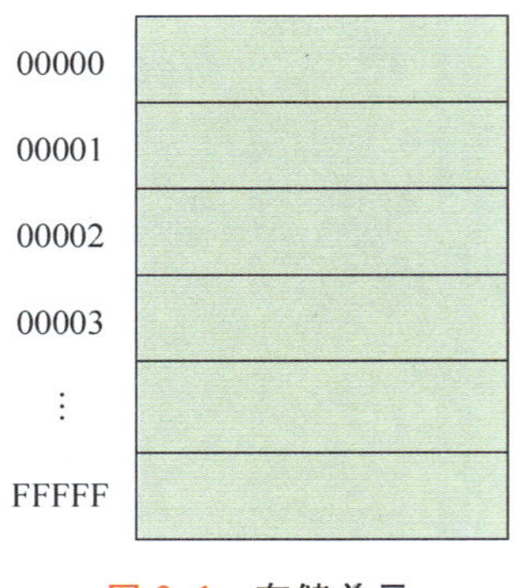

图 3.1　存储单元

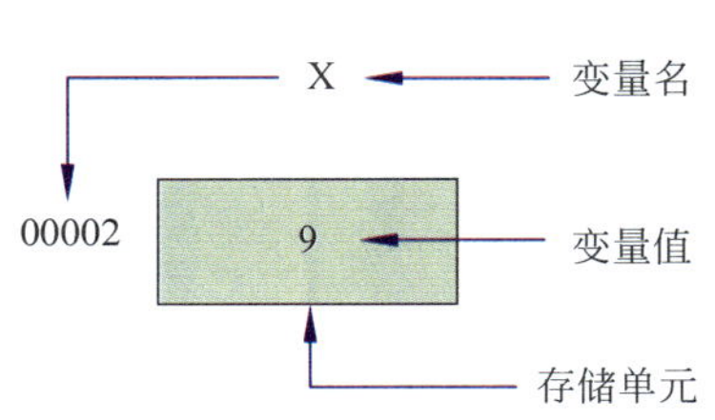

图 3.2　变量和存储单元

变量名实际上是以一个名字对应一个内存单元的地址。在图 3.2 中，可以看成 X 代表地址为 00002 的内存单元。该内存单元中储存了一个数，该数的值为 9。从变量中取值，实际上就是通过变量名找到对应的内存地址，从该存储单元中读取数据。

3.2.3　标识符

NXC 中用来对变量、符号常量、函数、数组等数据对象命名的有效字符序列，统称为标识符(Identifier)。简单地说，标识符就是一个名字。

NXC 中对标识符的命名规则和 C 语言是一样的，只能由字母、数字和下划线 3 种字符组成，且第一个字符必须是字母或下划线。

下面是合法的标识符：

Max、_myInt、max2、_2min 等

下面是不合法的标识符：

3judge、M&G、#%MAX、a<b 等

注意：编译系统将大写字母和小写字母认为是两个不同的字符。因此 A 和 a 是两个不同的变量名，Max 和 max 也是两个不同的变量名。通常，变量名用小写字母表示。

在选择变量名和其他标识符时，要做到“见名知意”，即选择有一定含义的英文单词或缩写作为标识符，如 max、min、judge、cmp、total、count。除了数值计算外，为了增强函数的可读性，一般不要选择具有代数意义的符号作为变量名，如 x、y、a、b、c。

在 NXC 和 C 语言编程中，要求对所有用到的变量名要做到：先定义，后使用。凡是未被定义的，系统不把它当作变量名。每个变量被指定为一个确定类型，在编译时就为其

分配相应的存储单元。定义变量也称为声明变量。声明一个整型变量可使用以下语句：

```
int sum=30;
```

读者可能还不知道什么是整型变量，在下面数据类型一节具体介绍 NXC 中支持的各种数据类型。

3.3 数据类型

数学里有小数、分数、整数、实数等不同的数据类型，在 NXC 语言中也提供了不同的数据类型，可以根据实际编程需要使用。且我们还可以使用各个数据类型组合一些复杂的组合类型。下面介绍 NXC 语言中的数据类型和具体使用。

3.3.1 变量类型

NXC 中有多种数据类型可供使用，如表 3.1 所示，这里罗列了 NXC 语言中所有的数据类型。对于读者来说，只需要大致扫一眼即可，不需要关心细节的含义。例如，8、16 位的含义，还有什么叫字节，多线程等。这里只是把所有的数据类型列出来，以便读者在以后编程时可以查阅方便而已。

表 3.1　数据类型

类型名	类 型 信 息
bool	布尔类型，8 位，无符号
byte	字节类型，8 位，无符号
char	字符类型，8 位，有符号
int	整型，16 位，有符号
short	短整型，16 位，有符号
long	长整型，32 位，有符号
unsigned	用作修饰和定义，无符号类型
float	单精度浮点类型，32 位
mutex	互斥量类型，被使用在多线程设计共享资源的代码中
string	字节为单位的字符串数组
struct	用户自定义的结构体
Arrays	任何变量类型的数组，Arrays 不是关键字，只表示数组的意思

这一小节的标题之所以叫变量类型，是因为在程序中使用的数据类型除了直接写数据外，都是通过变量体现的。例如，要使用一个整数计数，就需要根据计数范围选择是 int 类型还是 long 类型。假定选用了 int 类型，则需要用 int 类型声明一个变量，然后用这个变量完成程序的操作。

可以使用变量类型关键字加变量名定义变量，定义多个相同类型的变量可用逗号(,)隔开，用分号(;)结束定义。变量值可以在变量后面用赋值号(=)给定。

定义变量的例子如下：

```
int x;                              //声明一个名叫 x 的整型变量
bool y,z;                           //声明 y 和 z 布尔型变量
long a=1, b;                        //声明 a 和 b 长整型变量,给 a 赋初始值 1
float f=1.15, g;                    //声明 f 和 g 为浮点型变量,并初始化 f
int data[10];                       //声明一个 data 数组,包含 10 个整型值且初始值都为 0
bool flags[]={true, true, false, false};
                                    //声明一个布尔类型数组,包含 4 个值且进行初始化
string msg="hello world";           //声明一个字符串类型,并给其赋初始值
```

全局变量在程序块外面声明,它不专属于任何一个任务或函数,它可以在所有任务、函数和子程序中被使用。全局变量的作用域从定义开始到程序的结束。

局部变量被定义在函数和任务中,它的作用域只限定在定义该局部变量的程序块中。局部变量作用于从定义开始到程序块的结束。程序代码中被一组花括号"{}"括起的一组语句称为一个程序块。全局变量和局部变量的定义代码如下：

```
int x;                              //x 为全局的整型变量
task fun()
{
    int y;                          //y 为 fun 任务中的局部变量
    x=y;                            //正确,x 可以使用 y 对其进行赋值
    {
        int z;                      //声明 z 为该花括号中的局部变量
        y=z;                        //正确,y 变量可以在该程序块中使用
    }
    y=z;                            //错误,z 变量只属于上面的程序块
}
task main()
{
    x=1;                            //正确,x 为全局变量
    y=2;                            //错误,y 是只属于 fun 任务的局部变量
}
```

3.3.2 类型详解

上一小节简单介绍了 NXC 中包含的变量类型,这一节对各变量进行详细讲解。

1. bool 布尔类型

在 NXC 中 bool 类型是无符号 8 位值。使用 bool 类型,通常为其赋值为 true 和 false。true 为 1,false 为 0。但是 bool 类型的取值可以是 0～255(UCHAR_MAX)。

2. byte 字节类型

NXC 中 byte 类型也为无符号 8 位值。该类型可以存储的取值范围为 0～255(UCHAR_MAX)。也可以用 unsigned char 来定义一个无符号 8 位变量,代码如下：

```
byte x=2;                 //定义一个字节类型变量并赋初值
unsigned char y=2;        //定义一个无符号字符类型变量并赋初值,这两个变量都为无符号 8 位
```

3. char 字符类型

NXC 中 char 类型变量为有符号 8 位值。该类型的取值范围为－128(SCHAR_MIN)～127(SCHAR_MAX)。char 类型通常只用来存储简单的 ASCII 码字符类型值，每个 ASCII 码对应一个特定的正整数值。定义字符型的语句如下：

```
char ch='A';              //定义字符型变量 ch,并给其赋值为'A',用来表示大写字母 A
char chx=65;              //定义字符型变量 chx,并给其赋整数值为 65,chx 也表示大写字母 A
                          //因为'A'对应的 ASCII 码值为 65
```

4. int 整型

在 NXC 中,整型变量为有符号 16 位值。该类型的取值范围为－32768(INT_MIN)～32767(INT_MAX)。如果想声明一个无符号 16 位变量,可以在 int 前面加 unsigned 关键字。无符号整型的取值范围是 0～65535(UINT_MAX)。定义整型变量的代码如下：

```
int x=0xfff;                  //定义整型变量 x 并赋初值,0x 表示为十六进制数
int y=-23;                    //定义整型变量 y 并为其赋一个负数初值
unsigned int z=62043;         //定义无符号整型变量 z,并为其赋初值
```

5. short 短整型

在 NXC 中,short 类型也为有符号 16 位值。该类型的取值范围是－32768(SHRT_MIN)～32767(SHRT_MAX)。在 NXC 中,short 类型其实就相当于 int 类型的别名,但是在目前一些主流 C/C++ 编译器中已经将 int 默认为 4 字节 32 位类型。定义 short 类型变量的代码如下：

```
short x=0xfff;            //定义短整型变量 x 并赋初值,注意最大正整数值不能超过 32767
short y=-23;              //定义短整型变量 y 并赋负数初值,注意负数最小不能低于-32768
```

6. long 长整型

在 NXC 中,long 类型为有符号 32 位值。该类型的取值范围是－2147483648(LONG_MIN)～2147483647(LONG_MAX)。如果想定义一个无符号 32 位值类型,可以在 long 前面加 unsigned 关键字。无符号长整型的取值范围为 0～4294967295(ULONG_MAX)。定义长整型的代码如下：

```
long x=2147000000;                //定义长整型变量 x,并赋初值
long y=-88235;                    //定义长整型变量 y,并给其赋负数初值
unsigned long b=4294860000;       //定义无符号长整型变量 z,并赋一个比 LONG_MAX 大的初值
```

7. unsigned 无符号型

使用 unsigned 关键字主要用来修饰 char、int 和 long，用来定义无符号类型。因为无符号类型的数据不用拿出高位区分正负，所以它可以存储全 8、16 和 32 位数据。它可以存储相当于原先最大正值 2 倍的数值。定义无符号 char、int 和 long 类型的代码如下：

```
unsigned char uc=0xff;             //定义无符号字符型变量,并赋最大初值 UCHAR_MAX
unsigned int ui=0xffff;            //定义无符号整型变量,并赋最大初值 UINT_MAX
unsigned long ul=0xffffffff;       //定义无符号长整型变量,并赋最大初值 ULONG_MAX
```

8. float 浮点类型

NXC 浮点类型为 32 位 IEEE 754 单精度标准(IEEE 754 是浮点数表示的统一标准)。该类型的为 4 字节，即用 32 位二进制表示，重要的是它的精度为 24 位，还有 7 位为小数部分。

使用浮点数的算法要比使用整型的操作慢一些，但是如果想存储小数，使用浮点型数据会很方便。标准的 NXT 固件提供了 sqrt()二次求根函数。增强版的 NBC/NXC 固件包含了很多标准的 C math 库，用来对浮点数进行操作。

```
float pi=3.14159;                  //定义一个浮点变量并为其赋初值
float e=2.71828;
float s2=1.4142;
```

9. mutex 互斥量

在 NXC 中，互斥量为 32 位的值，它主要用来同步多线程之间共享资源的存取。所以，互斥量变量都是以全局变量的形式定义的。当有多个任务或函数去获取一个共享资源时，所有的函数和任务可以通过 Acquire 或 Release 去独占资源，从而实现多任务的同步。下面编写程序，以使用互斥来实现多任务同步。

【例 3-3】 使用互斥量实现多任务同步程序。

```
mutex motorMutex;                                  //定义一个互斥量
task t1()
{
    while(true)
    {
        Acquire(motorMutex);

        //共享资源代码代码段,使用互斥量进行保护

        Release(motorMutex);
        Wait(MS_500);
    }
}
task t2()
{
    while(true)
```

```
    {
        Acquire(motorMutex);

        //共享资源代码代码段,使用互斥量进行保护

        Release(motorMutex);
        Wait(MS_200);
    }
}
task main()
{
    Precedes(t1, t2);                 //启动线程 t1 和 t2
}
```

10. string 字符串

在 NXC 中提供的 string 变量类型可以很方便地定义和操作一个字符串，string 类型可以看成是以 0 或 null 结尾的字节数组。

可以将字符串信息输出到 NXC 邮箱、文件或者 LCD 屏幕。可以在定义或使用时通过常字符串形式初始化 string 类型字符串，代码如下：

```
string msg="Testing";              //定义字符串 msg,并对其进行初始化
string ff;
ff="Fred Flintstone";              //直接通过字符串加赋值号对 string 类型进行赋值
```

3.3.3　结构体

NXC 语言支持用户自定义集合类型，即结构体类型。通常用代码模拟一个任务的时候，任务里面的属性往往不止一个，所以将其属性集中到一起就变成了结构体类型。在 NXC 中定义结构体的方式是固定的，都是使用 struct 关键词声明并定义结构体类型代码，代码如下：

```
struct car                         //声明一个汽车结构体
{
    string car_type;
    int hp;
};
struct person                      //声明一个人结构体
{
    string name;
    int age;
    car vehicle;                   //人结构体中可以包含已经定义过的汽车结构体
};
person myPerson;                   //定义一个人的实体变量 myPerson
```

当定义了一个结构体类型后，可以用这个新的结构体类型定义变量，也可以将这个结构体类型嵌套在另一个结构体中定义。在上面代码中先定义了一个汽车类型的结构体，

描述了汽车的两个属性：车型、马力。在人结构体中包含的属性有名字、年龄和汽车。最后就可以用 person 结构体描述一个人。存取结构体变量中元素的值通过结构体变量名加点实现，代码如下：

```
myPerson.age=40;                          //给年龄赋值
myPerson.vehicle.car_type="honda";        //给车名赋值
person anotherPerson;                     //定义另外一个人
anotherPerson=myPerson;                   //结构体变量直接赋值
```

结构体变量和一般变量一样，也可以直接进行赋值，这样 anotherPerson 中每个元素的值都和 myPerson 中一样了。

3.3.4 数组

1. 数组的定义

数组是将相同的变量存放在连续的存储空间中，然后通过索引对这些变量进行统一管理。例如，要用到 10 个整型变量可以如下定义。

```
task main()
{
    int my_array[10];                     //包含 10 个整型变量的数组
}
```

上面代码中定义的 10 个整型变量被存放在连续的存储空间中，可以看成它们是以 0～9 进行编号的，所以 my_array[0]表示数组中第一个整型变量，my_array[9]表示数组中最后一个整型变量。将只包含一对中括号的数组称为一维数组，包含多对中括号的数组称为多维数组，定义二维数组的代码如下：

```
task main()
{
    int matrix[5][10];                    //5 行 10 列的二维数组
}
```

在计算机处理数学问题中，通常使用二维数组表示二维矩阵，然后利用计算机进行运算处理。通常将二维数组看成行列结构，matrix[2][3]就表示数组中第 3 行第 4 列的元素。其实二维数组在存储空间中依然采用线性存储的方式。如果想定义多维数组，只需要在变量名后添加多对中括号即可，不过 NXC 中最多支持四维数组。

2. 数组初始化

数组可以在定义的时候就进行初始化操作，也可以定义指定大小的数组后再进行初始化。先看看下面数组赋初值代码。

```
int X[]={1, 2, 3, 4}, Y[]={10, 10};       //同时定义两个数组
int matrix[] []={{1, 2, 3},{4, 5, 6}};    //给二维数组赋初值
string cars[]={"honda", "ford", "chevy"}; //给 string 数组赋初值
```

上面代码中定义数组的时候并没有指定数组大小，但是系统会根据后面花括号中的

元素个数，来自动指定数组大小。例如，上面代码中 X 的尺寸为 X[4]，Y 数组尺寸为 Y[2]。读者再看下面定义数组并赋初值的代码。

```
int X[4]={1, 2};                            //指定数组大小并赋初值

X[2]=3;                                     //利用数组下标来赋值
X[3]=4;
```

当定义数组的时候指定了数组大小，但是赋初值的时候数量不够，那么编译器会将花括号中的值从数组起始位置开始依次赋给数组变量。数组中剩余变量的值将是随机的，也可能是 0。上面代码中将数组中没有进行赋值的变量，用数组下标的方式进行了赋值。

在 NXC 中，除了定义时指定数组大小，也可以通过 ArrayInit()和 ArrayBuild()函数来初始化数组。因为在定义数组时指定数组大小的方法既简单又明了，所以这里就不再介绍 ArrayInit()和 ArrayBuild()函数的使用了。

3.4 语　　句

一个程序都是由一条条语句组成的，在编写程序的时候用分号来表示语句的结束。通常在程序中每一行代码只用来表示一条语句，所以在程序中每行代码结尾都有一个分号。BricxCC 会将 NXC 中的语句翻译成 NXT 能够识别的代码，然后起到控制机器人的目的。

3.4.1 声明变量

变量的声明在前面已经讨论过了，它也属于语句的一种。声明局部变量的作用，主要在于使用程序块。声明变量的语法结构如下：

```
atg_type variables;
```

参数说明如下。

- atg_type：表示变量类型，这里的类型必须是 NXC 中所支持的类型，如 int、bool、char 等。
- variables：表示变量名，变量名必须符合 NXC 的命名规则，如果有多个变量名可以用逗号隔开。

如果要使用自定义的结构体类型变量来进行声明，首先需要定义结构体属性，然后才能使用。不过结构体变量不能在定义的时候进行初始化，代码如下：

```
struct TPerson {
    int age;
    string name;
};
TPerson bob;                                //不能在定义的时候进行初始化
```

关于声明的变量，在之前章节已经做了许多介绍，这里就不再赘述了。

3.4.2 赋值

如果要使用变量，就离不开给变量赋值。给变量赋值的语法结构如下：

```
variable assign_operator expression;
```

参数说明如下。

- variable：表示变量名。
- assign_operator：表示赋值操作符，这里可以是前面用到的最基础的赋值号(=)，也可以是下面将要介绍的操作符。
- expression：表达式的意思，这里可以是单一的值或其他已赋值的变量名；也可以是一个有确定值的数学表达式。

NXC 中有 11 种常用的赋值操作符。最基本的就是赋值号(=)，仅完成将表达式的值赋给变量。其他操作符会完成修改变量的值。各操作符的介绍如表 3.2 所示。

表 3.2 赋值操作符

赋值操作符	作　　用
=	将表达式值赋给变量
+=	将表达式的值和变量值相加，结果赋给变量
-=	将变量值和表达式值进行相减，结果赋给变量
*=	将表达式值和变量值进行相乘，结果赋给变量
/=	将变量值除以表达式的值，结果赋给变量
%=	将变量值和表达式值进行取余操作，将余数赋给变量
&=	将表达式值和变量值进行按位与操作，结果赋给变量
|=	将表达式值和变量值进行按位或操作，结果赋给变量
^=	将表达式值和变量值进行按位异或操作，结果赋给变量
>>=	将变量值向右移位，移的位数等于表达式的值
<<=	将变量值向左移位，移的位数等于表达式的值

赋值操作符的使用，代码段如下：

```
x=2;                                    //设置 x 值为 2
y=7;                                    //设置 y 值为 7
x+=y;                                   //运算后 x 值为 9,y 值为 7
y-=2;                                   //运算后 y 值为 5
```

这里或许介绍的有些太抽象，不过不要刻意去阅读这些概念性的知识，随着以后的使用会慢慢接受这些概念。

3.4.3 控制结构

前面介绍的数据类型以及变量在程序设计中可以看成是资源或元素。在编程的时候除了拥有一些数据及资源外，还需要构建数据结构和算法才能称得上是一个程序。而要学会表达思想就需要学习编程中的控制结构。一个 NXC 任务或函数通常会包含多个控

制结构的语句。下面就来介绍控制结构语句的几种类型。

1. 复合语句

最简单的控制结构是复合语句。复合语句由一对花括号中的语句列表组成,代码如下:

```
{
    x=1;                                   //一组复合语句
    y=2;
}
```

虽然复合语句结构单独看起来意义并不太大,但是其他控制语句必须和复合语句结合才能构建出更加强大的控制结构。一个控制结构只能跟随一条语句,只有使用复合语句,才可以使用相同的控制结构来控制多条语句。

2. if 语句

if 语句作为条件语句来判断一个条件的真假。如果条件为真(true),它会执行一条语句;如果条件为假(false),它会跳过跟随的语句。编译器将值为 0 的条件认为是假(false),非 0 值看成是真(true)。if 语句的语法结构如下:

```
if(condition)consequence
```

if 语句中的条件必须包含在一对括号中。如果利用复合语句,可以用 if 语句结构来控制多条语句作为一个结果(consequence)来执行,代码如下:

```
if(x==1)
    y=2;                                   //如果 x==1 为真即执行
if(x==2)
{                                          //如果 x==2 为真即执行
    y=1;
    z=2;
}
```

3. if...else 语句

if...else 语句也有一个条件需要判断,如果条件为真(true)则执行 if 后面的语句(consequence),如果条件为假(false)则执行 else 后面的语句(alternative)。当条件的值为 0 的时候被认为是假(false),如果为非 0 值则看成是真(true)。if...else 语句的语法结构如下:

```
if(condition)consequence

else alternative
```

if 语句的条件必须包含在一对括号中。同样,使用复合语句可以使用 if...else 来控制多条语句,代码如下:

```
if(x==1)
    y=3;                                   //如果 x 为 1 则执行该语句
else
```

```
    y=4;                                  //否则执行该语句

if(x==1)
{                                         //如果 x 为 1 则执行该复合句
    y=1;
    z=2;
}
else
{                                         //否则执行该复合句
    y=3;
    z=5;
}
```

4. while 语句

使用 while 语句可以构建一个条件循环，如果条件为真(true)则执行 while 下面的语句，然后继续判断 while 中的条件，直到条件变成假(false)为止，或一个 break 语句被执行，才会跳出 while 循环。while 语句的语法结构如下：

```
while(condition)body
```

因为 while 的程序体也默认只有一条语句，所以如果想控制多条语句就需要使用复合语句。while 语句的使用代码如下：

```
while(x<10)
{   //如果 x<10 则一直执行该复合语句
    x=x+1;
    y=y*2;
}
```

上面的代码中，在 while 条件语句中首先判断 x 是否小于 10，如果为真，则执行 while 下面的复合语句，直到 while 语句中的条件为假时才结束。

5. do 语句

还有一种 while 循环结构为 do...while 循环，do...while 语句的语法结构如下：

```
do body while(condition)
```

do...while 和 while 语句的不同之处在于，while 循环会首先判断条件是否为真，如果为假就不会执行 body 语句，而对于 do...while 循环结构来说，不管 while 中的条件是否为真都会首先执行 body 语句，然后才进行条件判断。例如：

```
do
{   //首先执行该复合句
    x=x+1;
    y=y*2;
} while(x<10);
```

上面 do...while 程序例子中首先执行复合语句中的代码，然后在 while 条件语句中判断 x 是否小于 10，如果为真则继续执行复合语句，如果为假则跳出 while 语句继续向下执行。

6. for 语句

还有一种循环结构是 for 循环结构。for 循环结构允许在括号中进行一些初始化操作和更新变量值，如果满足条件就继续循环下去。for 语法结构如下：

```
for(statement1; condition; statement2)body
```

for 循环结构首先会执行 statement1，然后检查 condition 条件语句，如果条件为真则执行 body 语句，最后再执行 statement2。继续检查 condition 条件语句，如果为假则断开循环。将 for 循环结构转换为 while 循环结构的代码如下：

```
statement1;
while(condition)
{
    body
    statement2;
}
```

通常，statement1 用来初始化循环计数变量，condition 语句用来检查计数变量是否符合条件，statement2 语句用来改变计数变量的值。下面是使用 for 循环的一个例子。

```
for(int i=0; i<8; i++)
{
    Numout(0, LCD_LINE1_I * 8, I);
}
```

上面程序中实现在 NXT 左侧屏幕第一列输出 0～7 的数字，读者在运行的时候需要在程序结尾加上 Wait(SEC_5)语句延时 5s 才能看到结果。

7. repeat 语句

repeat 语句用来执行指定次数的循环。这条语句是 NXC 专属的一条控制语句，在 C 标准语言中没有。它的语法结构如下：

```
repeat(expression)body
```

其中，expression 表示 body 语句被执行的次数，它和 while 和 do...while 中的条件语句是不一样的。它不会在每次循环的开始都检查一遍，程序会自动运行指定次数的循环。使用 repeat 语句的例子如下：

```
int i=0;
rdpeat(8)
{
    Numout(0, LCD_LINE1_i * 8, i++);
}
```

上面的 repeat 程序例子实现的功能和 for 语句例子中的功能是一样的，都是在 NXT 屏幕上输出数字。大家或许不明白“LCD_LINE1_ i * 8”这个表达式的含义。其实 LCD_LINE1 在 NXC 中对应的常量为 56，而 NXT 屏幕纵向像素为 64。如果用 8 个像素来表示每行的高，那么就可以将 NXT 屏幕纵向分成 8 份了。

8. switch 语句

switch 语句可以选择执行语句中的一条或多条，需要和 case、break、default 关键字配合使用。它的基本语法结构如下：

```
switch(expression)body
```

典型的 switch 结构语句如下：

```
switch(x)
{
case 1:
    //当 x 为 1 的时候执行这里的代码，然后跳出
    break;
case 2:
case 3:
    //当 x 为 2 或 3 的时候执行这里的代码，然后跳出
    break;
default:
    //当 x 找不到匹配项的时候执行这里的代码，跳出
    break;
}
```

NXC 也支持 expression 为 string 字符串类型，case 标签为字符串常量类型。

下面大致介绍一下 case、break、default 这 3 个关键词。

- case：switch 语句中的 case 并不能算是一条独立的语句。它相当于一组语句列表的标签，当标签值和 switch 中的 expression 值相匹配的时候就执行标签下面的语句列表。
- break：break 关键词用来结束 switch 语句。它不仅用于 switch，也用来结束循环语句。如果没有使用 break，则程序会继续执行而不会立即跳出 switch 结构。
- default：它也不能独立地作为一条语句，和 case 的地位一样，它其实也属于 switch 结构中的标签。如果没有任何的 case 标签和 expression 匹配就会执行 default 下面的代码。

switch 语句完全可以用 if...else 语句代替，只有在遇到某些简单而又繁多的条件判断时才会用到 switch 语句结构。就像循环结构有 while 也有 for 一样，在不同的场合挑选不同的语句，虽然它们都能实现彼此的功能。

9. goto 语句

使用 goto 语句可以使程序跳到指定位置执行。使用 goto 语句首先需要在程序块中插入一个标签，标签是由符合 NXC 命名的标识符和冒号(:)组成。调用 goto 语句加标签即可跳到标签指定的位置。要注意，标签只在当前任务和函数的程序块中有效，不能由当前任务或函数跳到其他程序块中。

下面的例子使用 goto 语句实现了一个无限循环操作。

```
my_loop:                                         //插入标签
    x++;
    goto my_loop;                                //跳到指定标签
```

在编程中一般不推荐使用 goto 语句，goto 语句应该尽量少用和慎用，因为滥用 goto 语句会破坏程序的结构。一般编程都只用类似 if、while 和 switch 等结构，这样的程序具有可读性。

10. until 语句

until 语句相当于 while 语句的真假颠倒，意思就是 until(c)和 while(!c)语句的效果是一样的。对于 until 语句，当 c 为假时，它会不断地执行循环，为真时跳出循环。使用 until 语句的例子如下：

```
until(EVENT_OCCURS);                             //等待一些事情发生
```

使用 until 语句来等待某个条件为真，当然 until 语句也得配合复合语句来使用。

3.4.4　其他 NXC 语句

NXC 支持一些其他语句类型，包括函数调用、开始停止任务、返回语句等。还有一些看起来不合法的其他表达式。例如，自加自减操作的代码如下：

```
x++;                                             //x 自加操作，每次完成加 1
x--;                                             //x 自减操作，每次完成减 1
```

一条语句也可以只有一个分号"；"，那么这条语句也是合法的，它称为空语句，代码如下：

```
task main()
{
                                                 //空语句
}
```

下面介绍一些其他重要的语句，这些语句会在以后的例子中经常用到，现在大体知道即可。

1. 函数调用

函数调用也属于一种语句类型，它的一般形式如下：

```
name(arguments);                                 //函数名加参数列表
```

函数参数列表之间的表达式和变量用逗号(,)隔开，参数列表中元素的个数和类型必须符合函数本身的定义。不管函数的返回值为空还是其他变量类型，它的调用形式都是这样的。

2. break 语句

当使用循环结构的时候，可以利用 break 语句来断开循环。当有多个循环结构进行嵌套时，它只实现退出最内层的循环。break 语句形式如下：

```
break;                                           //直接调用 break 即可
```

break 也经常出现在 switch 语句中。它用来立即退出 switch 语句，防止后面的代码

块执行。如果你不是故意不写 break，在 switch 语句中丢掉 break 经常会导致一些难以发现的错误。下面例子展示了怎样使用 break 语句。

```
while(x<100){
    x=get_new_x();
    if(button_pressed())
       break;
    process(x);
}
```

在上面的程序中，除了 while 条件语句的真假来决定循环是否继续执行外，也受 if 语句条件控制。如果 if 语句中的 button_pressed()函数返回真，那么程序将执行 break 语句，这时循环将会被断开。

3. continue 语句

在循环结构中使用 continue 语句可以实现跳到循环的开始重新执行的操作，这时 continue 后面的代码都将被忽略。continue 语句形式如下：

```
continue;                                   //直接调用 continue 即可
```

在程序循环结构中使用 continue 的例子如下：

```
while(x<100){
    ch=get_char();
    if(ch !='s')
        continue;
    process(ch);
    x++;
}
```

上面的程序中如果 if 语句中的条件为真，则会调用 continue 语句，这时 process(ch)语句和 x++ 语句都将被忽略，然后程序将从 while 循环的开始继续执行。

4. return 语句

如果想在函数结束时返回一个值或是想提前返回函数，可以使用 return 语句，其语法结构如下：

```
return [expression];
```

如果函数有返回类型，则 return 后面的 expression 可以是一个变量或常数，也可以是一个符合函数返回值类型的表达式。如果函数不要求返回值，则直接使用 return 即可。如果不写 return，函数执行结束后会自动返回。

3.5 表　达　式

值是最原始的表达式类型，更复杂一点的表达式会使用到各种各样的操作符。本节主要对 NXC 语言中的操作符和条件表达式做概括性的介绍。

3.5.1 操作符

通过操作符可以组合出各种表达式，从而得到相应的值。NXC 的操作符如表 3.3 所示。其优先级按从高到低的顺序排列。

表 3.3 表达式操作符

操　作　符	描　述	例　子
abs()	求绝对值	abs(x)
sign()	确定操作数的符号	sign(x)
++, --	自增、自减后缀	x++
++, --	自增、自减前缀	++x
-	一元负号	-x
~	按位取反	~123
!	逻辑否	!x
*, /, %	乘、除、取余	x * y
+, -	加、减	x + y
<<,>>	按位左移、右移	x<<4
<,>,<=,>=	关系操作符	x<y
==,!=	等于、不等于	x==1
&	按位与	x&y
^	按位异或	x ^ y
|	按位或	x|y
&&	逻辑与	x&&y
‖	逻辑或	x‖y
?:	三元条件语句	x==1? y : z

在需要的时候，通常使用圆括号来改变表达式的求值顺序，代码如下：

```
x=2+3*4;                                //相当于将 14 赋给 x 变量
y=(2+3)*4;                              //相当于将 20 赋给 y 变量
```

在上面的代码中，通过括号改变了表达式的求值顺序，和在数学中的表达式使用括号是一样的道理。

3.5.2 条件表达式

对两个变量、值或表达式进行比较就形成了条件表达式。一个条件也可以使用与、或、非逻辑符对两个条件表达式进行组合。NXC 对组合表达式支持一些简化的条件求值，如果左边的表达式已经能确定条件的真假后，右边的表达式将不再计算。不同的条件表达式如表 3.4 所示。

表 3.4 条件表达式

条件表达式	解释
expr	如果 expr 不等于 0 则为真,否则为假
expr1==expr2	如果 expr1 和 expr2 相等则为真,否则为假
expr1!=expr2	如果 expr1 和 expr2 不等则为真,否则为假
expr1<expr2	如果 expr1<expr2 则为真,否则为假
expr1<=expr2	如果 expr1≤expr2 则为真,否则为假
expr1>expr2	如果 expr1>expr2 则为真,否则为假
expr1>=expr2	如果 expr1≥expr2 则为真,否则为假
!condition	逻辑否,如果 condition 为假则条件表达式为真,否则为假
cond1&&cond2	逻辑与,如果 cond1 和 cond2 都为真,则表达式为真,否则为假
cond1 || cond2	逻辑或,如果 cond1 和 cond2 都为假,则表达式为假,否则为真

条件表达式通常在 NXC 控制结构中使用。例如,在 if 语句、while 或是 until 语句中,用来指定程序的行为。有两个特殊的常量条件可以用在上面条件表达式的任何地方,它们分别是 true 和 false。关键字 true 值为 1,表示条件总为真;false 值为 0,表示条件总为假。

3.6 小结

本章主要介绍了 NXC 语言的语法结构,从最基本的注释到最后的表达式操作符,出现了大量概念性的知识,对这些概念有一定的了解是掌握 NXC 语言乃至 C/C++ 语言的基础。但是并不要求读者全部记忆,只要求读者能有大概印象即可,在今后的学习中遇到了可以再来这里进行查阅。本章几乎全为重点,但是能对这些知识熟悉并理解需要经历一段漫长的编码历程。

3.7 习题

【习题 3-1】 编写程序,使用 for 循环结构累加 1~100 值,然后将其值输出到 NXT 屏幕第一行中。

【提示】 关于 for 循环结构的内容出现在 3.4.3 小节中,循环结构和判断结构是程序设计中最重要的结构。正因为有了循环才使得计算机可以代替人类去完成繁重的重复性工作。for 循环结构因为其初始条件、判断条件以及累计表达式可以放在一起,所以使得它比其他循环结构更受欢迎。最后,在 NXT 屏幕中输出数值需要使用 NumOut() 函数。

【参考代码】 利用 for 循环累加 1~100 值程序。

```
task main()
{
    int sum=0;                              //声明一个整型变量用来累加

    for(int i=1; i<=100; i++)
        sum+=i;                             //这里只有一条语句,所以不需要加花括号

    NumOut(0, LCD_LINE1, sum);              //在 NXT 屏幕第一行输出值
    Wait(SEC_5);                            //延时 5s 用来显示
}
```

【习题 3-2】 请读者编写程序利用表达式直接计算累加 1～100 值,并输出到 NXT 屏幕中。

【提示】 学过初中数学的同学一定知道,计算累加 1～100 值不需要在草稿纸上一直进行累加,而是利用等差数列求和公式进行计算。

【参考代码】 利用表达式直接计算程序。

```
task main()
{
    int sum=0;                              //声明一个整型变量用来累加
    sum=((1+100) * 100)/ 2;                 //等差数列求和公式
    NumOut(0, LCD_LINE1, sum);              //在 NXT 屏幕第一行输出值
    Wait(SEC_5);                            //延时 5s 用来显示
}
```

如果说在习题 3-1 中利用 for 循环需要 NXT 计算 100 步,那么这里只需要 1 步就完成了。所以读者在编程时要注重程序的效率,尽可能编写高效的程序来完成指定的任务。

【习题 3-3】 编写程序累加 1～100 中能被 3 整除所有数的和,并输出到 NXT 屏幕上。

【提示】 这道习题主要让读者学会使用判断语句 if...else,当然还得使用习题 3-1 中的循环结构。判断一个数是否被 3 整除可以使用求模表达式。

【参考代码】 if 判断语句的使用程序。

```
task main()
{
    int sum=0;                              //声明一个整型变量用来累加

    for(int i=1; i<=100; i++)
    {
        //判断是否被 3 整除
        if(i%3==0)
            sum+=i;
    }
```

```
    NumOut(0, LCD_LINE1, sum);                      //在 NXT 屏幕第一行输出值
    Wait(SEC_5);                                    //延时 5s 用来显示
}
```

【习题 3-4】 在 1～100 个数中分别统计与 7 取模，余数为 3 和 5 的个数，然后分别将其输出到 NXT 屏幕的 1、2 行。

【提示】 这道题中只涉及两个判断条件，可以使用 if…else 结构，但是这里使用 switch 语句，通过定义两个变量来统计余数为 3 和 5 的个数。

【参考代码】 switch 分支语句的使用程序。

```
task main()
{
    int cnt3, cnt5;                                 //声明两个整型变量用来累加
    cnt3=cnt5=0;                                    //初始化为 0

    for(int i=1; i<=100; i++)
    {
        switch(i %7)
        {
            case 3:
                cnt3++;
                break;
            case 5:
                cnt5++;
                break;
        }
    }

    //在 NXT 屏幕第 1、2 行输出值
    NumOut(0, LCD_LINE1, cnt3);
    NumOut(0, LCD_LINE2, cnt5);
    Wait(SEC_5);                                    //延时 5s 用来显示
}
```

注意：在 switch 结构中，如果要确保每个 case 结束后不再继续执行，都应该添加 break 语句。

第 4 章 NXC 程序结构

一个 NXC 程序主要是由程序块和变量组成的。程序块主要分为任务和函数两种类型，每种类型的程序块有它们自己独一无二的特性，但是它们使用相同的结构。一个 NXC 程序中使用程序块的总数不能超过 256 个。

4.1 编码顺序

编码顺序包含两方面的含义：一方面是指文件中的源代码顺序；另一方面指程序运行时的执行顺序。第一种被看成是词法顺序；第二种被看成运行顺序。词法顺序和运行顺序的联系与影响如图 4.1 所示。

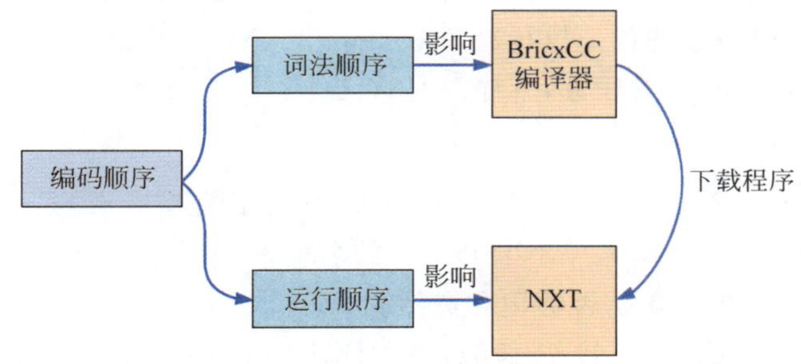

图 4.1　词法顺序和运行顺序的联系与影响

词法顺序的正确与否会影响到 BricxCC 编译器是否能够编译通过；而程序的运行顺序会影响 NXT 是否能够按照原先设定的步骤完成指令操作。

词法顺序是编码顺序的直接体现，当在 BricxCC 中编写完代码后，从上至下代码的先后顺序即词法顺序。这里介绍的词法，主要针对的是变量、函数和任务。运行顺序是程序源代码的逻辑体现，它不能由源代码中函数和任务的位置来决定。

4.1.1 运行顺序规则

编写的任务和函数的位置对程序运行顺序和逻辑不会产生决定性的影响。NXC 程序运行顺序的规则，主要由 3 个因素决定，如图 4.2 所示。

程序运行顺序规则需要注意 3 点：main 任务、API 函数、函数调用。下面针对这 3 点做详细论述。

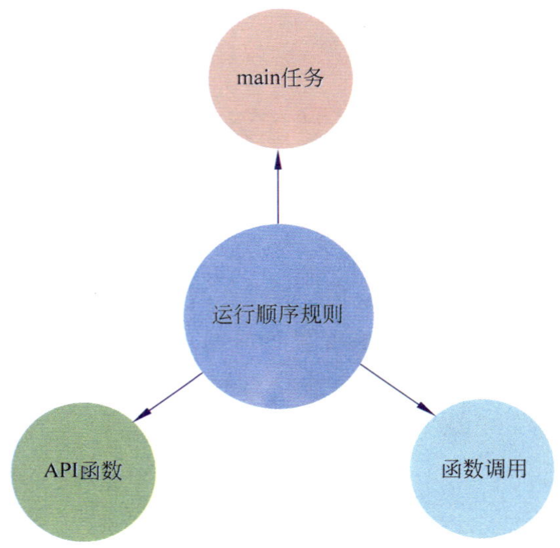

图 4.2 运行顺序规则的决定因素

1. main 任务

学过 C 语言的读者对于 main 这个词应该再熟悉不过了。任何 C 程序中都必须包含一个 main 函数，且程序总是首先执行这个函数。在 NXC 中也是一样，任何 NXC 程序中都必须包含一个称为 main 的任务，程序总是首先执行这个任务。

2. API 函数

API(Application Programming Interface，应用程序编程接口)是一些预先定义好的函数。在计算机技术领域，这是一个十分常见的名词。一门技术的强大与否，很大程度上决定于该技术所提供的 API 是否够用和灵活。

NXC 提供了丰富的 API 接口函数，在 NXC 中也称为命令组件函数(Command module functions)。其中的一些函数可以实现启动任务、停止任务及暂停等各种操作。所以说，程序中的任务运行顺序可以通过调用 API 函数来决定。

3. 函数调用

模块化的编程离不开对函数的编写和对函数的调用。在编写程序的时候，首先对程序的功能进行划分；然后将这些功能分别在函数中独立实现；最后通过函数的调用来实现整个程序的功能。

这里的函数和 API 函数的不同之处在于，API 函数指的是系统已经预定好的函数，而这里的函数指的是读者自己编写的函数。无论何时，当一个函数被调用时，程序会立即执行该函数。

程序的运行规则总结如下：

- 任何 NXC 程序都必须包含一个称为 main 的任务，且程序总是首先执行这个任务。
- 其他任务的执行，可以通过调用应用程序接口函数来决定。

• 无论何时，在程序中当一个函数被调用时，它会立即开始执行。

最后一个规则看起来可能不太重要，但是对于有多个任务的程序共享函数来说，这是个重要的结论。假如一个函数在 A 任务中被调用了，在还没运行结束的时候又被 B 任务调用，这样就很有可能产生不可预知的结果。这种情况就需要通过互斥量避免调用一个被占用的函数，后面将会讲解互斥量的使用。

4.1.2　词法顺序规则

词法顺序只针对 NXC 编译器，而不是 NXT 模块。意思是说，编写的程序代码中函数和任务的位置会直接影响在 NXC 编译器中是否能正常编译通过，而 NXT 模块中程序的执行是程序运行顺序的直接体现。词法顺序规则主要也由 3 个因素决定，如图 4.3 所示。

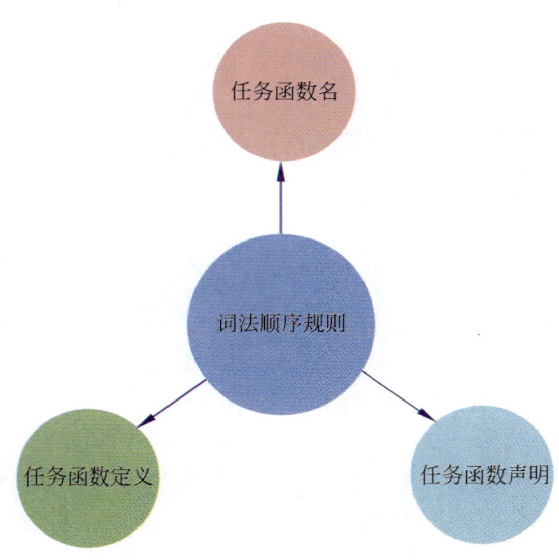

图 4.3　词法顺序规则的决定因素

因为在 NXC 编程中，任务和函数的编写有诸多相似之处，所以这里把它们放在一起进行介绍。程序运行顺序规则也需要注意 3 点，下面针对这 3 点做详细论述。

1. 任务函数名

在编写程序的时候，任务和函数名需由程序员自己来决定。编写的任务函数名要符合 NXC 中对标识符的命名规则，如同前面介绍怎样定义合法变量名。任务和函数的名字，只能由字母、数字和下划线 3 种字符组成，且第一个字符必须是字母或下划线。

2. 任务函数定义

任务和函数的定义其实就是对其代码的实现。当编写好一个任务或是函数后，在编译的时候编译器就会知道程序中已经实现了该任务或是函数。如果程序下文中调用到该函数或任务，编译器会自动完成相应的连接和编译工作。还要注意，一旦一个任务或函数被定义了，它将不能被重复定义。

3. 任务函数声明

从任务函数的定义规则来看，正确编写任务和函数的顺序应该是先定义然后再使用，如果调用放在了定义的前面，编译器会发生编译错误，除非先对任务和函数进行声明。

对任务和函数进行声明就是，在程序最前位置首先告诉编译器，在程序中都要实现哪些任务和函数。这样编译器就会知道程序中都定义了哪些任务和函数，即使把任务和函数的定义放在程序的最下面，也能在任何地方对它们进行调用了。

对程序的运行规则总结如下：

- 任何任务和函数的名字都必须符合 NXC 的命名规则。
- 任务和函数定义的时候，编译器就会知道它的名字标识符。
- 任务和函数声明的时候，编译器就会知道它的名字标识符。

4.1.3 任务函数的声明

在编写程序的时候往往会遇到这样的情况，编写了多个函数或任务，有可能会在多个地方对其进行调用，也有可能在函数中还会调用其他函数。所以对任务和函数定义时的位置选取也成了一件麻烦的事情。为了不产生编译错误，最简单的办法就是在使用这些函数和任务之前对其进行声明。

函数或任务的声明如下：

```
task name();                                    //任务声明
return_type name(argunent_list);                //函数声明
```

参数说明如下。

- task：定义任务或声明任务的标志是在任务名前使用 task 关键字，任务没有参数列表。
- return_type：表示函数的返回值类型，如果定义为 void 则函数结束不返回任何信息，否则在函数结束时应返回符合 return_type 类型的数据。
- argument_list：表示函数的参数列表，定义参数列表的目的是可以在调用的时候将信息传递给该函数，当然参数列表也可以为空。

在程序段的最前面对任务和函数进行声明。函数参数列表 argument_list 必须符合函数定义的参数列表规则。

4.2 任　务

因为 NXT 支持多线程，一个 NXC 任务就相当于一个 NXT 线程。线程的概念即使不理解也没关系，你可以想象一个 NXC 程序可以分成多个独立运行的程序片段，这些程序片段可以同时运行。在 NXC 中，每一个运行的任务都符合这些片段的定义，所以每一个运行的任务都可以看成 NXT 的一个线程。

4.2.1 任务的定义

任务和函数在编写上的不同之处在于任务的定义必须使用 task 关键字，定义任务格

式如下：

```
task name()
{
    //在这里编写任务代码
}
```

任务的定义格式非常简单，就如同参数列表为空且返回为空的函数，只不过需要声明 task 关键字而已。也可以通过 BricxCC 的 Templates 模板窗口直接插入任务框架代码，如图 4.4 所示。

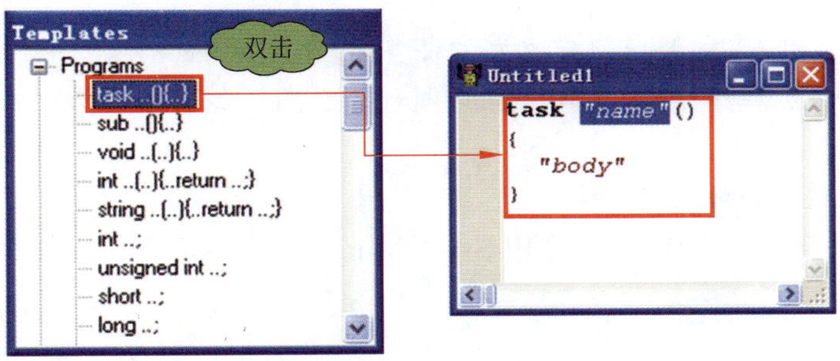

图 4.4　通过 Templates 模板窗口插入任务

任务的名字可以是任何合法的标识符。一个程序必须保证至少得有一个主任务，即 main 任务。程序的运行都是从 main 任务开始的，所以说启动其他任务的开端也都源自于 main 任务。图 4.4 中的 body 部分用来编写任务的实现语句。

图 4.5 所示为在第 1 章编写的第一个 NXT 程序。这里面只包含了一个任务，即 main 任务。花括号中的语句列表实现了控制电动机的功能。下面将介绍怎样启动和停止任务以及多任务编程。

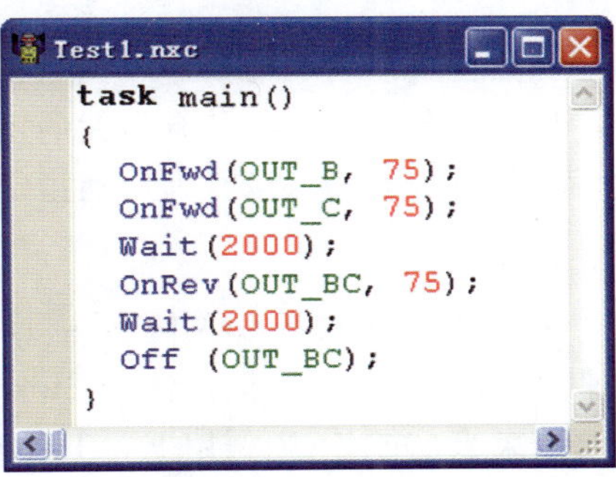

图 4.5　main 任务实例

4.2.2　任务的启动和停止

1. 任务的启动

程序中 main 任务是自动运行的，即程序启动就开始执行 main 任务中的语句。但是，如果要编写多任务程序，就需要在 main 任务中通过调用 NXC 提供的 API 函数来启动其他任务了。

把程序中 main 任务称为主任务，其他任务都称为从任务。如果要按顺序一次启动多个从任务，可以使用的 API 函数为 Precedes()。当然也可以使用 StartTask()函数来启动一个特定任务。

1) Precedes()函数

Precedes()函数的原型声明如下：

```
void precedes(
        task task1,                        //任务 1
        task task2,                        //任务 2
        …,
        task taskN                         //任务 N
)[inline]
```

如果在 NXC 程序中编写了 3 个任务，即 task1、task2、task3，那么在 main 任务中启动这 3 个任务的就可以调用 Precedes()函数来实现，代码如下：

```
Precedes(task1,task2,task3);               //启动 task1,task2,task3
```

task1、task2 和 task3 是已经定义好的任务名，调用 Precedes()函数后这些任务就会开始执行。在 NXC 程序中，每个任务都必须有特定的任务名。当然 main 任务作为程序的入口点必须始终存在。

2）StartTask()函数

如果想立即启动一个任务，则使用 StartTask()函数即可，StartTask()函数的原型声明如下所示。

```
void StartTask(task t)[inline]             //启动指定任务
```

使用 StartTask()函数启动任务代码如下：

```
StartTask(sound);                          //启动名为 sound 的任务
```

当然也可以用 Precedes()函数来启动一个任务。但是 Precedes()和 StartTask()函数在执行任务的方式上却有很大的不同，Precedes()函数必须得等到当前任务结束才有效，而 StartTask()可以立即启动指定任务。在下面例程中，会举例讨论这个问题。

2. 任务的停止

调用 API 函数 StopAllTasks()可以停止当前运行的所有任务，也可以使用 Stop()函数来停止所有的任务，但是使用 Stop()函数还得接收一个布尔类型条件参数。如果仅仅是要结束当前任务，则调用 ExitTo()函数。下面分别介绍这 3 个函数。

1）StopAllTasks()函数

StopAllTasks()函数的原型声明如下：

```
void StopAllTasks()[inline]
```

这个函数的声明比较简单，没有任何参数。调用该函数会无条件停止当前所有任务，使程序完全停止。当执行完该函数后，程序中剩余的指令将不再执行。

使用 StopAllTasks()函数非常简单，直接调用即可，代码如下：

```
StopAllTasks();                            //结束所有任务,停止程序
```

2）Stop()函数

Stop()函数的原型声明如下：

```
void Stop(bool bvalue)[inline]
```

Stop()函数和 StopAllTasks()函数一样，都会结束当前所有的任务，导致程序停止。但是，Stop()函数必须满足参数 bvalue 值为 true 时才起作用。Stop()函数的调用代码如下：

```
Stop(x==24);                              //当 x 的值等于 24 时，结束所有任务
```

3）ExitTo()函数

ExitTo()函数的原型声明如下：

```
void ExitTo(task newTask)[inline]
```

一个任务中程序代码执行完后会自动结束。ExitTo()函数实现退出当前任务，执行指定新任务的功能。newTask 参数为停止当前任务后，所要执行的新任务的名字。ExitTo()函数的调用代码如下：

```
ExitTo(A);                                //停止当前任务，执行新任务 A
```

4.2.3 多任务同步

多任务程序在运行的时候可以想象成多个任务在同时执行，如果有两个以上任务中用到了同一个资源，如电动机，这时就要用到多任务同步的概念了。因为不可能让多个任务去同时操纵电动机，否则程序会非常混乱，而且得到的结果会和原先设计的大相径庭。

在介绍怎样解决处理多任务共享资源之前，先看以下代码。

```
task A()
{
    while(true)
    {
        OnFwd(OUT_A,75);                  //输出向前 75%的功率
        Wait(SEC_1);
        Off(OUT_A);
    }
}
task B()
{
    while(true)
    {
        OnRev(OUT_A,20);                  //输出向后 20%的功率
        Wait(SEC_2);
        Off(OUT_A);
    }
}
task main()
{
    Precedes(A, B);                       //启动两个任务
}
```

在输出口 A 上连接一个电动机，然后运行该程序。这时会发现电动机总是朝着一个方向转动，并不是所期待的向前转动 1s 再向后转动 2s，多任务操作共享资源时会出现不可预料的情况。有兴趣的读者还可以将 SEC_1 和 SEC_2 改为 50 和 49，然后尝试着运行。

这时就需要让 A 任务操作的时候 B 任务等待，B 任务操作的时候 A 任务等待，这种操作方式就称为多任务同步。在任务运行的时候通过互斥量可以保护共享资源不会被同时占用，所以这里来定义一个互斥量来实现多任务同步。

【例 4-1】 多任务同时操纵电动机程序。

```
mutex moveMutex;                                  //1.定义全局互斥量

task A()
{
    while(true)
    {
        Acquire(moveMutex);                       //2.占用互斥量

        OnFwd(OUT_A, 75);
        Wait(SEC_1);
        Off(OUT_A);

        Release(moveMutex);                       //3.释放互斥量
    }
}
task B()
{
    while(true)
    {
        Acquire(moveMutex);                       //这里一定要使用相同互斥量

        OnRev(OUT_A, 20);
        Wait(SEC_2);
        Off(OUT_A);

        Release(moveMutex);
    }
}
task main()
{
    Precedes(A, B);
}
```

把上面用来同步任务的变量 moveMutex 就称为互斥量。使用互斥量一般分为 3 步，如上代码中标号 1、2、3 所示，首先定义一个互斥量；其次使用 Acquire()函数占用互斥量；最后使用 Release()函数释放互斥量。如果使用互斥量来同步任务，则需要在共享资源出现的每个任务中都使用相同的互斥量代码进行保护。

4.2.4　多任务实例

在下面的例程代码中，main 任务执行了一个音乐任务、一个活动任务和一个控制任务，这 3 个任务同时开始执行。控制任务等待 10s 时间结束所有的任务，最后程序结束。

【例 4-2】　学习使用 Precedes()启动多任务程序。

```
task music()
{
    while(true)
    {
        PlayTone(TONE_A4, MS_500);                //2.播放声音任务
        Wait(MS_600);
    }
}
task movement()
{
    while(true)
    {
        OnFwd(OUT_A, Random(100));                //3.电动机变速任务
        Wait(Random(SEC_1));
    }
}
task controller()
{
    Wait(SEC_10);                                 //4.控制任务
    StopAllTasks();
}
task main()
{
    Precedes(music, movement, controller);        //1.创建 3 个任务
}
```

这段代码里面出现 4 个任务，现在来分析一下这段代码。

- 程序首先执行 main 任务，然后调用 Precedes()函数创建了 3 个任务。创建完成后 main 任务结束，NXT 开始同时执行 2、3、4 这 3 个任务。
- 运行程序后可以听到间断的“嘟嘟”声，这种声音主要由 music 任务负责播放。PlayTone()函数接收两个参数，第一个参数用来指定声音的频率即音调；第二个参数用来指定播放的时间。TONE_A4 即发出 440Hz 的声音，MS_500 表示播放 500ms。大家可以试试 TONE_B7 音调的声音，在 NXC 中它被宏定义为 3951，意思就是 NXT 会发出频率为 3951Hz 的声音，这时你会听到刺耳的“嘀嘀”声。
- 连接 NXT 输出口 A 的电动机会间断地变速，一会儿快一会儿慢。Random(100)可以产生 0～99 的随机数，所以电动机每秒变一次速度。
- 如果没有任务 4，任务 2、3 会不停地执行下去。任务 4 首先延时 10s，然后调用 StopAllTasks()将所有任务结束，包括它自己。

对于上面程序读者还要注意，如果 2、3、4 任务在 main 任务程序段下面，则要首先对各任务进行声明，否则会出现编译错误，如图 4.6 所示。

```
line 3: Error: Undefined Identifier music
line 3: Error: Task name expected
line 3: Error: Undefined Identifier movement
line 3: Error: Undefined Identifier controller
```

图 4.6 编译错误

任务的声明格式如下：

```
task music();
task movement();          ❶
task controller();

task main()
{
    Precedes(music,movement,controller);      ❷
}
```

Precedes()函数可以通知启动多个任务，但是必须等当前任务执行完毕后被启动的任务才开始执行。下面写几段程序展示一下 Precedes()与 StartTask()启动任务的区别。

【例 4-3】 Precedes()启动任务程序。

```
Tone tmpTone[]={
    TONE_D4, SEC_1
};

task sound()
{
    PlayTones(tmpTone);                    //播放 D4 音调 1s
}

task main()
{
    Precedes(sound);                       //执行 sound 任务
    Wait(SEC_2);                           //延时 2s
}
```

运行该程序，NXT 并没有立即播放出声音，而是 2s 过后才开始发出声音。这说明使用 Precedes()函数启动的任务不会立即执行，必须等当前任务结束后才开始执行。将 Precedes()函数修改为 StartTask()看会是什么效果。

【例 4-4】 StartTask()启动任务程序。

```
Tone tmpTone[]={
    TONE_D4, SEC_1
```

```
};

task sound()
{
    PlayTones(tmpTone);                          //播放 D4 音调 1s
}

task main()
{
    StartTask(sound);                            //执行 sound 任务
    Wait(SEC_2);                                 //延时 2s
}
```

该代码段其他均不改变，仅将 Precedes()替换为 StartTask()。运行该程序后，可以立即听到 NXT 发出的声音。这说明 StartTask()启动的任务不需要等待当前任务结束就可以执行。如果想同时执行多条任务，但又不愿意等待当前任务结束，可以采用下面的方法。

【例 4-5】 立即启动多个任务程序。

```
task sound()
{
    PlayTone(TONE_C4, SEC_1);
    Wait(SEC_1);
}

task movement()
{
    OnFwd(OUT_A, 70);
    Wait(SEC_1);
    Off(OUT_A);
}

task myStartTask()
{
    Precedes(sound, movement);                   //启动 sound 和 movement 任务
}

task main()
{
    StartTask(myStartTask);                      //立即启动 myStartTask 任务
    Wait(SEC_2);
}
```

该程序中将 Precedes()函数单独放在一个任务中，StartTask()函数可以立即启动 myStartTask 任务，该任务执行完 Precedes()函数后结束，然后开始执行指定的多个任务。当然也可以使用多条 StartTask()语句来立即启动多个任务。

初看 PlayTone()函数仅仅是播放单一音调函数，而 PlayTones()可以连续地播放存放在 Tone 结构体数组中的音调。但是还有些细节需要注意，下面编写两个程序例子看看 PlayTone()和 PlayTones()播放声音时的区别。

【例 4-6】 PlayTone()播放声音程序。

```
task main()
{
    PlayTone(TONE_F4, SEC_2);
    Wait(MS_100);                            //延时 100ms
}
```

运行该程序后，读者只能听到短暂“嘟”的声音，并没有像 PlayTone()函数中描述的播放了 2s，其实它仅仅播放了 100ms。这是因为 PlayTone()函数并没有等待播放完毕，而更像是抛出一个执行播放指令，然后程序继续执行下面的指令。如果读者将延时注释掉将什么也听不到。所以在例 4-2 中 music 任务并不是每次间隔 600ms 播放一次，而是每 100ms 播放一次延迟 500ms 的声音。PlayTones()函数要比 PlayTone()更人性化一些，它会等待声音执行完毕，然后才继续执行程序。

【例 4-7】 PlayTones()播放声音程序。

```
Tone sound[]={
    TONE_F4, SEC_2                          //定义音调结构体
};

task main()
{
    PlayTones(sound);
}
```

运行该程序，会听到符合预期的 2s 播放时长的声音。所以在使用 PlayTone()函数的时候，一定要注意使用 Wait()函数进行延时，且延时的时间要大于等于 PlayTone()函数定义的时长。

现在要使用 ExitTo()函数实现在两个任务之间轮流切换执行的功能。首先执行 A 任务；其次执行 B 任务；最后再执行 A 任务，直到强制停止程序运行为止。

【例 4-8】 使用 ExitTo()函数例子程序。

```
task B();                                   //对 B 任务进行声明

//蜂鸣函数
void beep(const int tone)
{
    PlayTone(tone, MS_500);
    Wait(SEC_1);
}
```

```
task A()
{
    beep(TONE_C4);
    ExitTo(B);                                        //退出 A 任务跳至 B 任务
}

task B()
{
    beep(TONE_C6);
    ExitTo(A);                                        //退出 B 任务跳至 A 任务
}

task main()
{
    Precedes(B);                                      //也可以使用 ExitTo(B)
}
```

在这里定义了一个 beep()函数，在两个任务中均会调用这个函数。函数和任务在根本上有很大的不同，任务可以看成是一个独立的执行体，而函数仅仅是一个功能段代码的包装。

现在就来编写这样一个程序，让机器人由 A、C 输出控制电动机在原地转圈，当触觉传感器被按下的时候机器人后退并改变方向继续前进，就好像是它可以躲避障碍物一样。程序需要控制电动机并需要监控传感器是否碰到障碍物，所以需要使用两个任务来进行控制，这样会更方便一点。

【例 4-9】 使用互斥量实现任务同步程序。

```
mutex moveMutex;
task move_square()
{
    while(true)
    {
        Acquire(moveMutex);
        OnFwd(OUT_AC, 75);
        Release(moveMutex);
        Wait(1000);
        Acquire(moveMutex);
        OnRev(OUT_C, 75);
        Release(moveMutex);
        Wait(500);
    }
}

task check_sensors()
{
    while(true)
    {
```

```
            if(SENSOR_1==1)                              //如果触觉传感器被按下
            {
                Acquire(moveMutex);
                OnRev(OUT_AC, 75);
                Wait(500);
                OnFwd(OUT_A, 75);
                Wait(500);
                Release(moveMutex);
            }
        }
}

task main()
{
    Precedes(move_square, check_sensors);

    SetSensorTouch(IN_1);                                //设置触觉传感器
}
```

将上面的代码运行后，按下触觉传感器电动机会立刻改变转向。如果尝试着把互斥量去掉，两个任务会同时抢占电动机资源，按下触觉传感器后 check_sensors 任务中的代码不能正常运行。因为触觉传感器需要立即响应，所以 move_square 任务中互斥量保护的资源不能包含延时；否则要等延时结束触觉传感器中的代码才会得到响应。

4.3 函　　数

在编写程序时如果将独立功能放在一个程序块中，在需要的时候可以随时调用该程序块，那么可以将这个程序块称为一个函数。像上面用到的 Wait、OnRev()等都为系统函数。这一节来学习怎样自定义一个属于自己的函数，让程序更加结构化。

4.3.1 函数的定义

之所以要定义函数，是因为有些功能会在程序中多次被用到，不可能每次都编写相同的代码，所以要将这种多次用到的代码段封装在一个函数里，以便需要时来调用。

在编写 NXC 程序的时候感觉特别方便，想延时就用 Wait()；想启动多任务就用 Precedes()。这是因为系统已经封装好了各种功能的函数，当然在编写函数的时候也可以定义属于自己的函数。函数的语法结构可定义为以下形式。

```
[safecall] [inline] return_type name(argument_list)
{
        //函数体代码
}
```

其中，return_type 表示返回数据的类型，argument_list 为参数列表。例如，使用 Wait()函数时经常传入一个整型值，Wait(50)就代表延时 50ms。花括号中的函数体代

码包含了整个函数功能实现的主体代码。至于 safecall 完全可以忽视，因为在编写程序的时候几乎不会涉及，后面会介绍 inline 关键字。

下面先定义一个最简单的无参、无返回值函数。可以把 Wait(50)单独放在一个函数里面，代码如下：

```
void wait_50()
{
    Wait(50);
}

task main()
{
    Wait_50();
}
```

被调用

这是一个无返回值无参类型的函数，里面只包含了一行代码。当然很少将一行代码放入一个函数体中，因为调用函数本身就需要一行代码。函数的调用读者已经很熟悉了，这里 void 是一个关键字，表示空的意思，如果函数不需要返回值就按照上面代码用 void 修饰即可。上面函数也可以写成以下形式：

```
sub wait_50()
{
    Wait(50);
}
```

等同于 void

在 NXC 中，sub 关键字其实等同于 void，都代表空的意思。当然函数也可以返回除空类型外的整型、字符串型等多种类型，下面将逐个介绍。

4.3.2 函数的参数和返回值

函数名后面小括号中的内容被称为参数列表。一个函数的参数列表可以是空的，也可以包含一个或多个参数定义，代码如下：

```
int add(int x, int y)
{
    return x+y;
}
```

函数参数列表

参数的定义形式为一个类型跟随一个名字，如果有多个参数则用逗号隔开。可定义的类型有 bool、char、byte、int、short、long、unsigned int、unsigned long、float、string、struct 或这些类型的数组形式。

函数之所以会有参数列表和返回值的概念，是因为当执行一个函数时会想传递给函数些什么，或是让函数返回些什么。先看下面这个例子。

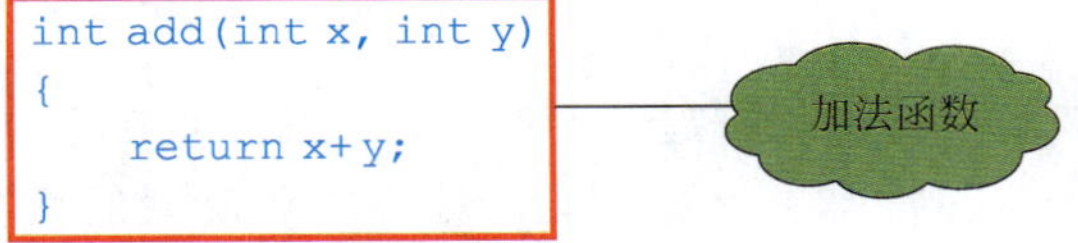

```
task main()
{
    int res;
    res=add(10, 5);

    NumOut(50, LCD_LINE2,res);

    wait(SEC_10);                          //等待 10s
}
```

上面的例子中编写了一个加法函数，传递进去两个整型值，然后该函数会返回两个整数相加之和。最后 NumOut()函数将结果输出到 NXT 屏幕上，50 和 LCD_LINE2 表示输出的位置，50 为横向从第 50 个像素开始显示，LCD_LINE2 表示第二行。

LCD_LINE2 为系统定义好的参数，表示屏幕从上开始数第二行。当然也可以以像素为单位来确定显示的位置。读者可以尝试着输出 NumOunt(0，0，res)，可以发现字体位置从左下角开始显示。这样可以把屏幕想象成一个坐标，左边界为 Y 轴，下边界为 X 轴。

关于 NumOut()函数就讨论到这儿，不过可以发现 NumOut()函数中传递的参数形式和自己编写的 add()函数传递参数还是有几分相似之处。函数的返回值类型要和定义的类型相符，返回值用 return 关键字，代码如下：

```
int add(int x, int y)
{
    return x+y;
}
```

类型相同

函数中一旦执行 return 指令就标志着整个函数的结束，即使 return 之下还有其他代码也将不会被执行，请看以下代码。

```
void print()
{
    Textout(0, LCD_LINE1, "First");

    return;          //函数返回

    TextOut(0, LCD_LINE2,"Second");
}

task main()
{
    print();

    Wait(SEC_10);                         //等待10s
}
```

不被执行

上面代码中 Second 字符串将不会被输出，因为函数执行到 return 就会直接返回，而不会执行下面的代码。因为函数中 return 的特殊意义，可以给编程带来很大的可操控

性。TextOut()和 NumOut()函数类似，不过 TextOut()用于输出字符串。

4.3.3　函数参数的传递

NXC 支持函数参数传递有 4 种：值、引用、常量值、常引用。

1. 值传递

值传递是最常用的一种方式，将上面的加法函数改成以下代码形式。

```
void add(int res, int x, int y)
{
    res=x+y;
}

task main()
{
    int res=0;

    add(res, 10, 5);

    NumOut(50, LCD_LINE2, res);

    Wait(SEC_10);                              //等待10s
}
```

值传递

运行该程序后，输出的结果并不是想要的 15 而是 0，这是因为在函数中进行计算的 res 和在主任务中定义的 res 并不是共享相同的内存空间。在函数调用的时候，仅仅是把值传递了进去，计算后并不改变原始变量值。这种传递方式就称为值传递，相当于重新复制了一次变量。值传递的过程如图 4.7 所示。

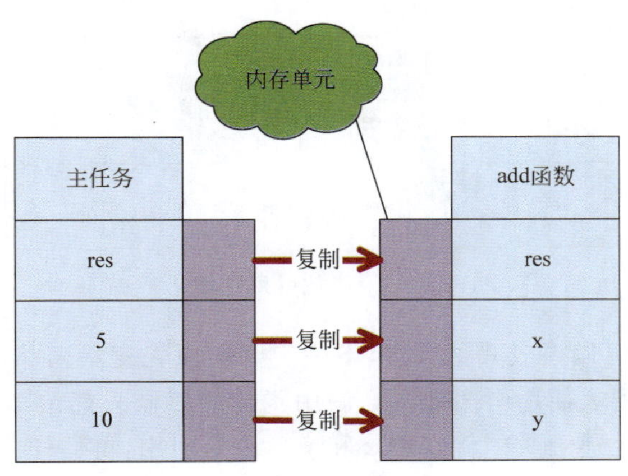

图 4.7　值传递过程

从图 4.7 中可以看到，值传递的函数参数有自己独立的内存空间，调用的时候仅仅是将一个内存空间的值复制到另一个内存空间，所以在函数中对传递的值进行改变并不会影响到原始变量的值。

2. 引用传递

如果想解决上面程序所遇到的问题，可以使用引用的方式定义变量，代码如下：

```
void add(int &res, int x, int y)
{
    res=x+y;
}

task main()
{
    int res=0;

    add(res, 10, 5);

    NumOut(50, LCD_LINE2, res);

    Wait(SEC_10);                              //等待 10s
}
```

引用　值传递

引用的定义只是在变量名前加“&”符号，该符号通过 Shift+7 组合键得到。这样运行后得到的结果为 15，正如所愿。引用可以理解成给变量再起一个名字，不过和原先变量共用相同的内存单元，所以变量的引用可以直接操纵该变量，如图 4.8 所示。

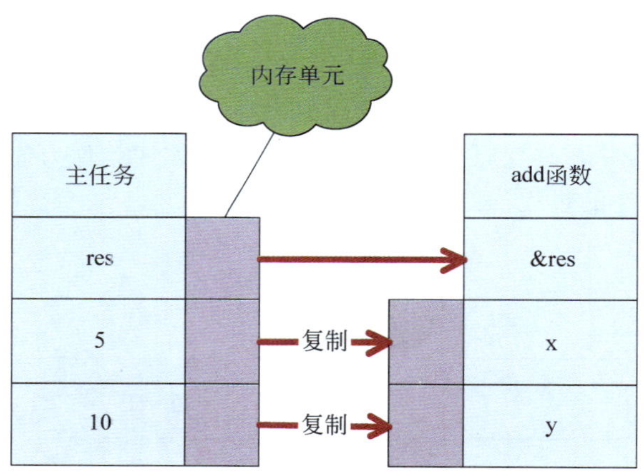

图 4.8　函数引用过程

这里的“&res”也可以换成其他名字，不一定要和原先变量名相同。要注意，在 NXC 中只允许在函数参数列表使用引用形式。调用函数的时候只能给引用参数传递变量，而不能传递常量。如果上述函数中将参数 x 和 y 也改为引用，再那样调用编译器会报错，如图 4.9 所示。

这时因为常量值和引用都没有属于自己的内存单元，这时引用值不知道去哪里读取数据，所以编译器就会报错。

```
void add(int &res, int &x, int &y)
{
    res=x+y;
}

task main()
{
    int tes=0;
add(res, 10, 5);
}
```


图 4.9　引用参数调用常量值

3. 常量值传递

在编程中常量值和常引用使用得较少，这里简要介绍一下。请先看下面的例子。

```
int square(const int x)
{
    x=5;      //常量的值不能被改变

    return x * x;
}
task main()
{
    int res;

    res=squqre(6);

    NumOut(50, LCD_LINE2,res);

    Wait(SEC_10);               //等待 10s
}
```


声明常量值参数只需要在类型名前加 const 关键字。上面代码会发生编译错误，因为常量值参数一经传递不允许被赋值和改变。如果不加 const 关键字就变成值传递，这时屏幕会输出 25。如果在编写函数的时候有些值比较特殊，而且在执行过程中不允许被改变，则可把它声明成常量。

和引用不同，常量除了可以在参数列表中定义，还可以和变量一样在代码段中定义。不过要注意的是：常量必须在定义时就给其赋值，代码如下：

```
task main()
{
    const int res=6;

    NumOut(50,LCD_LINE2,res);

    Wait(SEC_10);                          //等待 10s
}
```

如果在程序段中试图改变常量值或在定义常量时没有赋初值，都会发生编译错误。

4. 常引用传递

常引用是常量值和引用的结合体，它代表着原始变量，但是在函数执行过程中不允许改变其值。常引用传递的例子如下：

```
void square(const int &x)
{
    x=5;       //常引用不允许改变其值
}

task main()
{
    int res=6;

    square(res);

    NumOut(50, LCD_LINE2, res);

    Wait(SEC_10);                              //等待 10s
}
```

错误

函数中常引用的定义使用 const 关键字和“&”符号，常引用和引用一样，代表着原始变量。在函数中常引用参数值不允许被改变或赋值，所以上述代码也会发生编译错误。如果把 const 关键字去掉，屏幕会输出结果为 5。

4.3.4 内联函数

之所以使用函数，是因为使用函数不仅使程序更加结构化，而且每个函数只在 NXT 内存中保存一次，却可以多次调用，可以节约存储空间。在函数简短的情况下，通常使用 inline 关键字来定义内联函数，代码如下：

```
inline int square(int x)

{
    return x * x;
}
```

关键字

在 NXC 参考手册中，经常看到系统函数被定义为内联函数。一般的子函数在调用的时候会用到函数栈，函数所需的资源需要先压入函数栈中。但是内联函数编译过后对于 NXT 来说相当于没有函数，因为内联函数在编译的时候会完成替代操作，将函数中的代码逻辑替换到主函数体中。下面将一段转弯代码封装到一个函数中，且该函数要求定义为内联函数。

【例 4-10】 实现转弯函数程序。

```
inline void turn_around(int pwr, int turntime)
{
```

```
    OnRev(OUT_C, pwr);
    Wait(turntime);
    OnFwd(OUT_AC, pwr);
}

task main()
{
    OnFwd(OUT_AC, 75);
    Wait(1000);
    turn_around(75, 2000);                    //调用转弯函数
    Wait(2000);
    turn_around(75, 500);                     //时间长短决定转弯的角度
    Wait(1000);
    turn_around(75, 3000);
    Off(OUT_AC);
}
```

这是一个调用内联函数的例子，如果函数没有 inline 关键字，那么该程序编译后，turn_around()函数会占用一部分内存空间。但是内联函数会在编译的时候进行逻辑替换，所以该函数编译后和下面程序的结果是一模一样的。

```
task main()
{
    OnFwd(OUT_AC,75);
    Wait(1000);

    OnRev(OUT_C,75);
    Wait(2000);              ①        turn_around(75, 2000);
    OnFwd(OUT_AC, 75);

    Wait(2000);

    OnRev(OUT_C,75);
    Wait(500);               ②        turn_around(75, 500);
    OnFwd(OUT_AC,75);

    Wait(1000);

    OnRev(OUT_C,75);
    Wait(3000);              ③        turn_around(75, 3000);
    OnFwd(OUT_AC,75);

    Off(OUT_AC);
}
```

程序中 1、2、3 段代码在编译的时候进行了逻辑替换，对于编译后的代码来说相当于没有函数。内联函数虽然可以提高程序的执行效率，但是也仅仅限于简短函数，过度使用内联函数会提高程序编译后的复杂程度。对于那些在主程序中不同地方多次调用的函数，不建议使用内联函数。如果函数会在同一位置循环调用，则建议使用内联函数。

4.4 预 处 理

NXC 中预处理包括宏定义、文件包含和条件编译 3 种类型。使用预处理功能可以使编程更加灵活易于修改。因为预处理操作都是在编译之前由预处理器完成的，所以称之为预处理。下面针对这 3 类预处理进行介绍。

4.4.1 宏定义

1. 不带参数的宏定义

宏定义和内函数有几分相似之处，都是在编译的时候，编译器将代码进行替换。但是两者却不能放在一起进行比较。内联函数编译时进行的是逻辑替换，而宏定义仅仅是机械式的替换。宏定义的一般形式为：

```
#define 宏名 字符串
```

宏定义用一个指定的宏名来代表一个字符串，宏名一般为英文字符大写格式，宏定义使用以下代码。

```
#define MAX 5

task main()
{
    int x=6;
    if(x>MAX)
    {
        NumOut(50,LCD_LINE2,x);
    }
}
```


上面就是使用＃define 宏定义常量的例子，通常将程序中多次出现的重复常量进行宏定义。如果想改变该常量就不需要在程序中逐句寻找出现的地方。4.3.4 小节中如果想将电动机的输出功率 75 改为其他值，就需要改变多次。如果将电动机的输出功率进行宏定义只需要改变一次即可，代码如下：

```
#defome PWR 75

task main()
{
    OnFwd(OUT_AC,PWR);
    Wait(1000);

    OnRev(OUT_C,PWR);
    Wait(2000);
    OnFwd(OUT_AC,PWR);
```

```
    ...
}
```

宏定义通常使用英文大写作为宏名。宏定义不仅只替换简单的整型常量，它还可以替换任何在代码段中出现的字符或语句。可以直接用它来定义一个语句段，代码如下：

```
#define PWR 75

#define WAIT1000 wait(1000);

task main()
{
    OnFwd(OUT_AC,PWR);

    WAIT1000                          //宏定义替换的语句

    OnRev(OUT_C,PWR);
    WAIT1000
    OnFwd(OUT_AC,PWR);

    ...
}
```


从上面几个例子中，读者仅仅见识到宏定义强大的替换功能。这种替换操作都是在编译之前由预处理器完成的。像上面这种一个名字代替一个整型常量、语句或是字符串宏定义，叫做不带参宏定义，下面介绍带参数宏定义。

2. 带参数宏定义

带参数的宏定义不是进行简单的字符串替换，还要进行参数替换。其一般形式如下：

```
#define 宏名(参数表)字符串
```

当然，带参数的宏定义除了比不带参宏定义多一个参数表外，还有很多需要注意的地方。先看下面的例子。

```
#define sqr(x) x* x

task main()
{
    int res=sqr(5);

    NumOut(50,LCD_LINE2,res);

    Wait(10000);
}
```


相信大多数读者跑完上面代码后都会自信满满地说自己会使用带参宏定义了。带参宏定义固然简单，但是如果按照上面的方式使用带参宏定义是非常不安全的。虽然上面结果输出为 25，但是请读者尝试着运行 sqr(1+2)，这时程序不会输出 9，而是 5。原因

如下：

```
#define sqr(x) x*x

task main()
{
    int res=sqr(1+2);

    …
}
```


所以在使用带参宏定义的时候，稳妥的办法是把各宏定义参数和整体表达式都用括号括起来，代码如下：

```
#define sqr(x) ((x)*(x))

task main()
{
    int res=sqr(1+2);

    …
}
```


这样在使用宏定义的时候就不会因为宏定义的机械替换而忽视掉运算符优先级的问题。带参宏定义还可以定义更加复杂的语句，现在编程实现使用带参宏定义实现控制连接在 A、B 输出口电动机小车的前进、后退、左转、右转功能。

【例 4-11】 宏定义多行代码程序。

```
#define turn_right(s,t)\                        //一个宏定义多行代码
    OnFwd(OUT_A, s); \
    OnRev(OUT_B, s); \
    Wait(t);

#define turn_left(s,t)\
    OnRev(OUT_A, s); \
    OnFwd(OUT_B, s); \
    Wait(t);

#define forwards(s,t)    OnFwd(OUT_AB, s); Wait(t);
#define backwards(s,t)   OnRev(OUT_AB, s); Wait(t);

task main()
{
    backwards(50,10000);
    forwards(50,10000);
    turn_left(75,750);
    forwards(75,1000);
    backwards(75,2000);
    forwards(75,1000);
```

```
    turn_right(75,750);
    forwards(30,2000);
    Off(OUT_AB);
}
```

上面的代码中带参宏定义等同于下面定义方式：

```
#define turn_right(s,t)   OnFwd(OUT_A, s); OnRev(OUT_B, s); Wait(t);
```

如果遇到多行代码可以将“\”符号放到每一行的结尾，表示该宏定义还没有定义完，结尾行不加“\”符号。这样就可以写出更加复杂的带参宏定义。使用宏定义可以使代码更加紧凑，易读性更强，也可以在日后对代码进行修改时更加方便。

3. 宏定义作用域

宏定义的作用域和变量不同，它可以定义在任何地方，作用域为定义位置以下的所有代码段。请看下面的代码。

```
void Test()
{
    #define M5
}

task main()
{
    int x=M;

    NumOut(50,LCD_LINE2,x);

    Wait(10000);
}
```


上面的代码段中 Test()函数都没有经过调用，但是该段程序不会出现编译错误，而且可以输出正确的结果。在开头已经提到过，预处理操作都是在编译之前由预处理器完成的，所以 Test()函数中的宏定义根本没有调用这一说。在程序代码中宏定义的作用域只有简单的上下关系，作用域为定义位置以下的所有代码段。

可以通过＃undef 命令终止一个宏定义的作用域，请看下面的代码。

```
void Test()
{
    #define M5
}

#undef M

task main()
{
    int x=M;

}
```

＃undef 命令和＃define 一样都属于预处理操作，所以它只要出现在要结束宏定义的下方，就可以使宏定义失效。上面的代码执行后，M 宏定义在 x＝M 之前失效，所以出现了编译错误。关于宏定义就讲解这么多，在编写程序的时候使用宏定义有很强的灵活性，读者需多多练习才能运用自如。

4.4.2 条件编译

一般情况下编写的程序除注释掉的代码段外，所有代码行都要经过编译。通过使用条件编译，可以实现让某一段代码在满足特定条件的情况下才能进行编译。条件编译命令有＃ifdef、＃ifndef 和＃if 3 种表示形式，下面逐一介绍。

1. ＃ifdef 加宏名

＃ifdef 的一般表示形式为：

它的作用是若指定的宏名被＃define 宏定义过，则在程序编译阶段编译程序段 1；否则编译程序段 2。注意是编译不是执行。这与直接使用 if 语句有很大的不同。编译完的代码就相当于没有写过程序段 2 一样。下面编程实现在代码中通过是否宏定义了 TURN 来决定编译后的代码为控制小车执行前进还是转弯。

【例 4-12】 使用＃ifdef 条件编译程序。

```
#define TURN

task main()
{
    #ifdef TURN

        OnFwd(OUT_A, 75);                //因为 TURN 被定义过所以下面两行代码会被编译
        OnFwd(OUT_C, 30);

    #else
        OnFwd(OUT_AC, 75);
    #endif

        Wait(10000);
        Off(OUT_AC);
}
```

虽说使用 if 语句能实现条件编译的功能，但是预编译所要实现的功能远远不止逻辑判断那么简单。使用条件编译可以根据环境不同，定义不同的宏，完成不同的编译结果。如果使用 if 语句进行逻辑判断，不仅增加编译后文件的长度，而且增加程序的执行时间。

2. #ifndef 加宏名

#ifndef 的一般表示形式为：

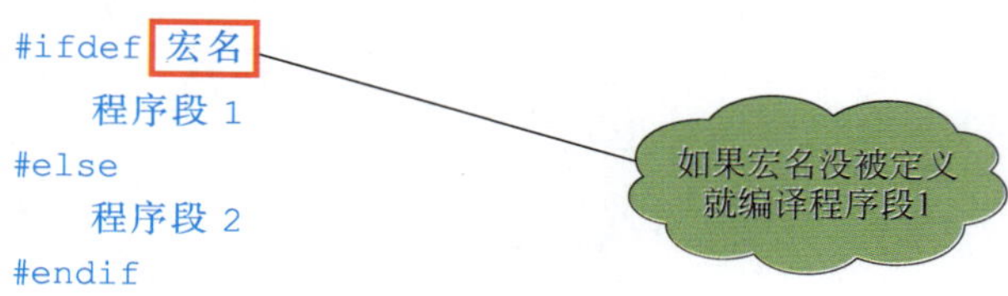

使用#ifndef 和使用#ifdef 道理是一样的，都是通过宏定义来决定要编译的代码段。宏定义就像一个开关，决定了编译后程序的结构。

3. #if 加表达式

#if 的一般表示形式为：

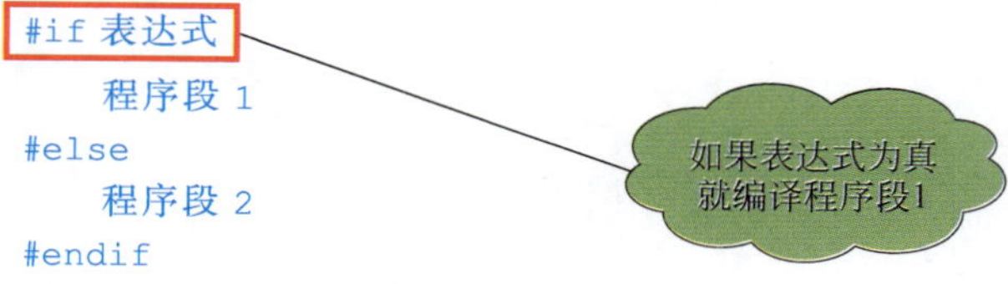

这里的表达式如同 if 语句的表达式，若为真则执行编译。使用#if 的表达式中不能包含变量，即使定义的变量出现在预编译命令之前也不行。因为变量是在编译后才被识别的，预编译命令是在编译前就执行的。下面通过条件表达式来决定编译后的代码为控制小车执行前进还是转弯。

【例 4-13】 使用#if 条件编译程序。

```
task main()
{
  #if 3<4                          //这里只能直接用常数作为表达式或宏定义

      OnFwd(OUT_A, 75);            //如果上面条件表达式成立则编译下面两行代码
      OnFwd(OUT_C, 30);

  #else
      OnFwd(OUT_AC, 75);
  #endif

      Wait(10000);
      Off(OUT_AC);
}
```

上面代码段中条件编译中的条件标识符只能是宏定义或常数，只要表达式是非零值都会执行其下的代码段，否则执行#else 下的代码段。上面两个例子都使用了#else，不过这并不是必需的。注意，如果程序中使用条件编译，#endif 是必须和#if 对应的，因为它标志着条件编译的结束。

4.4.3 文件包含

“文件包含”在 NXC 编程中用得很少，所以在这里只做简要介绍。“文件包含”处理是指一个源文件可以将另一个源文件的全部内容包含进来。NXC 和 C 语言一样，提供了 #include 命令用来实现“文件包含”的操作。其一般形式为：

```
#include "文件名"                                    //文件包含
```

在代码中使用 #include 文件包含，可以将被包含文件中的代码机械地搬过来。就像前面介绍的 #define 宏定义。请看下面的例子。

foo.nxc 文件中的代码：

```
int Add(int a,int b)
{
    return a+b                                      //实现加法运算
}
```

sample.nxc 文件中的代码：

```
#include "foo.nxc"

task main()
{

    int c=Add(3,4);

    NumOut(50,LCD_LINE2,c);

    Wait(10000);
}
```

将 foo.nxc 和 sample.nxc 放在同一个目录文件夹下，使用 BricxCC 编译运行 sample.nxc 文件，屏幕输出结果为 7。通过 #include 命令将 foo.nxc 文件中的代码原封不动复制到了 sample.nxc 文件中。

被包含的文件可以是任何格式，但是在 C 语言中通常使用“.h”作为后缀，称以“.h”结尾的文件为头文件。被包含的头文件可以有多个，但是在预编译之后会称为同一个文件，上面代码编译后生成了一个 sample.sym 文件。

4.5 小　　结

本章主要介绍 NXC 程序结构以及一些重要的概念。首先，介绍了 NXC 程序的编码顺序；然后介绍了任务、函数和预处理等内容。了解 NXC 程序的结构，熟练运用函数和任务是本章的重点也是难点。本章中有些内容读者看起来会有些抽象，可以根据后面的一些简单例子慢慢消化。

4.6 习　　题

【习题 4-1】 编写一个函数实现既能计算两个整型变量乘法也能计算加法，并且将计算的数据输出到 NXT 屏幕上。

【提示】 因为要实现乘法和加法两个功能，所以函数参数中除了要包含两个变量外，还应该包含一个功能选择变量。

【参考代码】 实现乘法和加法函数程序。

```
int compute(int a, int b, bool bMul)
{
    //如果 bMul 参数为 true 则执行乘法，否则执行加法
    if(bMul)
        return a * b;
    else
        return a+b;
}

task main()
{
    //计算 11 * 12 值，并显示在 NXT 屏幕第一行
    NumOut(0, LCD_LINE1, compute(11, 12, true));
    //计算 13+14 值，并显示在 NXT 屏幕第二行
    NumOut(0, LCD_LINE2, compute(13, 14, false));

    Wait(SEC_5);                              //延时 5s 用来显示
}
```

上面的代码中通过函数参数 bMul 来判定函数返回的是加法结果还是乘法结果。也可以将 bMul 改为整型变量，然后通过不同的 bMul 值来添加更多的计算功能。

【习题 4-2】 用带参的宏定义实现选取两个数的最大值。

【提示】 选取两个最大值这样的功能本来应该将其封装到函数中，但是类似这种简单的操作可以直接将其封装成带参数的宏定义。

【参考代码】 宏定义实现取最大值程序。

```
#define max(a, b) ((a)>(b)?(a):(b))

task main()
{
    //在 NXT 屏幕第一行计算的最大值
    NumOut(0, LCD_LINE1, max(3, 8));
    Wait(SEC_5);                              //延时 5s 用来显示
}
```

上面宏定义中用到了“?:”操作符，该操作符是三元语句，在 3.5.1 小节的表 3.3 中最

后一行出现过。如果 a > b 为真反返回值为 a,否则为 b。

注意:在使用带参数宏定义时一定要将每个参数都用括号括起来,这样可以避免因为调用表达式而出错,具体请参考 4.4.1 小节中的内容。

【习题 4-3】 定义两个变量,初始化都为 0。编写程序实现一个变量每过 333ms 累加一次,另一个变量每过 555ms 累加一次,然后实时在 NXT 屏幕上显示这两个变量值。

【提示】 要实现题目中的要求需要开 3 个从任务同时工作,一个任务间隔 555ms 加一次,另一个任务间隔 333ms 加一次,显示任务用于实时显示。

【参考代码】 实现两个变量同时累加的程序。

```
int a, b;                                  //定义两个全局变量用于记录累加数据

task addA(){
    while(1){
        a++;
        Wait(555);                         //555ms 累加任务
    }
}

task addB(){
    while(1){
        b++;
        Wait(333);                         //333ms 累加任务
    }
}

task dis(){                                //显示任务
    while(1){
        ClearScreen();                     //清空屏幕
        NumOut(0, LCD_LINE1, a);
        NumOut(0, LCD_LINE2, b);
        Wait(MS_100);                      //每隔 100ms 刷新一次屏幕
    }
}

task main()
{
    a=b=0;                                 //初始化 a、b
    Precedes(dis, addA, addB);             //启动任务
}
```

第5章　电动机编程

在第1章曾介绍了两个简单的电动机编程函数：OnRev()和OnFwd()。这两个函数虽然简单,但却是电动机编程的核心函数。本章将向大家介绍更多有趣的电动机编程函数,并向大家展示一些有用的编程方法和技巧。

5.1　电动机初探

这一节将利用前面介绍的OnRev()和OnFwd()函数编写一些更有趣的程序。学会熟练运用这两个函数其实就掌握了电动机编程的精髓。

5.1.1　转弯

使机器人实现转弯非常容易,可以控制两个电动机输出功率的不同来实现。下面写个小程序,实现一个非常酷的急转停。首先机器人直线向前运动一段距离,然后突然右转停下,很有漂移的感觉。

【例5-1】　让机器人实现急转停运动。

```
task main()
{
    OnFwd(OUT_AC, 75);                              //两个电动机同时向前
    Wait(800);                                      //行走 800ms
    OnRev(OUT_C, 75);                               //给其中一个电动机一个反向功率
    Wait(360);                                      //再运行 360ms
    Off(OUT_AC);                                    //关闭电动机,立即停下
}
```

该程序虽然简单但实现了意想不到的效果。首先给两个电动机一个相同方向的功率,然后运行800ms后突然给其中一个电动机一个反向的功率,运行360ms后停止。调用Off()可以使电动机立即停下,如果不调用Off()函数,随着程序的结束,电动机会惯性停止,从而达不到想要的效果。

【例5-2】　为了使程序看上去更加舒服,且便于修改,通常将程序中出现的数字用宏定义方式定义在程序的开头。所以上述代码一般写成以下形式。

```
#define MOVE_TIME 800                               //移动时间
```

```
#define TURN_TIME 360                                     //转弯时间
#define POWER_OUT 75                                      //输出功率

task main()
{
    OnFwd(OUT_AC, POWER_OUT);
    Wait(MOVE_TIME);
    OnRev(OUT_C, POWER_OUT);
    Wait(TURN_TIME);
    Off(OUT_AC);
}
```

宏定义在上一章已经做了详细的介绍，使用宏定义可以使程序更加易读。在涉及多条语句使用一个常量参数的情况下，只需在宏定义中修改一次就可以了，非常方便。

5.1.2 缓慢停止

之前经常使用 Off()函数来让电动机停止转动，如 Off(OUT_AC)可以让连接在 A 和 C 输出口上的电动机立即停下来。这是因为当调用 Off()函数的时候，NXT 会对电动机施加一个反向的电流来产生急刹的效果。

如果不想要这种急刹的效果而是想让电动机靠惯性停下来，这时就要用到 Float()或 Coast()函数了。这两个函数的效果是相同的，调用后 NXT 会停止输出口对电动机的供电，但电动机会因为惯性继续转动直到停止。

【例 5-3】 展示 Off()函数和 Float()、Coast()函数的不同。

```
task main()
{
    OnFwd(OUT_AC, 75);                                    //对 AC 输出口电动机供电
    Wait(500);                                            //转动 500ms
    Float(OUT_AC);                                        //停止供电,缓慢停止

    Wait(2000);
    OnFwd(OUT_AC, 75);
    Wait(500);
    Coast(OUT_AC);                                        //和 Float()函数效果一样

    Wait(2000);
    OnFwd(OUT_AC, 75);
    Wait(500);
    Off(OUT_AC);                                          //紧急刹车
}
```

运行上面的代码后可以看到机器人先向前冲刺一段距离后溜了一小段距离，然后继续向前冲刺一段距离后再次溜了一小段，最后冲刺一段距离后立即停了下来。虽然现在看起来使用急刹和不急刹对比度并不太高，但是要想精准地控制机器人，这两者所产生的效果差别是很大的。

5.1.3　重复命令

计算机之所以在某些方面比人脑更胜一筹，是因为它能有条不紊地快速重复地执行同一段指令。编程中循环结构是重中之重，判断和循环的结合可以说是计算机编程的精髓。

下面编写程序，实现让机器人在地上行进的轨迹是一个正方形。要实现这个功能，首先让机器人前进一段距离；然后转 90°；再前进，再转 90°，这样 4 次后机器人转了一个正方形圈回到原地。看起来很简单，但是要尽可能让代码简化，而不是写 4 组前进转弯代码。

【例 5-4】　让机器人走正方形程序。

```
#define MOVE_TIME     500
#define TURN_TIME     500

task main()
{
    repeat(4)                                          //重复 4 次
    {
        OnFwd(OUT_AC, 75);
        Wait(MOVE_TIME);
        OnRev(OUT_C, 75);
        Wait(TURN_TIME);
    }
    Off(OUT_AC);
}
```

这里的 repeat()函数中的数字代表执行的次数。上面说判断和循环是计算机编程的重中之重，那么将一个复杂的任务分割成独立重复的执行体用循环和判断语句实现是一个需要长时间练习的编程功底。所以在以后编程中，尽量锻炼自己这方面的能力，尽量避免编写冗余代码。

如果把上面的 repeat()函数称为 while()和 for()结构的简化版，如果把 repeat(4)写成 while()和 for()的形式如下：

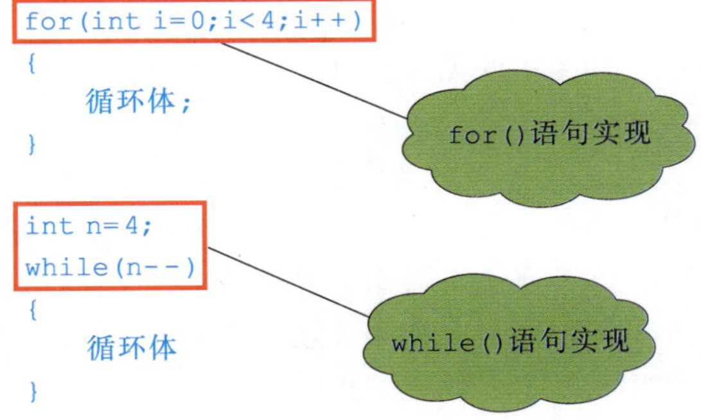

上面通过 for()和 while()函数实现循环的方式非常经典，大家应该尽可能学会这种书写格式，在以后学习计算机编程时会经常用到。

5.1.4 多层嵌套循环

在 NXC 编程中循环是可以嵌套的。拿上面的例子来说，一个循环可以使机器人转一圈。如果想让机器人转 10 圈，就需要 10 个一圈。

【例 5-5】 多层循环实现让机器人转 10 圈。

```
#define MOVE_TIME   1000
#define TURN_TIME    500

task main()
{
    repeat(10)                                  //重复 10 个 4 次
    {
        repeat(4)
        {
            OnFwd(OUT_AC, 75);
            Wait(MOVE_TIME);
            OnRev(OUT_C, 75);
            Wait(TURN_TIME);
        }
    }
    Off(OUT_AC);
}
```

像上面的程序那样，循环里面还有循环的结构就称为多层嵌套循环。循环嵌套的个数不受语言限制，可以根据需要甚至写更多的嵌套。多层循环最好不要超过 3 层，在计算机编程中多层循环常常结合多维数组进行操作。循环层数太多，程序的复杂性就越高，越容易出错。

5.2 变量的魅力

变量在所有的编程语言中都是不可或缺的，虽然在第 3 章对 NXC 几乎所有的概念性知识都做了介绍，相信读者肯定一头雾水。所以要一步步将那些枯燥的概念性知识应用到编程中，当能熟练运用的时候，就会感受到编程的无穷魅力。

5.2.1 螺旋移动

这一小节要使用变量使机器人实现螺旋移动。上一小节中机器人转圈可以认为正方形轨迹的边长是一样，现在要让边长不断变大，其轨迹如图 5.1 所示。

编写程序实现让机器人做图 5.1 所示的螺旋运动。如果不使用变量，最多也只能靠伸长冗余的代码实现有限的螺旋移动。使用变量和循环可以使程序变得优美且简单。

【例 5-6】 使用变量让机器人实现螺旋移动。

图 5.1　螺旋移动轨迹

```
#define TURN_TIME   360
int move_time;                                   //定义一个整型变量
task main()
{
    move_time=200 ;                              //设置一个初值
    repeat(50)
    {
        OnFwd(OUT_AC, 75);
        Wait(move_time);                         //使用这个变量来作为循环的延时
        OnRev(OUT_C, 75);
        Wait(TURN_TIME);
        move_time+=200 ;   //用一条语句实现变量自增,相当于 move_time=move_time+200
    }
    Off(OUT_AC);
}
```

上面的代码中变量值可以在循环中每次增加 200,那就意味着每次转弯后都多走 200ms。这样每次移动的边长都会加长,所以运动轨迹就和图 5.1 所示一样了。现在还对变量充满好奇的读者可以再复习一下第 2 章变量的知识点了。通常将变量名用英文字母小写,宏定义用大写表示。

5.2.2　随机运动

之前编写的程序都能预见机器人的运动轨迹,本小节编写一个程序,让机器人实现随机运动,即无规律运动。幸好 NXC 语言为我们提供了产生随机数的函数 Random(),使这一切都变得很简单。

【例 5-7】 让机器人实现随机运动。

```
int move_time, turn_time;
task main()
{
    while(true)                                  //无限循环
```

```
    {
        move_time=Random(600);                    //产生一个小于 600 的随机数
        turn_time=Random(400);                    //产生一个小于 400 的随机数

        OnFwd(OUT_AC, 75);
        Wait(move_time);
        OnRev(OUT_A, 75);
        Wait(turn_time);
    }
}
```

上面的程序中 Random()是带返回值的函数。要注意 Random()函数接收的参数和返回值都为 16 位无符号整型。Random(n)产生的随机数范围为 0,1,2,…,$n-1$。当然这里不用变量也是可以的,直接将 Random()函数的返回值作为 Wait()函数的参数,代码如下:

```
Wait(Random(600));                    //一个函数的返回值作为另一个函数的参数
```

while(true)会让程序无限循环下去,也称为死循环,除非人为操作;否则机器人会一直随机地运动直到电量耗尽。上面让机器人随机运动的代码并不理想,它的思想是随机前进,随机转弯。读者可以利用随机数和之前学过的知识写一个更随机运动的程序。

5.3 高级命令

前面学了电动机最基本的控制方式,还有很多有用的函数让我们能够更智能地控制电动机运动。本节将逐一学习这些函数,会从中感受到电动机编程的乐趣。

5.3.1 速度控制模式

之前学过的 OnFwd()和 OnRev()是最简单的让电动机转起来的函数,调用后它仅仅把设定好的功率和参数输出到端口,之后靠 Wait()函数延时来控制电动机转的时长,最后靠 Off()或 Float()等函数结束电动机的旋转。

表面上看起来那些函数已经够用了,但是如果想让电动机尽可能保持所设定的速度,如检测到电动机转速变小了就自动提高功率。这时仅靠之前所学的那些函数是做不到的,要使用带有速度调控模式的函数:OnFwdReg()和 OnRevReg()。Reg 是 Regulation 的缩写,表示控制、管理。OnFwdReg()函数的语法结构如下:

```
void OnFwdReg(byte outputs,char pwr,byte regmode)[inline]
```

该函数的参数含义如下:

- outputs:输出口,NXT 有 A、B、C 3 个输出口,一般用宏定义 OUT_A、OUT_B、OUT_C 等来表示。
- pwr:功率,输出功率为 0~100,也可以是负数,那样将会输出反向功率。

- regmode：控制模式，这是区分 OnFwdReg()和 OnFwd()函数的重要标志。这里有 3 种模式供选择，即 OUT_REGMODE_IDLE、OUT_REGMODE_SPEED 和 OUT_REGMODE_SYNC，分别代表无控制模式、速度控制模式和同步模式。

OnRevReg()函数和 OnFwdReg()函数语法结构是一样的，本小节主要学习 regmode 参数的 OUT_REGMODE_SPEED 速度控制模式。调用 OnFwdReg()函数的方法如下：

```
OnFwdReg(OUT_A,75,OUT_REGMODE_SPEED);
//A 电动机以 75%的功率正转，并开启速度控制模式
```

当启用速度控制模式后，NXT 会尽力让电动机维持在一定的转速。就是说，如果有外力阻碍了电动机的旋转，NXT 会自动加大输出功率，以保证电动机的转速保持稳定。

【例 5-8】 使用速度控制模式。

```
task main()
{
    OnFwdReg(OUT_A, 50, OUT_REGMODE_IDLE);          //无控制模式

    OnFwdReg(OUT_C, 50, OUT_REGMODE_SPEED);         //使用速度控制模式

    while(true)
    {
        ClearScreen();                               //清除屏幕
        //将 A、C 输出口电动机实际功率输出到屏幕
        NumOut(20, LCD_LINE1, MotorActualSpeed(OUT_A));
        NumOut(20, LCD_LINE2, MotorActualSpeed(OUT_C));

        Wait(MS_300);                                //刷新屏幕间隔
    }
}
```

上面的代码中 A 输出口设置为 OUT_REGMODE_IDLE，表示无控制模式，就相当于 OnFwd(OUT_A, 50)。通过下面的死循环可以实时监控 NXT 给电动机的实际输出功率。可以看到 A 输出口的功率值始终为 50，而 C 输出口的功率值会不停地跳动而且要高于 50。这是因为电动机会或多或少遇到一些阻力因素，系统在不断调节输出功率来保证电动机的转速。

当两个电动机在转动的时候，如果用手去阻碍 A 输出口的电动机，系统不会自动调节输出功率，所以屏幕上第一行的输出值依然为 50；如果用手去阻碍 C 输出口的电动机，会明显感觉到电动机在挣脱这种阻碍，力度明显加大，屏幕上的输出值也相应变大。

要注意如果使用速度控制模式，最好不要将电动机的初始功率设置得很高，一般不要超过 80。因为，当电动机受到外力阻碍的时候，NXT 会加大电动机的输出功率，如果一开始功率就设得很高，那么 NXT 可调节范围就相对很窄了。

5.3.2 同步模式

同步的意思就是步调一致，主要针对两个电动机以上而言。由上一小节知道速度控制模式，可以尽可能地让电动机保持在稳定的转速，而同步控制模式主要让两个电动机的转速尽可能一致。一个电动机受到阻力变慢，另一个电动机也会变慢来尽可能保持两个电动机步调一致。

使用同步模式只需要将速度模式 OUT_REGMODE_SPEED 替换成 OUT_REGMODE_SYNC 即可，代码如下：

```
OnFwdReg(OUT_AC,75,OUT_REGMODE_SYNC);
//AC 电动机以 75%的功率正转,并开启同步控制模式
```

上一节通过 MotorActualSpeed()函数得到电动机的实际输出功率，看到了 A、C 速度控制模式的独特之处。现在依然用这种方法，测试一下同步模式下用手对其中一个电动机施加阻力会得到怎样的输出结果。

【例 5-9】 使用同步控制模式。

```
task main()
{
    OnFwdReg(OUT_AC, 50, OUT_REGMODE_SYNC);          //启用同步控制模式

    while(true)
    {
        ClearScreen();                               //清除屏幕

        //将 A、C 输出口电动机实际功率输出到屏幕
        NumOut(20, LCD_LINE1, MotorActualSpeed(OUT_A));
        NumOut(20, LCD_LINE2, MotorActualSpeed(OUT_C));

        Wait(MS_300);                                //刷新屏幕间隔
    }
}
```

运行该段代码后，用手去阻碍 C 输出口电动机旋转，这时会看到第二行的屏幕输出值升高，第一行的屏幕输出值减小。能感觉到 C 输出口的电动机功率变大，尽可能想保持之前的速度，但是 A 输出口的电动机功率变小，转动变慢以便适应 C 输出口电动机的转速。在同步两个电动机的时候也可以分开写成以下形式。

```
OnFwdReg(OUT_A,50,OUT_REGMODE_SYNC);
OnFwdReg(OUT_C,50,OUT_REGMODE_SYNC);
```

这样书写也可以达到同步的目的，但是如果 A、C 口传递的输出功率值不一致，系统会自动同步转速慢的电动机。表面上看同步模式好像包含了速度控制模式，其实不然。现在将空闲、速度和同步这 3 种控制模式放在一个程序里，运行后你就能感受到速度控制模式的独特之处了。

【例 5-10】 无模式控制、速度控制模式和同步控制模式对比。

```
task main()
{
    //无模式控制
    OnFwdReg(OUT_AC,50,OUT_REGMODE_IDLE);
    Wait(2000);
    Off(OUT_AC);

    //速度控制模式
    PlayTone(4000,50);
    Wait(1000);
    ResetTachoCount(OUT_AC);                //将 AC 输出口转速计清零
    OnFwdReg(OUT_AC,50,OUT_REGMODE_SPEED);
    Wait(2000);
    Off(OUT_AC);

    //同步控制模式
    PlayTone(4000,50);
    Wait(1000);
    OnFwdReg(OUT_AC,50,OUT_REGMODE_SYNC);
    Wait(2000);
    Off(OUT_AC);
}
```

上面的代码运行时，每次更换模式都"嘀"的响一声，PlayTone()函数在 4.2 节中已多次用到，这里表示播放 4000Hz 的声音持续 50ms。ResetTachoCount()函数用于将转速计清零，主要为了保证速度控制模式的准确性，但是在这里的作用并不明显。

执行上面代码后，最明显的感觉就是中间的马力要比前后足。这因为空闲模式下 NXT 仅仅在输出口输出了 50%的功率，并不管电动机转得怎么样；同步模式下只保证两个电动机转速保持一致，也不管电动机的速度；速度控制模式下因为受到外界或多或少的阻力因素，为了保证预期电动机的速度，NXT 会增大对输出口的输出功率。

5.3.3　转速百分比

上一小节学习了同步模式，它可以尽可能让两个电动机步调一致地旋转。这一小节将学习一个更有趣的函数，它可以让两个电动机以不同的转速百分比旋转。如果读者编写过 NXT-G 程序，一定记得控制电动机面板有个 Steering(方向盘)控制区，而且肯定经常使用它来控制 NXT 机器人转弯，如图 5.2 所示。

通过移动滑杆就可以实现控制两个电动机不同的转速百分比，从而实现转弯的效果。NXC 语言中也提供了相应的函数来实现该功能，这两个函数分别是 OnFwdSync()和 OnRevSync()函数。它们和大多数电动机控制函数一样，只要学会一个，另一个就自然也会使用了。所以，这里只具体介绍 OnFwdSync()函数，该函数的语法结构如下：

```
void OnFwdSync(byte outputs,char pwr,char turnpct)[inline]
```

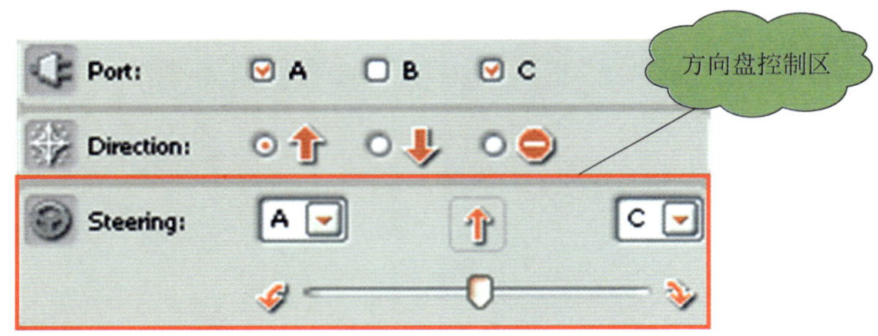

图 5.2　NXT-G 中的方向盘控制区

该函数的前两个参数含义如同 OnFwdReg()，主要区别在于其第三个参数，具体如下：

- outputs：输出口，NXT 有 A、B、C 3 个输出口，这里必须用组合的宏定义 OUT_AC、OUT_AB 等来表示。
- pwr：功率，输出功率为 0～100，也可以是负数，那样将会输出反向功率。
- turnpct：转率，也就是转速百分比，它的取值范围是－100～100，如果输入 0 表示直走，图 5.2 所示的就是直走状态。

调用 OnFwdSync()函数非常简单，代码如下：

```
OnFwdSync(OUT_AC,75,100);                    //原地旋转
```

注意：使用 OnFwdSync()函数必须要用电动机的组合形式输出，否则函数将不能工作，如上面例子中使用 OUT_AC 作为输出。

上面函数的调用可以实现乐高机器人原地打转，电动机的输出功率为 75%。就如同在 NXT-G 中这样设置电动机，如图 5.3 所示。

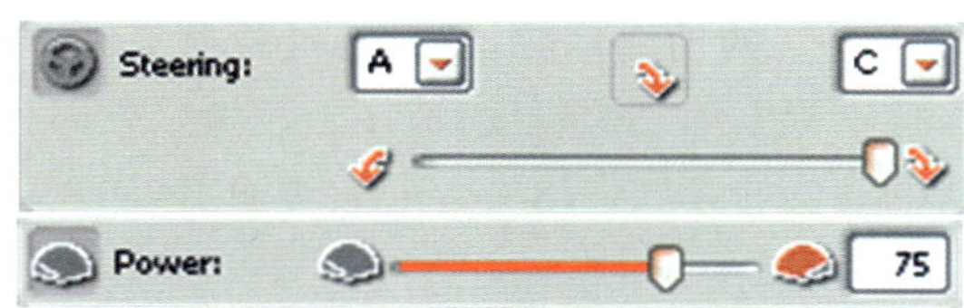

图 5.3　原地打转

原地打转是一种超强的转弯，使得机器人具有灵活的运动特性。现在读者应该对 OnFwdSync()函数有相当程度的认识，最后再通过程序来示范一下不同转速百分比所产生的效果。

【例 5-11】　让机器人实现不同的转弯。

```
task main()
{
    PlayTone(5000,30);
    OnFwdSync(OUT_AC,50,0);                    //直走
```

```
    Wait(1000);

    PlayTone(5000,30);
    OnFwdSync(OUT_AC,50,20);                    //正向转小弯
    Wait(1000);

    PlayTone(5000,30);
    OnFwdSync(OUT_AC,50,-40);                   //反向转大弯
    Wait(1000);

    PlayTone(5000,30);
    OnRevSync(OUT_AC,50,90);                    //反向掉头
    Wait(1000);

    Off(OUT_AC);
}
```

上面的例程展示了机器人不同的转弯效果，第 1 章就通过给输出口不同的输出功率，实现了改变机器人行进路线的操作，使用 OnRevSync()转弯更加方便快捷。如果转速百分比为 50 或－50，机器人将以一个轮子为圆心进行转圈。

5.3.4　角度控制

1. 简单的角度控制函数

NXT 电动机有一个内置的角度感应器，所以它可以精准地计算电动机转过的角度，最高可精确到 1°。可以通过 NXC 为我们提供的 RotateMotor()函数，使电动机实现转动指定的角度。RotateMotor()函数的语法结构如下：

```
void RotateMotor(byte outputs,char pwr,long angle)[inline]
```

该函数的参数含义如下：

- outputs：输出口，NXT 有 A、B、C 3 个输出口，一般用宏定义 OUT_A、OUT_B、OUT_AC 等来表示。
- pwr：功率，输出功率为 0～100，也可以是负数，那样将会输出反向功率。
- angle：角度，角度可以是负数，那样将朝反方向旋转。角度参数为长整型，所以可以输入很大的范围，足够编程使用。

RotateMotor()函数的调用也非常简单，代码如下：

```
RotateMotor(OUT_A,75,360);                  //让输出口 A 的电动机旋转 360°
```

由于 RotateMotor()函数输出功率和角度有正负之分，所以在输出功率或角度值相同的情况下，根据其正负总共可以有 4 种组合。如果速度与角度同为正或同为负时电动机正转，其他情况都为反转。

【例 5-12】　角度控制测试程序。

```
task main()
{
    PlayTone(5000,30);
    RotateMotor(OUT_A, 50, 360);              //正转

    PlayTone(5000,30);
    RotateMotor(OUT_A,-50, 360);              //反转

    PlayTone(5000,30);
    RotateMotor(OUT_A, 50,-360);              //反转

    PlayTone(5000,30);
    RotateMotor(OUT_A,-50,-360);              //正转
}
```

2. 角度控制函数扩展

前面学习了缓慢停止、同步控制模式、转速百分比和角度控制，如果能将其融合到一个函数是多么奇妙的一件事。NXC 中提供了这样的函数，即 RotateMotorEx()，它是 RotateMotor()的扩展函数，它实现了上面所有的功能。该函数的语法结构如下：

```
void RotateMotorEx(
        byte outputs,                     //输出端口
        char pwr,                         //输出功率
        long angle,                       //输出角度
        char turnpct,                     //转速百分比
        bool sync,                        //是否同步
        bool stop                         //是否急刹
)[inline]
```

该函数要比 RotateMotor()多了 3 个设定参数，使得它魅力无穷。

- turnpct：转速百分比，如同上一小节中讲的，该参数可以设定机器人行进路线的曲率，0 为直走；50 为定点转；100 为原地旋转。
- sync：是否同步，它为布尔变量，只接收 true 和 false，true 为启动同步，false 为不同步。
- stop：是否急刹，它也为布尔变量，如同在 5.1.2 小节中介绍的，急刹车会给电动机参数一个反向电流，让它立即停下，而缓慢停止会由于阻力和惯性慢慢停止转动。

【例 5-13】 RotateMotorEx()函数各种不同的使用方式。

```
task main()
{
   //AC 输出口电动机以 50%功率转动 360°，直走，启动同步模式，开启急刹
   PlayTone(5000,30);
   RotateMotorEx(OUT_AC, 50, 360 , 0, true, true);

   //AC 输出口电动机以 50%功率转动 360°，正向转弯，启动同步模式，开启急刹
```

```
    PlayTone(5000,30);
    RotateMotorEx(OUT_AC, 50, 360 , 40, true, true);

    //AC 输出口电动机以 50%功率转动 360°,反向转弯,启动同步模式,缓慢停止
    PlayTone(5000,30);
    RotateMotorEx(OUT_AC, 50, 360 ,-40, true, false);

    //AC 输出口电动机以 50%功率转动 360°,原地旋转,启动同步模式,缓慢停止
    PlayTone(5000,30);
    RotateMotorEx(OUT_AC, 50, 360 , 100 , true, false);
}
```

上面的程序简单尝试了给 RotateMotorEx()函数传递不同参数时的各种不同的效果,因为是否启动同步模式看起来并不明显,所以上面例子中都赋值为 true。有兴趣的读者可以学习之前的方法,用手去施加阻力,观察同步和非同步模式下一个电动机受到外界干扰时另一个的变化。

注意:如果 RotateMotorEx()函数设置为同步模式,即 sync 参数为 true,那么和 OnFwdSync()函数一样输出端口必须要用电动机的组合形式输出,如上 OUT_AC,否则函数将不能工作。该函数强大的功能,展现了用 NXC 语言实现控制电动机的无穷魅力。

5.3.5　电动机过度负载

如果在速度控制模式下,电动机受到阻碍的时候 NXT 会增大其输出功率,以保证速度的稳定。但是如果还无法保证,会造成电动机超载。如果一直处于这种状态,势必会对电动机造成一些损伤。所以有时需要在程序中捕捉到这种超载状态,然后做一些其他操作。NXC 提供了 MotorOverload()函数来反馈电动机是否超载。该函数的语法结构如下:

```
bool MotorOverload(byte output)[inline]
```

该函数的参数和返回值含义如下:

- output:输出口,这里输出口只能取 OUT_A、OUT_B 和 OUT_C 这种非组合宏定义。
- 返回值:返回值为布尔类型,所以只有 true(真)和 false(假)两种类型,true 表示电动机已过度负载。

下面利用 MotorOverload()函数来写这样一个程序,电动机先正向旋转,超载后反向旋转一圈,然后停下。

【例 5-14】 电动机超载程序。

```
task main()
{
    //实现电动机超载必须使用速度控制模式
    OnFwdReg(OUT_A, 50, OUT_REGMODE_SPEED);
```

```
    //等待电动机超载
    until(MotorOverload(OUT_A));

    RotateMotor(OUT_A, 50,-360);

    Off(OUT_A);
}
```

MotorOverload()函数只有在速度控制模式下才起作用，因为只有在速度控制模式下才会迫使 NXT 为了保持原有速度而超载。如果使用无模式或同步控制模式，NXT 不会因为电动机受到阻力而增强输出口的功率，所以也就检测不到超载状态。until()函数在前面 3.4.3 小节已经介绍过，只有参数为真的时候才会执行结束，否则将一直等待下去。

5.4 PID 控制

本节的内容可能有点复杂，如果读者已经掌握了前面所学的知识，那么已经学会了90%关于电动机编程的知识了，所以完全可以把这一节当作选修知识来阅读，不要求对其有深入的了解。等上了大学，学了更深入的数学知识后，自然就明白了。

5.4.1 初识 PID

NXT 固件支持数字 PID 控制，可以更精准地控制伺服电动机的位置和速度。PID 控制器是一种最简单、有效的反馈控制器，它被广泛地应用于自动化领域。PID 是 Proportional(比例)、Integrative(积分)和 Derivative(微分)的缩写，这 3 个名词在大学代表着 3 门数学课程。

简单地说，PID 控制器就是根据反馈回来的信息，然后和目标信息进行比较，最后把差值计算成新的输入值，让系统达到和接近目标值。PID 公式如下：

$$U(t) = P(t) + I(t) + D(t)$$

$$P(t) = K_P \cdot E(t)$$

$$I(t) = K_I \cdot (I(t-1) + E(t))$$

$$D(t) = K_D \cdot (E(t) - E(t-1))$$

现在来解释一下上面的公式，假设现在想达到一个目标值 $R(t)$，NXT 通过 $U(t)$来控制电动机并利用内建的编码器来得到实际置 $Y(t)$。$Y(t)$和 $R(t)$的差异用 $E(t)$表示，所以 $E(t)=R(t)-Y(t)$。这时 $E(t)$的值会直接影响 $P(t)$、$I(t)$和 $D(t)$的取值，从而改变 $U(t)$的取值，这个过程就是 PID 调控过程。这也是为什么把 PID 称为闭环控制的原因。

$U(t)$指令由 3 个式子结果相加得到：$P(t)$比例部分、$I(t)$积分部分和 $D(t)$微分部分。现在来介绍这 3 个式子具体的含义。

- $P(t)=K_P \cdot E(t)$：比例控制，比例控制是最简单的控制方式，控制器的输出和输入误差成比例关系，它可以使控制器得到及时反馈，但是却不能消除误差。

- $I(t)=K_I \cdot (I(t-1)+E(t))$：积分控制，通过积分控制，即使微小的误差也可以通过累加变大，从而使控制器做出相应的调节，使误差变小。
- $D(t)=K_D \cdot (E(t)-E(t-1))$：微分控制，通过微分控制得到误差的变化率，以便预测误差的趋势，使用微分控制 NXT 就可以预测未来误差，以便做出相应的调节。

这个公式只是对 PID 过程的一个数学描述，现在还不必关心它的原理。现在只需要知道除了 K_P、K_I、K_D是能控制的，其他都是系统自动完成的即可。

5.4.2　PID 函数

可以利用 RotateMotorPID()函数来设定不同的 PID 参数，该函数的语法结构如下：

```
void RotateMotorPID(
        byte outputs,                  //NXT 输出端口号
        char pwr,                      //电动机输出功率
        long angle,                    //转动角度大小
        byte P,                        //KP 值(比例控制系数)
        byte i,                        //KI 值(积分控制系数)
        byte d,                        //KD 值(微分控制系数)
)[inline]
```

该函数前 3 个参数的含义和在前面角度控制那一小节中学到的 RotateMotor()函数是一样的。后面 3 个参数就是要输入的 PID 系数。该函数的具体使用如下：

```
#define P 96
#define I 32
#define D 32

task main()
{
    RotateMotorPID(OUT_A,100,180,P,I,D);
}
```


这里之所以使用 96、32、32 这 3 个值，是因为它们是 NXT 的默认系数。如果使用 RotateMotor()函数，实际上 PID 值即为 96、32、32。当然 NXC 语言中也宏定义了一些值供调用，代码如下：

```
#define PID_0 0
#define PID_1 32
#define PID_2 64
#define PID_3 96
#define PID_4 128
#define PID_5 160
#define PIN_6 192
#define PIN_7 224
```


PID 的宏定义就如同之前遇到过的 SEC_1、MS_500、TONE_B7 等宏定义一样，可以在函数中调用，而不需要直接写数字。这里暂且不去理会这些系统宏定义。读者可以尝

试输入不同的 PID 系数值，比较一下电动机转过 180°角的精确程度。不同的 PID 值，电动机转后的差异还是相当明显的。这里提供几组测试例子，供大家参考。

- (50,0,0)：电动机不能准确地转够 180°，因为没有设定 *I* 和 *D* 系数，误差无法计算和消除。
- (0,x,x)：不论 *I* 和 *D* 取何值，如果 *P* 为“0”时，调节速度会很慢而且误差也较大。
- (40,40,0)：电动机会转过头，然后再往回多转一点，依然有很大误差。
- (40,40,200)：把 *D* 设得太高，会因为调节引起电动机来回振荡。

总之，经过上面的测试，还是 NXT 的预设 PID 值最精确。如果没有特殊需求完全没必要对 PID 进行自定义设置。

5.4.3 PID 扩展函数

RotateMotorPID( ) 函数和 RotateMotor ( ) 函数一样，也有相应的扩展版函数 RotateMotorExPID()。该函数的语法结构如下：

```
void RotateMotorExPID(
        byte outputs,                    //NXT 输出端口号
        char pwr,                        //电动机输出功率
        long angle,                      //转动角度大小
        char turnpct,                    //转速百分比
        bool sync,                       //是否同步
        bool stop,                       //是否急刹
        byte p,                          //KP 值(比例控制系数)
        byte i,                          //KI 值(积分控制系数)
        byte d,                          //KD 值(微分控制系数)
)[inline]
```

RotateMotorExPID( ) 函数中的参数除了最后 3 个，前面的含义和之前学的 RoteMotorEx()函数完全一样。当然也要注意，如果该函数启动了同步模式，那么输出端口 outputs 参数必须用电动机的组合形式作为输出，如 OUT_AC，否则函数将不能工作。

如果想要读取系统的 PID 值，可以使用 MotorRegPValue( )、MotorRegIValue( ) 和 MotorRegDValue()这 3 个函数。下面举个简单的例子使用 RotateMotorExPID()函数，并且通过上面 3 个函数尝试着读取系统的 PID 值。

【例 5-15】 得到并输出 PID 值程序。

```
task main()
{
    RotateMotorExPID(OUT_A, 75, 360, 30, false, true, 96, 32, 32);

    //下面代码实现得到 PID 值，并将其输出到屏幕
    int p=MotorRegPValue(OUT_A);
    int i=MotorRegIValue(OUT_A);
    int d=MotorRegDValue(OUT_A);

    TextOut(0, LCD_LINE1, "P value:");
```

```
    NumOut(50, LCD_LINE1, p);
    TextOut(0, LCD_LINE2, "I value:");
    NumOut(50, LCD_LINE2, i);
    TextOut(0, LCD_LINE3, "D value:");
    NumOut(50, LCD_LINE3, d);

    Wait(SEC_10);                              //延迟 10s 便于观察
}
```

运行上面的程序后，NXT 会将当前系统的 PID 值分 3 行输出到屏幕上，TextOut()和 NumOut()函数在前面章节已经使用过。现在关于 PID 控制方面的内容就讲这么多，读者要多去尝试不同的输入值，编一些稀奇古怪的程序。这里的内容和例子仅仅是一个引导，更多的创造和奇思妙想需要自己去实现。

5.5 小　　结

本章主要讲解电动机的相关函数使用，从简单的前进、后退、缓慢停止再到高级命令以及 PID 控制，学习了很多好玩且有用的知识。本章难点是 PID 控制，读者不必在意 PID 控制原理，当然如果感兴趣可以到网上查阅相关的论文。除了 PID 控制外，其他内容都应该熟练掌握，那样才能说自己把电动机玩转了。机器人最大的特点就是行动，把电动机玩转了其实你可以尝试实现太多有趣的功能了。

5.6 习　　题

【习题 5-1】 编写程序让连接在输出口 A 的电动机旋转 3.5 圈。

【提示】 这道习题比较简单，主要用到了 5.3.4 小节中的角度控制函数：RotateMotor()，旋转 3.5 圈就是 360 * 3.5°。

【参考代码】 让电动机转动固定角度程序。

```
task main()
{
    int angle=360 * 3.5;                       //计算角度
    RotateMotor(OUT_AC, 50, angle);
}
```

【习题 5-2】 编写程序实现让电动机做加速运动，速度慢慢变大，当输出功率达到 90 后立即停止。

【提示】 利用这道习题可以复习一下循环结构。控制电动机的速度只能通过 OnFwd()函数中功率的值，实现加速只要在循环里面进行累加并向输出口传入新增加的功率即可。这里要求立即停止，所以最后需要调用 Off()函数来停止电动机转动。

【参考代码】 实现加速运动程序。

```
task main()
{
    //用 for 循环完成加速
    for(int pwr=0; pwr<90; pwr++)
    {
        OnFwd(OUT_A, pwr);
        Wait(50);                              //每过 50ms 功率加 1
    }

    //立即停止输出口
    Off(OUT_A);
}
```

【习题 5-3】 编写程序实现让电动机正常持续转动，当用手给电动机施加阻力的时候就改变转动方向。

【提示】 让电动机感知阻力并做出相应调整需要用到 5.3.5 小节中的 MotorOverload()函数。因为电动机需要根据阻力不停改变自己的转动方向，所以这些也需要在循环结构中完成。

【参考代码】 实现电动机挣脱效果的程序。

```
task main()
{
    //默认为正转
    bool bFwd=true;

    while(1)
    {
        //bFwd 为真则正转否则反转
        int pwr=bFwd ?50 :-50;
        //速度控制模式控制电动机
        OnFwdReg(OUT_A, pwr, OUT_REGMODE_SPEED);
        //判断是否过度负载
        until(MotorOverload(OUT_A));
        //改变转向
        bFwd=bFwd ?false : true;
    }
}
```

运行上面的代码后用手用力捏住电动机阻碍其正常旋转，这时电动机会来回转动，感觉就像是在挣脱你的阻碍。

【习题 5-4】 编写程序实现让机器人前进和原地转弯交替运动，前进时间和转弯方向都为随机的。

【提示】 在前面的 5.2.2 小节中，接触到了随机运动，但是写的程序并不理想。下面写一个更理想的随机运动程序。

【参考代码】 改进的随机运动程序。

```
#define PWR 50                              //控制电动机的功率

//转弯函数,该函数中左转右转也为随机的
void Turn()
{
    switch(rand()%2)
    {
        case 0:
            OnFwd(OUT_C, PWR);
            OnRev(OUT_A, PWR);
            break;
        case 1:
            OnFwd(OUT_A, PWR);
            OnRev(OUT_C, PWR);
            break;
    }
}

task main()
{
    while(1)
    {
        //前进和转弯随机运行
        switch(rand()%2)
        {
            case 0:
                OnFwd(OUT_AC, PWR);
                break;
            case 1:
                Turn();
                break;
        }

        //电动机运行时间的随机范围为 500~1500
        Wait(rand()%1000+500);
        Off(OUT_AC);
    }
}
```

该代码中使用 switch 分支语句结构，主函数 while 中 rand()%2 得到一个 0 或 1 的随机数，决定了前进和转弯是随机的；然后在转弯函数 Turn()中，用同样的方法实现左右转随机；最后通过 rand()%1000+500 得到一个范围为 500～1500 的随机数，决定了运动时间的随机。上面代码中实现的方法非常巧妙，请读者细细品味。

第 6 章　传感器编程

第 5 章学习了电动机编程，可以通过电动机编程控制机器人做各种各样的动作，但也只能说学会了一半的 NXC 编程。因为 NXT 还有 4 个输入口用于编程控制，这就是 NXT 强大而又神奇的传感器编程，它使得机器人具有感官能力。

6.1　触觉传感器

之所以称为触觉传感器，那是因为在碰到它的时候，它能检测到并通知 NXT。乐高机器人的触觉传感器并没有想象的那么神秘，它的形状如图 6.1 所示。

图 6.1　触觉传感器

6.1.1　设置触觉传感器

NXT 触觉传感器前面带有十字孔，方便制作缓冲器。它就像一个弹簧开关，当按下时说明碰到了它，它把相关信号传递给 NXT。所以说它并不神秘，更先进的传感器还在后面。

在编写触觉传感器例程之前，首先介绍 Sensor()和 SetSensorTouch()函数。SetSensorTouch()函数用来设定触觉传感器，该函数的语法结构如下：

```
void SetSensorTouch(ccnst byte &port)[inline]
```

通过该函数可以配置触觉传感器，只有通过该函数配置的端口才能响应触觉传感器返回的状态。该函数的参数为输入端口号，用 S1、S2、S3 和 S4 表示 4 个输入端口。S1、S2、S3、S4 也属于 NXC 的系统宏定义，它们的定义如下：

```
define S1 0                                  //输入口 1
define S2 1                                  //输入口 2
define S3 2                                  //输入口 3
define S4 3                                  //输入口 4
```

Sensor()函数用来读取传感器通过输入端口的返回值，该函数的语法结构如下：

```
unsigned int Sensor(const byte &port)[inline]
```

该函数的参数含义为输入端口号，同样用 S1、S2、S3 和 S4 表示。返回值即为输入端

口反馈的实际状态值。通过该函数可以读取到目前传感器的状态，从而在程序中控制机器人下一步的行为。

可以直接调用 Sensor(S1)获取输入口 1 的状态值，也可以使用 SENSOR_1 宏得到。那是因为在 NXC 中系统用宏 SENSOR_1 定义了 Sensor(S1)函数，其定义格式如下：

```
#define SENSOR_1 Sensor(S1)             //输入口 1 状态值
#define SENSOR_2 Sensor(S2)             //输入口 2 状态值
#define SENSOR_3 Sensor(S3)             //输入口 3 状态值
#define SENSOR_4 Sensor(S4)             //输入口 4 状态值
```

在今后写程序的时候既可以使用 Sensor(S1)来获得输入口 1 的值，也可以使用 SENSOR_1 这种形式来获得。笔者更倾向于前者，因为 SENSOR_1 并没有让程序更精练，使用 Sensor(S1)看起来更容易明了。但是不管读者使用哪种形式，最好能在一个程序中保持一种风格。

6.1.2　躲避障碍物

学习了一些理论知识，下面用上面学到的这两个函数写一个小程序，使得机器人在前进过程中如果碰到障碍物就停止电动机转动。

【例 6-1】　初试触觉传感器程序。

```
task main()
{
    SetSensorTouch(S1);                 //设置输入口 1 为触觉传感器

    OnFwd(OUT_AC, 75);

    until(Sensor(S1)==1);               //等待触觉传感器被按下

    Off(OUT_AC);
}
```

要使用触觉传感器首先得配置传感器，上面程序中将输入口 1 配置为触觉传感器类型，然后启动电动机开始前进。通过 until()函数不停检测输入口 1 返回的触觉传感器状态。如果为 1，说明触觉传感器碰到了障碍物，最后关闭电动机。

有了上面的小试牛刀，可以写一个更有趣的程序，让机器人躲避障碍物，而不是简单地停下来。只要机器人撞到障碍物，先后退一点，然后转弯，再继续前进。这样看起来机器人就像是在主动地躲避障碍物了。

【例 6-2】　实现躲避障碍物程序。

```
task main()
{
    SetSensorTouch(S1);
    OnFwd(OUT_AC, 75);
    while(true)
```

```
        {
            //如果碰到障碍物就执行后退转弯代码
            if  (SENSOR_1==  1)
            {
                OnRev(OUT_AC, 75);
                Wait(300);
                OnFwd(OUT_A, 75);
                Wait(300);
                OnFwd(OUT_AC, 75);
            }
        }
}
```

在该程序中使用了 SENSOR_1 来代替 Sensor(S1)函数，效果是一样的。还和第一个程序一样，首先将输入口 1 设置为触觉传感器输入口，当然也可以设置其他输入口作为触觉传感器输入口；然后给电动机一个初始的功率让其前进；最后进入循环检测是否碰到了障碍物，如果碰到了，则执行 if 程序块中的躲避障碍物代码。整个过程就这么简单，现在你也可以编写自己的传感器程序了。

6.2 光感应器

与触觉传感器相比，光感应器就要神秘得多了。光感应器能够根据外界照射在其上面的光线强度的不同，然后转换为不同的数值反馈到输入端口。光感应器的外形如图 6.2 所示。

图 6.2 光感应器

6.2.1 设置光感应器

光感应器可以测量它接收到的光照强度，利用它的这个特性就可以用它来做巡线机器人。因为地上的黑线反射光要明显小于地面其他物质的反射光。光感应器只能辨别光照的强度大小，而不能辨别颜色。NXC 中同样提供了 SetSensorLight()函数来设置光感应器，该函数的语法结构如下：

```
void SetSensorLight(const byte &port,bool bActive=true)[inline]
```

该函数中有两个输入参数，其含义如下：

- port：为输入端口号，和前面讲过的触觉传感器一样，它也用 S1、S2、S3 和 S4 代表 1～4 号输入端口。当然也可以直接输入 0、1、2、3 来指定输入端口。
- bActive：是否开启辅助红灯，默认为开启状态。有了辅助红灯即使没有外界光源下，也可以根据物体反射光值的大小判断是否偏离轨道。

用 SetSensorLight()函数设置好光感应器输入端口后，它会实时地把信息反馈给输入端口。这时依然通过 Sensor()函数来监听端口的信息。光感应器反馈的信息值介于 0～100，值越大说明光照越强。下面来写一个程序，实时地将光感应器反馈的外界光照数

据显示到屏幕上。

【例 6-3】 实时检测光照强度并显示程序。

```
task main()
{
    SetSensorLight(S1);                          //设置输入口 1 为光感应输入端口

    while(true)
    {
        ClearScreen();                           //清除屏幕

        //SENSOR_1 就相当于 Sensor(S1)
        NumOut(10, LCD_LINE2, SENSOR_1);

        Wait(300);                               //延时 300ms
    }
}
```

上面的程序中 SetSensorLight()函数只设置了输入端口参数，没有设置开启辅助红灯，这时程序会使用函数定义中的默认参数值，即开启辅助红灯。可以拿着光感应器对着不同颜色的物体，看其反馈回来的反射光强度。当然也可以这样调用：

```
SetSensorLight(S1,false);                        //false 为关闭辅助红灯
```

这样光感应器就不会亮起红灯，这时屏幕显示的数值是光感应器接收到的实际外界环境光照值。上面的程序中使用无限循环，这样屏幕就会时时显示光感应器反馈回来的数值。这里之所以使用延迟，是因为让屏幕中的数字多保留一会儿，以便于观察。

如果程序不延时，屏幕会因为更新太快导致显示效果下降，不易观察。循环中第一行也是必需的，因为如果不清除屏幕，会造成显示错误。如果程序只显示两位还好，如果光照强度由 100 变成个位数，这时多余的数字不会清除，100 最后的 0 还保留在屏幕上，从而造成数据显示错误。

6.2.2　循迹机器人

学习了上面的理论知识，下面就来写个富有挑战性的程序，你会感觉到我们的机器人越来越智能了。首先得布置一个带有黑色轨迹的场地；然后让机器人沿着黑色轨迹走，如果错位了自动调整。当然机器人要符合双电动机输出，且光感应器离地面不要超过 1cm。

【例 6-4】 实现循迹机器人程序。

```
#define THRESHOLD 40                             //设定一个阈值

task main()
{
    SetSensorLight(S1);
    OnFwd(OUT_AC, 75);
    while(true)
```

```
        {
            //如果错位了就调整机器人方向继续前进
            if  (Sensor(S1)>THRESHOLD)
            {
                OnRev(OUT_C, 75);
                Wait(100);
                until(Sensor(S1)<=THRESHOLD);
                OnFwd(OUT_AC, 75);
            }
        }
    }
```

上面的程序中，首先设定一个阈值，这个阈值用来代表轨迹颜色的临界值。如果光感应器反馈回来的数值大于这个阈值，说明机器人偏离轨道，开始进行调整，直到找到轨道继续前进。黑色的轨道反射光强度小，所以会被光感应器定义为轨道。

当然，上面这个程序也是有很大问题的，如果轨道是环形的，它沿一个方向走会比较顺利。如果换个方向，有可能就会来回转圈了。那是因为机器人调整的时候只固定了一个方向，它并不知道是从左边超出了轨迹还是从右边超出了轨迹。

如果想解决上面的问题也不难，要么让轨道两旁的背景颜色明显不一致；要么使用两个光感应器。如果场地用 3 种颜色布置，轨道两边的颜色也不一致，就可以根据光感应器反馈回来的值判断应该向左转还是向右转。如果有两个光感应器，让光感应器置于轨道两旁，可以通过两边的光感应器是否低于阈值来判断应该向左转还是向右转，从而达到调整方向的目的。

6.3 声音传感器

从光感应器开始，你一定已经领略到 NXT 传感器的神奇了吧！光感应器能够感知周围的光照强度，同样声音传感器能够感知周围的音量大小。NXT 的声音传感器外形如图 6.3 所示。

图 6.3 声音传感器

6.3.1 设置声音传感器

声音传感器就像一个小麦克风，它能侦测周围环境中的音量，然后将其转换成数值通过输入端口反馈给 NXT。因为电动机会产生大量的噪声，所以使用声音传感器时要朝上，而且要离电动机尽量远点。还有就是音量声音器检测的是声音的分贝而不是频率。NXC 中设置音量传感器的函数为 SetSensorSound()，其语法结构如下：

```
void SetSensorSound(const byte&port,bool bdBScaling=true)[inline]
```

该函数中也有两个输入参数，其含义如下。

- port：为输入端口号，和前面一样，它也用 S1、S2、S3 和 S4 代表 1～4 号输入端口。当然也可以直接输入 0、1、2、3 来指定输入端口。

- bdBScaling：是否 dB 变换，系统默认为 true，false 表示为 dBA。dBA 代表对测量的 dB 值做进一步的修正，这样得出的 dBA 更容易贴近人耳感觉。当然也可以简单理解为，如果使用 dBA，那么音量传感器的灵敏度降低了。

设置声音传感器和前面所学的触觉传感器和光感传感器一样简单，只是设置声音传感器函数中的 dbBScaling 参数不太好理解，不过没关系，大家在使用声音传感器的时候完全可以忽略这个参数，直接使用这种设置 SetSensorSound(S1)即可。

6.3.2　声控机器人

学习了声音传感器的理论知识，现在就来写一个程序，实现用声音控制机器人的行走和停止，就是当声音大于一定阈值的时候机器人开始行走，再次检测到超过阈值的声音就停下来。

【例 6-5】 实现声控机器人代码。

```
#define THRESHOLD 40
#define MIC SENSOR_2                            //这是一个好习惯

task main()
{
    SetSensorSound(S2);                         //设置输入口 2 为声音传感器

    while(true)
    {
        until(MIC>THRESHOLD);                   //检测的声音大于设定的阈值
        OnFwd(OUT_AC, 75);
        Wait(300);
        until(MIC>THRESHOLD);
        Off(OUT_AC);
        Wait(300);
    }
}
```

上面的程序和之前例子的程序结构是相同的，都是在一个 while(true)死循环里执行操作。这样代表 NXT 在执行该程序，机器人在随时待命。用 until()中的条件语句来检测是否声音超过了阈值，如果超过了才会执行下面的指令，否则会一直在检测。

程序开头用 MIC 宏定义了 SENSOR_2，而 SENSOR_2 在系统中的宏定义是 Sensor(S2)，所以 MIC 就代表 Sensor(S2)的意思。这是一个好习惯，这样更能表述清楚程序的含义。当然程序中的 Wait(300)也是不可或缺的，因为 NXT 执行指令速度是很快的，如果没有延时很可能同一次声音会被两个 until()函数检测到，从而使声控效果产生随机性。读者可以尝试着删掉延时或修改上面的阈值看看会产生怎样的效果。

6.4　超声波传感器

这一节将学习 NXT 最强的超声波传感器，超声波传感器可以不用碰到目标就能检测出前方的障碍物。使用超声波传感器可以做出更加强劲的避障机器人。超声波传感器的外形如图 6.4 所示。

6.4.1 设置超声波传感器

图 6.4 超声波传感器

使用 NXC 中提供的设置超声波传感器和获得输入端口状态函数都稍有不同，像之前的 4 个传感器函数很规律，均为 SetSensor+英文名，而 NXC 中并没有提供 SetSensorUltrasonic()函数。

超声波传感器属于 I^2C 传感器的一种，NXC 中设置 I^2C 传感器函数为 SetSensorLowspeed()，所以使用 SetSensorLowspeed()函数来设置超声波传感器即可。至于 I^2C 传感器，将在后面章节中详细介绍。

读取超声波输入端口值的函数变为了 SensorUS()。当然，这两个函数除了名字和前面所学的函数不太一样外，在使用上如出一辙。SetSensorLowspeed()函数的语法结构如下：

```
void SetSensorLowspeed(const byte & port,bool bIsPowered=true)[inline]
```

该函数中也有两个输入参数，其含义如下。

- port：为输入端口号，和前面一样，它也用 S1、S2、S3 和 S4 代表 1～4 号输入端口。当然也可以直接输入 0、1、2、3 来指定输入端口。
- bIsPowered：是否增强功率，该函数默认为增强型。如果设置为 false，超声波传感器检测会不太准确。

超声波传感器虽然属于 I^2C 传感器，并且名字开始不规律了，但是基本使用上和前面学过的传感器并没有太大差别。其设置函数中第二个参数着实有些难以理解，目前采取的办法依然是置之不理，只需要直接设置输入端口号即可。

6.4.2 超声波测距和避障

虽然设置超声波函数没有什么值得惊奇的地方，但是超声波传感器本身强大的功能还是很令人期待的。下面就来编一个小程序，实现使用超声波测距功能，将障碍物的距离值显示到 NXT 屏幕上。

【例 6-6】 实现超声波测距机器人程序。

```
task main()
{
    SetSensorLowspeed(S1);                    //设置输入口 1 为 I²C 传感器输入端口

    while(true)
    {
        ClearScreen();                        //清除屏幕

        //使用 SensorUS(S1)读取超声波传感器
        NumOut(10, LCD_LINE2, SensorUS(S1));
```

```
        Wait(300);                                //延时 300ms
    }
}
```

虽然说超声波传感器相对于前面所学的传感器来讲比较特殊，得用专门的读取状态函数和 I^2C 传感器设置函数，但是使用上却是一模一样的。回到上面的程序，编译运行该程序后，你可以拿着超声波传感器对着障碍物前后移动，也可以用手放在超声波传感器前方前后移动，观察屏幕上值的变化。

超声波传感器其实就是一个声呐，它会发出不停的发射超声波，然后计算被反射回来所需的时间，从而换算出物体的距离，从而判定前面是否有障碍物。蝙蝠可以熟练地在黑暗中避开障碍物也是这个原理。接下来将超声波传感器和电动机搭配，编写一个可以躲避障碍物的机器人。

【例 6-7】 实现超声波躲避障碍物机器人程序。

```
#define NEAR 15                                   //定义阈值为 15cm

task main()
{
    SetSensorLowspeed(S1);

    while(true)
    {
        OnFwd(OUT_AC,50);

        until(SensorUS(S1)<NEAR);                 //判断距离是否小于阈值

        Off(OUT_AC);
        OnRev(OUT_C,100);
        Wait(500);
    }
}
```

上面程序中实现原理也非常简单。配置好输入端口后，首先让程序进入无限循环，给 AC 输入口电动机一个相同的功率，机器人开始直线前进。until()函数会不断地判断超声波传感器反馈回来的状态，只要一检测到前方障碍物不足 15cm，就立即停止电动机，给其中一个电动机反向的功率，让机器人变换一下方向，然后继续前进。

超声波传感器反馈回来的数据单位是 cm，实际使用上超声波传感器可测得最短距离约为 5cm，最远距离约为 200cm，总之距离不能太远也不能太近。超声波就是指超过人耳听觉上限频率的声音(20000Hz)，虽然人耳听不到但是不代表其他动物也听不到。最具代表性的就是蝙蝠发射超声波在黑暗环境中飞行了。

6.5 角度传感器

这里的角度传感器是针对 NXT 电动机来说的，因为 NXT 电动机内建了角度传感器。在第 5 章中已经学习过使用 RotateMotor()函数可以让电动机转过指定的角度。电动机中的角度传感器可以精确到 1°，当然看不到电动机中角度传感器的样子。

6.5.1 挖掘 NXT 电动机潜能

之所以学习角度传感器，是因为要介绍一个新的函数——MotorTachoCount()。利用它能计算出电动机转过了多少角度，从而可以将电动机看成一个角度传感器来对待了。该函数的语法结构如下：

```
long MotorTachoCount(byte output)[inline]
```

函数参数与返回值含义如下。

- output：该端口号为输出端口号，可以使用 OUT_A、OUT_B、OUT_C 来表示。
- 返回值：该函数的返回值为长整型类型，因为电动机转过的角度有可能是一个很大的值。

现在使用 MotorTachoCount()函数，结合之前介绍的 RotateMotor()函数，尝试将电动机转过的角度值输出到屏幕上。

【例 6-8】 获得电动机转过角度程序。

```
task main()
{
    //让电动机转动 180°
    RotateMotor(OUT_A, 50, 180);

    //得到电动机转过的角度
    int x=MotorTachoCount(OUT_A);

    NumOut(10, LCD_LINE2, x);
    Wait(SEC_3);                              //延迟 3s
}
```

上面的程序特别简单，使用 RotateMotor()函数控制电动机转过 180°，然后用角度检测函数来测试电动机转过的角度。实际测试中发现显示在屏幕上的值要比 180°大 1°～2°，这代表理想值和实际值之间还是有差距的。

6.5.2 被动测量角度

6.5.1 小节中的程序看起来并没有什么特殊的意义，实际上即使不给电动机输出功率也可以通过 MotorTachoCount()函数测量连接在输出端口上的电动机转过的角度。

【例 6-9】 直接获得电动机角度传感器的值。

```
task main()
{
    while(true)
    {
        ClearScreen();                              //清屏

        //获得输出口 A 电动机角度传感器的值
        int x=MotorTachoCount(OUT_A);

        if(x>720 || x<-720)
        {
            //如果电动机被手动转过两圈就清零计数器
            ResetTachoCount(OUT_A);
        }
        NumOut(10, LCD_LINE2, x);
        Wait(MS_300);                               //延迟 300ms
    }
}
```

如果对第一个程序你感觉很无聊，上面这个程序肯定会使读者产生很大的兴趣。读者可能会利用电动机的这个角度传感器想出许多好玩的点子。该程序中的清屏和延时技巧在前面都已经用到过，清屏是为了防止之前的数字留在屏幕中影响实时监测的数据，延时是为了更好地观察屏幕。当然 if()语句中的 ResetTachoCount()函数在例 5-10 中曾经使用过，或许读者当时还不知道这个函数到底有什么实质性的作用，现在应该知道了。

6.6　传感器的类型和模式

前面讨论了传感器的使用，大家一定觉得特别简单。当然前面的知识对于新手来说已经足够了，使用它们就可以写出好多有意思的程序来了。但是下面还要接着介绍一些重量级的函数和使用方法，以备不时之需。

6.6.1　设置传感器

像之前都是使用特定的函数来设置传感器，其实还有更通用和强大的方法来设置传感器，对于不同的传感器只需要改函数参数类型就好了，这就是 SetSensor()函数。例如，SetSensorTouch(S1)函数就可以写成 SetSor(S1,SENSOR_TOUCH)。该函数的语法结构如下：

```
void SetSensor(const byte & port,const unsigned int config)[inline]
```

该函数中有两个输入参数，其含义如下。

- port：为输入端口号，用 S1、S2、S3 和 S4 代表 1～4 号输入端口。当然也可以直接输入 0、1、2、3 来指定输入端口。
- config：配置参数，该参数包含了设置传感器类型和模式两重含义。

SetSensor()函数最主要的特点就是它的配置参数，可以通过传递不同的参数来配置不同的传感器。可用的配置参数在 NXC 系统中已被定义。例如，前面学过的基本传感器的宏定义如下：

```
#define SENSOR_TOUCH_SENSOR_CFG(SENSOR_TYPE_TOUCH,SENSOR_MODE_BOOL)
#define SENSOR_LIGHT_SENSOR_CFG(SENSOR_TYPE_LIGHT,SENSOR_MODE_PERCENT)
#define SENSOR_SOUND_SENSOR_CFG(SENSOR_TYPE_SOUND_DB,SENSOR_MODE_PERCENT)
#define SENSOR_LOWSPEED_SENSOR_CFG(SENSOR_TYPE_LOWSPEED,SENSOR_MODE_RAW)
```

虽然说 SetSensor()可以搭配相应的配置参数宏定义达到设置传感器端口的目的，但是并没有发现它有什么高级的地方。从 SetSensor()配置参数宏定义，可以看到其实每个配置参数都代表了双重含义，一个是传感器类型；另一个是传感器模式。如果能将它们分开配置就能达到更加灵活的配置目的，这就是接下来要学习的，也是本节内容的重点。

6.6.2 传感器类型

从 6.6.1 小节中看到 SENSOR_TOUCH 代表了 SENSOR_TYPE_TOUCH 和 SENSOR_MODE_BOOL 双重含义。本节学习如何单独设置传感器类型。传感器类型就是告诉 NXT 接上去的是哪一种传感器。设置传感器的类型函数为 SetSensorType()，该函数的语法结构如下所示。

```
void SetSensorType(ccnst byte & port,byte type)[inline]
```

该函数中参数的含义为

- port：为输入端口号，用 S1、S2、S3 和 S4 代表 1～4 号输入端口。当然也可以直接输入 0、1、2、3 来指定输入端口。
- byte：传感器类型，只需给该参数传递 NXC 中定义的传感器类型即可。

如果想设置输入端口 1 为光感应器类型就可以按下列形式调用该函数。

```
SetSensorType(S1,SENSOR_TYPE_LIGHT);        //设置输入端口 1 为光感应器类型
```

SENSOR_TYPE_LIGHT 只是可设置传感器类型中的一种，NXC 中定义了好多类型可供设置。在 NXC 中可设置的传感器类型如表 6.1 所示。

表 6.1 传感器类型

传感器类型	说　明
SENSOR_TYPE_NONE	没有需要配置的传感器
SENSOR_TYPE_TOUCH	NXT 或 RCX 触觉传感器
SENSOR_TYPE_TEMPERATURE	RCX 温度传感器
SENSOR_TYPE_LIGHT	RCX 光感应器
SENSOR_TYPE_ROTATION	RCX 角度传感器
SENSOR_TYPE_LIGHT_ACTIVE	NXT 光感应器，开启辅助红灯
SENSOR_TYPE_LIGHT_INACTIVE	NXT 光感应器，关闭辅助红灯

续表

传感器类型	说　　明
SENSOR_TYPE_SOUND_DB	NXT 声音传感器(dB)
SENSOR_TYPE_SOUND_DBA	NXT 声音传感器(dBA)
SENSOR_TYPE_CUSTOM	自定义传感器(未使用)
SENSOR_TYPE_LOWSPEED	I^2C 数字传感器
SENSOR_TYPE_LOWSPEED_9V	I^2C 数字传感器(9V 电压)
SENSOR_TYPE_HIGHSPEED	Highspeed 传感器(未使用)

这里列了一堆传感器的配置类型，读者粗看可能会有点头晕目眩，不过仔细看其实有大部分已经略知一二，只差具体的实例运用了。不过不要着急，因为只使用 SetSensorType()并没有什么意义，它还要结合 SetSensorMode()和 ResetSensor()才能发挥作用。所以等介绍完了传感器模式再给读者示例来练习。

从表 6.1 中可以看到 NXC 不仅提供了 NXT 传感器的类型，而且还可以设置 RCX 传感器类型。所以如果你手上还有 RCX 传感器，可以通过转接线连到 NXT 上，然后通过 NXC 编程来使用了。尤其是 RCX 的温度感应器和角度感应器，通过和 NXT 联系会有无尽的乐趣等待我们去挖掘。

6.6.3　传感器模式

学习了传感器的类型设置，现在讲解设置传感器的模式。设置传感器类型仅仅告诉了 NXT 连接在输入口上的是一个什么类型的传感器，而设置传感器模式是告诉 NXT 传感器要用怎样的方式来返回数据。在前面学到的设置传感器并不用这么麻烦，那是因为函数使用了默认的模式。设置传感器模式函数为 SetSensorMode()，该函数的语法结构如下：

```
void SetSensorMode(const byte & port,byte mode)[inline]
```

该函数中参数的含义如下：

- port：为输入端口号，用 S1、S2、S3 和 S4 代表 1～4 号输入端口。当然也可以直接输入 0、1、2、3 来指定输入端口。
- byte：传感器模式，只需给该参数传递 NXC 中定义的传感器模式即可。

例如，如果想设置输入端口 1 反馈状态值为 0～100，可以按下列形式调用该函数。

```
SetSensotMode(S1,SENSOR_MODE_PERCENT);        //设置输入端口 1 值范围为 1~100
```

SENSOR_MODE_PERSENT 是一种模式，表示 NXT 端口反馈的状态值为百分比形式，即 0～100 的数值。在 NXC 中设置传感器模式的可选参数如表 6.2 所示。

表 6.2　传感器模式

传感器模式	说　　明
SENSOR_MODE_RAW	设定返回值范围为 0～1023，所有传感器皆适用
SENSOR_MODE_BOOL	布尔类型，值范围为 0 或 1，适用于 NXT 和 RCX 触觉传感器
SENSOR_MODE_EDGE	统计布尔值\转换的次数，0-1 和 1-0 均被统计，所有传感器都适用
SENSOR_MODE_PULSE	统计 1-0 的转换次数，所有传感器都适用
SENSOR_MODE_PERCENT	返回值范围为 0～100，适用于 NXT 和 RCX 光感应器
SENSOR_MODE_FAHRENHEIT	华氏温度值，适用于 RCX 温度传感器
SENSOR_MODE_CELSIUS	摄氏温度值，适用于 RCX 温度传感器
SENSOR_MODE_ROTATION	角度值，每圈 16 格，适用于 RCX 角度传感器

下面具体讲述表 6-2 中各个模式的含义。

- SENSOR_MODE_RAW：该模式指定传感器反馈到 NXT 值为未处理模式，在前面学到的函数反馈的值都是经过二次处理的，比如触觉传感器，如果使用该模式你会发现未按下反馈的值为 1023，按下时反馈的值为 180，总之是一个比 1023 小得多的值。
- SENSOR_MODE_BOOL：该模式为触觉传感器的默认模式，当原始值大于等于 556 时它会将其转换为 0 输出；如果小于 556 时，它会转换为 1 输出。
- SENSOR_MODE_EDGE：统计原始值跳变的次数，就是数值每次越过 556 都统计一次，不管是升高还是降低。所以如果触觉传感器采用该模式，每按一下弹起该函数会返回 2，按下记一次，弹起也记一次。
- SENSOR_MODE_PULSE：统计原始值由低到高跳变的次数，如果触觉传感器采用该模式，按下时不统计，弹起时统计一次。
- SENSOR_MODE_PERCENT：光照传感器的默认模式，该模式将原始值转换成 0～100 的一个数值。
- SENSOR_MODE_FAHRENHEIT 和 SENSOR_MODE_CELSIUS：这两个模式只适用于 RCX 温度传感器，可以将原始值转换为华氏温度或摄氏温度的值。
- SENSOR_MODE_ROTATION：RXC 角度传感器模式，只适用于 RCX 角度传感器。RCX 的角度传感器一圈分为 16 步，平均每步 22.5°，精度要比之前所学的 NXT 角度传感器差得多。

下面写一个程序，该程序用来统计触觉传感器被按下的次数，并显示到 NXT 屏幕上，按下弹起算一次。

【例 6-10】 统计触觉传感器触碰次数。

```
task main()
{
    //配置传感器的类型和模式，并重置输入口
    SetSensorType(S1, SENSOR_TYPE_TOUCH);
```

```
    SetSensorMode(S1, SENSOR_MODE_PULSE);
    ResetSensor(S1);

    while(true)
    {
        ClearScreen();
        NumOut(10, LCD_LINE2, SENSOR_1);
        Wait(MS_300);
    }
}
```

该程序虽简单，但是展示了类型及模式设置的一般形式。上面 3 行为设置传感器端口，下面 3 行为惯用的显示技术，可以达到实时刷新屏幕的目的。ResetSensor()函数是在配置类型和模式后被调用，在更改传感器端口的类型和模式后必须调用该函数，以便给 NXT 时间去重新配置传感器端口。该函数的作用为在指定端口设置一个无效的数据标志，然后等待端口变为有效。下面再举个有点技术含量的例子来结束本节内容，实现双击、单击碰触传感器来控制电动机的走和停。

【例 6-11】 判断触觉传感器双击来控制机器人运动程序。

```
task main()
{
    //配置传感器的类型和模式,并重置输入口
    SetSensorType(S1, SENSOR_TYPE_TOUCH);
    SetSensorMode(S1, SENSOR_MODE_PULSE);
    ResetSensor(S1);

    while(true)
    {
        ClearSensor(S1);                        //将相应端口计数器清零
        until(Sensor(S1)>0);                    //先判断是否按下
        Wait(500);                              //延迟 500ms

        //判断双击还是单击
        if  (Sensor(S1)==  1)
            Off(OUT_AC);
        else if  (Sensor(S1)>=2)
            OnFwd(OUT_AC, 75);
    }
}
```

上面的代码中，使用 ClearSensor(S1)来清理输入口 1 感应器的计数值，实现每次重新判断。Sensor(S1)用于获得 S1 输入口的值，和 SENSOR_1 是等效的，在 NXC 中，SENSOR_1 为 Sensor(S1)的宏定义。

这里就只举两个例子，虽然简单但是很有代表性，一方面，读者可以套用第一个例子来尝试着在屏幕上输出传感器反馈的值；另一方面，读者可以套用第二个例子来尝试着让

机器人动起来。所以，读者要多使用其他类型和模式来试验一下 NXT 的输出效果。

6.7 小　　结

本章内容丰富，讨论了 NXT 输入口的使用和设置相应的传感器。本章重点是学会基本的传感器设置方法，就是本章的前 5 节内容，学会这些已经掌握了 80%的传感器相关知识了。本章难点是对传感器的模式和类型的理解，只有对这两个概念有基本的理解才能用好表 6.1 和表 6.2 中的配置资源。学了电动机也学了传感器，可以说现在已经学会 NXC 编程了。如果能结合前面所学的多任务知识，相信读者可以写出各种有趣的程序。

6.8 习　　题

【习题 6-1】 编写程序用触觉传感器来控制光感应器是否开启辅助红灯。当触觉传感器按下开启，再按下关闭，并将光感应器的值实时在 NXT 屏幕中显示。

【提示】 这道习题使用多任务的方式来编写，需要显示任务和检测触觉传感器任务。检测端口值的工作可以放在显示任务中完成，而显示任务可以在 main()任务中执行，所以只需要额外再创建一个检测触觉传感器的任务即可。

【参考代码】 控制光感应器程序。

```
task MonitorTouch()
{
    bool bActive=false;
    SetSensorTouch(S1);                          //首先设置触觉传感器
    while(true)
    {
                                                 //设置光感应器
        SetSensorLight(S2, bActive);
        until(Sensor(S1));                       //按下弹起改变一次状态
        until(!Sensor(S1));
        bActive=bActive ? false : true;
    }
}

task main()
{
    StartTask(MonitorTouch);                     //启动检测任务
    //刷新频率并且显示 S2 输入口的值
    while(true)
    {
        ClearScreen();                           //得到光感应值并显示
        NumOut(0, LCD_LINE1, Sensor(S2));
        Wait(MS_300);
    }
}
```

上面的代码实现得很巧妙，尤其检测任务中的状态变量 bActive 和 until 语句的使用，还请读者慢慢品味。

【习题 6-2】 实时检测环境中的声音，然后根据检测到声音的高低，播放不同频率的声音，就好像 NXT 会跟着你说话一样。

【提示】 这道习题很有意思，这样的效果是：用户说话的时候，NXT 也发出声音，而且根据用户的声音高低播放不同的音调。主要用到的是声音传感器的编程，还有 PlayTone()函数。

【参考代码】 实现让 NXT 跟着说话的程序。

```
task main()
{
    SetSensorSound(S1);
    //刷新频率并且显示 S1 输入口的值
    while(true)
    {
        int vol=Sensor(S1);                         //获得检测到的声音值
        if(vol>10)
        {
            //根据声音大小播放不同频率的声音
            PlayTone(vol * 20, MS_100);
            Wait(MS_100);
        }
    }
}
```

为了避免 NXT 一直发出声音，设定的阈值为 10，当环境中声音高于 10 的时候才开始发声。

【习题 6-3】 利用超声波传感器编写程序，实现当障碍物接近的时候自动后退，以便和障碍物保持一定的距离。

【提示】 这道题主要练习读者超声波传感器的使用，其实逻辑实现上还是比较简单的，唯一需要注意的是超声波测距的时候需要防止抖动现象的技巧。这里使用 SetSensorLowspeed()函数设置超声波传感器，通过 SensorUS()函数读取超声波传感器的值。

【参考代码】 让机器人实现拒绝接近程序。

```
#define MINDIST 15                                  //设置最小阈值为 15cm

task main()
{
    SetSensorLowspeed(S1);                          //设置超声波传感器

    while(true)
    {
        if(SensorUS(S1)<MINDIST)
```

```
        {
            OnRev(OUT_AC, 75);

            //检测两次确认障碍物是否真的离开,可防止抖动现象
            while(true)
            {
                if(SensorUS(S1)>MINDIST)
                {
                    Wait(MS_100);
                    if(SensorUS(S1)>MINDIST)
                        break;
                }
            }

            Float(OUT_AC);                    //缓慢停止
        }
    }
}
```

【习题 6-4】 编写程序实现用手去转动 A 输出口的电动机时,C 输出口的电动机也会跟着旋转同样的角度。

【提示】 实现这道题主要用到 MotorTachoCount()函数和 RotateMotor()函数,检测一个电动机转过的角度,然后控制另一个电动机旋转同样的角度即可。

【参考代码】 实现两个电动机步调一致程序。

```
task main()
{
    while(true)
    {
        //得到 A 输出口电动机转过的角度
        int x=MotorTachoCount(OUT_A);
        if(x !=0)
        {
            //如果 A 输出口电动机转动了就控制 C 输出口电动机也转动
            RotateMotor(OUT_C, 30, x);
            ResetTachoCount(OUT_A);
        }
    }
}
```

上面的代码实现得并不理想,这里主要让大家练习使用电动机的角度传感器和控制电动机转过固定角度。读者可以自己尝试着改进上面的代码,让它实现得更完美一点。

第 7 章　NXC 高级控制

掌握了 NXC 电动机编程和传感器编程后，已经可以编程实现许多功能了。但是 NXC 还有其他更为有趣的控制，虽然说电动机和传感器是 NXT 最重要的构件，但是学会了制作音乐、LCD 输出等编程技巧也会给机器人世界添加更多的乐趣。

7.1 制作音乐

NXT 内置了扬声器可以发出声音，在前面编程中多次使用过，包括 NXT 开机本身也会播放声音。将声音嵌入到程序中可以实现让机器人报告目前的状况，机器人一边东奔西跑一边发出声音是非常有趣的。

7.1.1 播放声音文件

通过 BricxCC 软件可以直接将.wav 格式的音频文件转换为 NXT 可以播放的 rso 文件。可以通过一些录音软件录一段自己的声音，只要是 wav 格式的就行，然后使用 BricxCC 软件转换成 rso 文件。使用 BricxCC 软件转换音频的方法如图 7.1 所示。

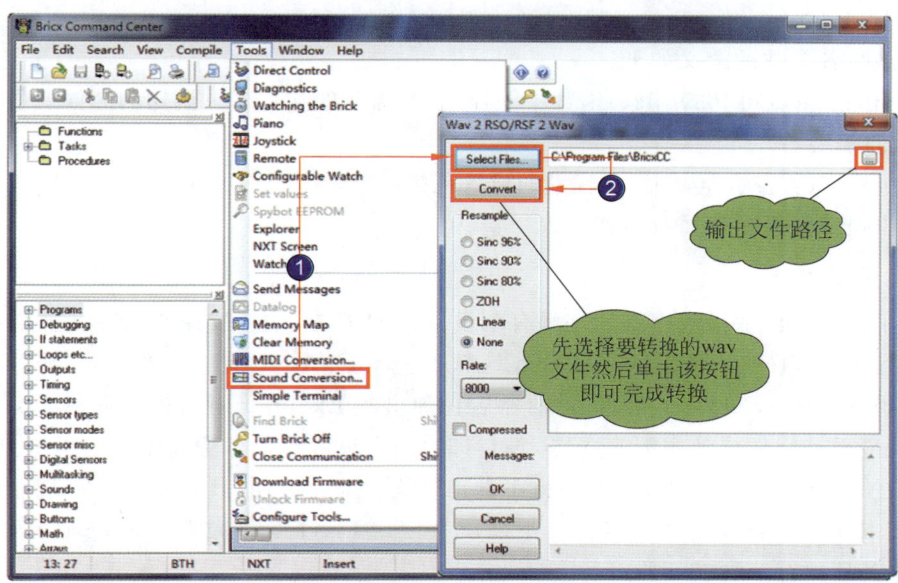

图 7.1　wav 转换为 rso 的步骤

注意：转换的音频文件不能超过64KB，否则将报错。可以在转换对话框右上角的位置选择输出文件的路径，单击Convert按钮后文件会输出到指定的路径。单击Select Files...可以选择要转换的文件，当然也可以将rso音频转换为wav音频。

因为NXT内存空间非常有限，又因为很难录出不超过64KB的wav文件，所以需要使用专业的录音软件才能制作好所需的音频文件。这就不是本书所能讲述的范畴了，不过在装有NXT-G软件后在其Sounds目录下有很多已经录制好的rso文件可供使用，笔者计算机的完整目录为C:\Program Files\LEGO Software\LEGO MINDSTORMS NXT\engine\Sounds。

1. PlayFile()函数

NXC中播放声音的函数有两个，即PlayFile()和PlayFileEx()，PlayFile()的语法结构如下：

```
char PlayFile(string filename)[inline]
```

该函数的参数filename表示要播放的文件名，指定的文件必须已经下载到了NXT中。该函数的返回值为char类型，这里暂且不必理会，因为帮助文档里也并没有对其作详细的解释。假如NXT中有一个123.rso的音频文件，就可以按下列形式调用。

```
PlayFile("123.rso");                    //播放123.rso文件,注意必须包含后缀
```

2. PlayFileEx()函数

PlayFileEx()函数为PlayFile()的扩展版，除了最基本的播放声音文件外，还增加了调节音量和重复播放功能。PlayFileEx()的语法结构如下：

```
char PlayFileEx(string filename,byte volume,bool loop)[inline]
```

该函数各参数的含义如下：

- filename：和PlayFile()函数中一样，表示播放的文件名。调用的时候要带上文件的扩展名。
- volume：表示声音大小，音量的设置范围为0～4。
- loop：是否循环播放声音。

3. 下载声音文件

使用这两个函数播放声音文件都有个最基本的条件，就是被播放的声音文件必须已经下载到了NXT中。可以通过BricxCC软件把自己的rso音频文件下载到NXT中。首先选择Tools→Explorer菜单命令；然后在弹出的Explorer对话框中选择要下载的音频文件；最后将文件拖到左侧的NXT窗口即可。具体的操作步骤如图7.2所示。

通过BricxCC的Explorer对话框下载声音文件非常方便，其实Explorer对话框可以对NXT任何可下载文件进行管理。下面就来使用PlayFile()和PlayFileEx()函数编写程序，使其播放有节奏的一段声音。

【例7-1】 播放声音文件程序。

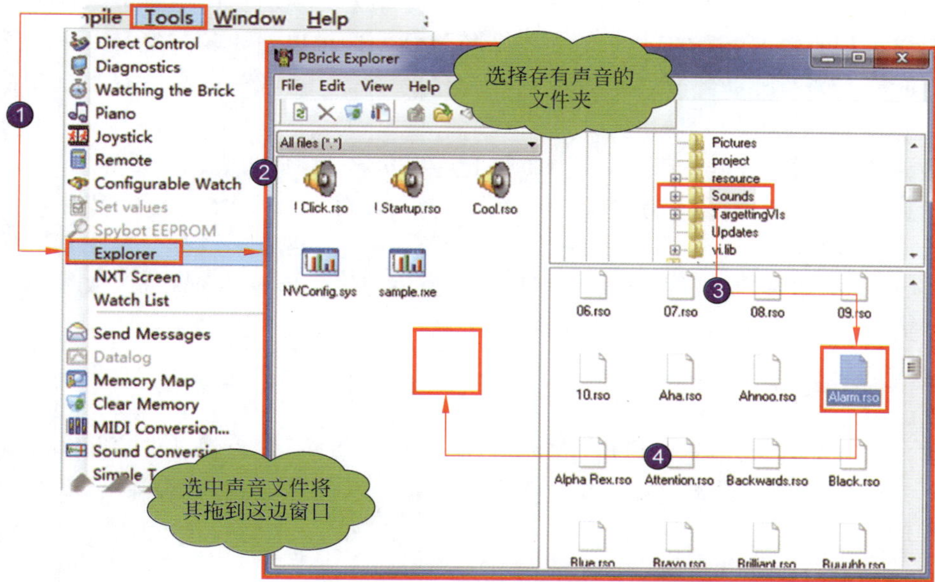

图 7.2　下载声音文件

```
#define TIME 200
#define MAXVOL 4
#define MINVOL 1
#define MIDVOL 3
#define pause_4th Wait(TIME)
#define pause_8th Wait(TIME/2)
#define note_4th \
PlayFileEx("! Click.rso",MIDVOL,FALSE); pause_4th
#define note_8th \
PlayFileEx("! Click.rso",MAXVOL,FALSE); pause_8th

task main()
{
    PlayFile("! Startup.rso");
    Wait(2000);

    note_4th;                                   //低声播放
    note_8th;                                   //高声播放
    note_8th;
    note_4th;
    note_4th;
    pause_4th;                                  //暂停 200ms
    note_4th;
    note_4th;

    Wait(100);
}
```

这个程序写得非常漂亮，因为它充分展示了使用宏的魅力。使用宏可以在某些情况下使程序表达的意思更加明了，如果对宏印象模糊的话可以到 4.4 节复习一下。这段程序通过改变音频的音量大小，呈现了一段很熟悉的节奏。读者可以尝试着改变音量大小编出更有趣的节奏来。

最后还要注意一点，使用 PlayFile()和 PlayFileEx()播放声音文件的时候，必须在后面有延迟。因为程序不会等待声音文件播放完毕再继续执行下面的指令，程序调用声音文件后会接着执行下面的指令，程序结束和再次调用播放声音函数都会停止正在播放的声音，所以必须用适当的延迟来等待声音文件播放完毕。PlayFileEx()函数最后参数的循环标志，也需要有足够多的延时才起作用。

7.1.2 声音编程

即使没有声音文件，依然可以完全由程序控制让 NXT 发出悦耳的声音。在前面的 4.2.4 小节中，就曾经举例通过函数让 NXT 发出声音。本节就来正式学习一下 NXT 声音编程的知识。

1. 播放声音

有时编写程序会涉及声音的输出，来作为一个标记，那样仅仅使用一些系统预设好的声音就足够了。NXC 中提供了 PlaySound()函数可供播放系统已经预设好的音调，该函数的语法结构如下：

```
void PlaySound(const int & aCode)
//如 PlaySound(SOUND_LOW_BEEP),发出低沉的"嘟"声
```

该函数中 aCode 参数用来传递系统已经预设好的声音值，NXC 中有 6 个预设值(0～5)，这些预设值被系统定义成宏，直接调用这些宏即可。NXC 中可调用的声音宏如表 7.1 所示。

表 7.1　系统声音宏

aCode 可调用宏	发出的声音	aCode 可调用宏	发出的声音
SOUND_CLICK	“嘀”的一声	SOUND_UP	连续向上的音调
SOUND_DOUBLE_BEEP	两声蜂鸣	SOUND_LOW_BEEP	低沉的“嘟”一声
SOUND_DOWN	连续向下的音调	SOUND_FAST_UP	快速连续向上音调

可以直接通过 PlaySound()函数来调用这些系统预设的声音。下面就来使用这些预设音调再播放一段有趣的声音，顺便展示一下 PlaySound()函数的使用。

【例 7-2】　播放预设声音程序。

```
task main()
{
    PlaySound(SOUND_UP);                    //先连续升调
    PlaySound(SOUND_DOWN);                  //再连续降调

    Wait(SEC_1);                            //暂停 1s
```

```
    PlaySound(SOUND_LOW_BEEP);                  //"嘟"的一声
    Wait(MS_500);                               //暂停 500ms
    PlaySound(SOUND_FAST_UP);                   //最后连续升调
}
```

这段有趣的程序几乎展示了全部的系统预设声音，从程序中也可以看出 PlaySound()函数似乎不需要延时就可以播放出声音。不过读者可以试一下表 7.1 中第一个预设值 SOUND_CLICK，除了该预设值需要延时才能播放外，其余 5 个预设的声音都不需要加延时。

2. 播放指定音调

NXC 在播放声音上有很强的扩展性，甚至能通过编程来播放一首像模像样的曲子。BricxCC 软件中有个很有意思的工具叫 Piano，可以选择 Tools→Piano 菜单命令打开，这在第 1 章就接触过。在 Piano 对话框中，通过单击类似琴键的图案，可以让 NXT 发出不同音调的声音，如图 7.3 所示。

图 7.3　BricxCC 中的 Piano

BricxCC 中这个小工具，其实是给 NXT 发送直接命令，来控制 NXT 发出不同频率的声音。可以单击 Save 按钮将声音保存成 NXC 程序的格式，编译下载后 NXT 就可以播放你刚弹奏的曲子，当然这项功能并不完美。先来介绍一个大家已经广为熟知的函数 PlayTone()，该函数的语法结构如下：

```
char PlayTone(unsigned int frequency,unsigned int duration)[inline]
//如 PlayTone(440,500),播放 A4 调的声音持续 500ms
```

该函数中参数的含义如下：

- frequency：表示要播放声音的频率即 1s 声音振动的次数，这里单位为 Hz。
- duration：持续时间，即播放该音调的时长，以 ms 为单位。

当然 PlayTone()函数也有扩展版，即 PlayToneEx()，该函数的语法结构如下：

```
char PlayToneEx(
        unsigned int frequency,          //声音频率
        unsigned int duration,           //持续时间
        byte volume,                     //音量大小
        bool loop                        //是否循环
)[inline]
```

PlayToneEx()后两个参数如同 PlayFileEx()，调节音量的范围依然为 0～4。在使用 PlayTone()或 PlayToneEx()函数的时候，需要指定播放的频率。直接使用数字固然可以，但是太过于抽象，所以需要一个音调频率对照表，如表 7.2 所示。

表 7.2　音调频率对照表

音调	3	4	5	6	7	8	9
B	247	494	988	1976	3951	7902	
A#	233	466	932	1865	3729	7458	
A	220	440	880	1760	3520	7040	14080
G#		415	831	1661	3322	6444	13288
G		392	784	1568	3136	6272	12544
F#		370	740	1480	2960	5920	11840
F		349	698	1397	2794	5588	11176
E		330	659	1319	2637	5274	10548
D#		311	622	1245	2489	4978	9956
D		294	587	1175	2349	6499	9398
C#		277	554	1109	2217	4435	8870
C		262	523	1047	2093	4186	8372

【例 7-3】　练习使用音调对照表来播放指定音调声音。

```
#define VOL 4                              //音量设为 3

task main()
{
    //A4 调响 500ms
    PlayTone(440, 500);
    Wait(SEC_1);                           //这里相当于间隔 500ms

    //对照音调表可以写为 TONE_A4,这里就相当于 440
    PlayToneEx(TONE_A4, 500, 4, FALSE);
    Wait(SEC_1);

    //A#4 调响 500ms
```

```
        PlayTone(466, 500);
        Wait(SEC_1);                                  //这里相当于间隔 500ms

        //对照音调表可以写为 TONE_AS4
        PlayToneEx(TONE_AS4, 500, 4, FALSE);
        Wait(SEC_1);
    }
```

上面的程序简单但是却表达了很多含义，首先 Wait(SEN_1)表示延时 1s，但是播放声音为 500ms，所以相当于间隔了 500ms 后才继续播放下一段声音。PlayTone()函数不能设置音量，所以默认为最高音量，就相当于 PlayToneEx()第三个参数传递 4。表达音调可以根据音调对照表中的纵、横坐标直接输入频率值，或是用 TONE_A4 或 TONE_AS4 格式来表示，AS 就相当于表中的 A＃列。

3. 连续播放音调

如果希望播放一段连续的音乐，可能需要太多的 PlayTones()和 PlayToneEx()函数。这一节就来介绍函数 PlayTones()，可以用 PlayTones()播放一段连续的音乐。该函数的语法结构如下：

```
void PlayTones(Tone tones[])                      //tone 为一个结构体
```

Tone 是 NXC 提供的结构体，里面定义了两个无符号整型变量，即 Frequency、Duration，表示频率和延时。所以现在只需要构造一个结构体数组就可以使用 PlayTones()函数来播放了。

【例 7-4】　使用 PlayTones()函数播放一段连续的声音。

```
Tone sweepUp[]={                                  //构造音调结构体数组
    TONE_C4, MS_50,
    TONE_E4, MS_50,
    TONE_G4, MS_50,
    TONE_C5, MS_50,
    TONE_E5, MS_50,
    TONE_G5, MS_50,
    TONE_C6, MS_200
};

task main()
{
    PlayTones(sweepUp);                           //按顺序播放 sweepUp 中的音调
}
```

通过上面的例子，读者很容易明白怎样使用 PlayTones()函数来播放连续的一段声音了，它按顺序执行已经定义好的 sweepUp 结构体数组。定义结构体的时候就可以对其进行初始化，这和定义数组的时候进行初始化是一样的，如果不明白，可以再复习一下第 3 章中的内容。

7.1.3 “边跑边叫”

如果想让机器人在移动的同时也发出声音，最好单独创建一个播放声音的任务，这样就可以让机器人边跑边叫了。下面就来写一个很有趣的程序，让机器人前后移动而且还不停地叫着。

【例 7-5】 让机器人实现边跑边叫程序。

```
//播放声音任务
task music()
{
    while(true)
    {
        PlayTone(TONE_C4, 400);
        Wait(500);                              //相当于声音间隔了 100ms
        PlayTone(TONE_D4, 400);
        Wait(500);
        PlayTone(TONE_E4, 400);
        Wait(500);
        PlayTone(TONE_D4, 400);
        Wait(500);
    }
}

//移动任务
task movement()
{
    while(true)
    {
        OnFwd(OUT_AC, 75);
        Wait(3000);
        OnRev(OUT_AC, 75);
        Wait(3000);
    }
}

task main()
{
    Precedes(music, movement);                  //启动播放声音和移动两个任务
}
```

上面的例程是一个多任务的程序，驱动电动机和播放声音放在了两个单独的任务中，这样机器人就能边跑边叫了。如果读者对 Precedes()函数没有印象的话就该复习一下 4.2.2 小节的内容了。这一节学习了 NXC 控制播放声音的相关知识，尤其是音调频率对照表。现在可以尝试着用程序来奏响 NXC 编程的乐章了。

7.2 LCD 点阵显示

NXT 最为逊色的地方莫过于它的 LCD 黑白点阵显示屏了，堪比笔者小时候玩的十几元的小游戏机。NXT 的液晶屏为 100×64 像素，虽然不是彩色的但也提供了很多的用处。其实 NXT 采用这样的显示屏也不是没有道理的，主要就是为了省电。

7.2.1 文本显示

通常使用 NXT 显示屏来输出一些必要的反馈参数，但是 NXC 依然提供了丰富的函数库可供调用。之前经常使用 TextOut()和 NumOut()来输出一些标志，称为文本输出。本节来重温一下这两个函数。

1. TextOut()函数

TextOut()函数的语法结构如下：

```
char TextOut(
    int x,                                      //屏幕的横坐标
    int y,                                      //屏幕的纵坐标
    string str,                                 //输出的文本
    unsignde long options=DRAW_OPT_NORMAL       //输出操作选项
)[inline]
```

在前面的例子中，通常只使用了该函数的前 3 个参数。如果不指定最后一个参数，函数会直接把字符串输出到屏幕上，而不会管屏幕当前的状态。在动态显示的时候，使用 ClearScreen()函数来清除屏幕原先的状态，防止造成输出混乱，现在可以直接设置最后的参数来达到清屏的目的。

【例 7-6】 动态显示“Hello World!”，让其从上下左右摇摆显示程序。

```
#define TIME 200
#define DISPLAY \
TextOut(x, y, "Hello World!", DRAW_OPT_CLEAR_WHOLE_SCREEN); \
Wait(TIME);

task main(){
    while(true){
        int x=0, y=LCD_LINE1;                   //定义并初始化坐标变量

        for(int i=0; i<4; i++){
            x+=10;
            y+=(LCD_LINE2-LCD_LINE1);
            DISPLAY                             //显示并延时的宏定义
        }

        for(int i=0; i<3; i++){
            x-=10;                              //x-说明在向左移动
```

```
            y+=(LCD_LINE2-LCD_LINE1);
            DISPLAY
        }

        for(int i=0; i<4; i++){
            x+=10;                                 //y-说明在向上移动
            y-=(LCD_LINE2-LCD_LINE1);
            DISPLAY
        }

        for(int i=0; i<3; i++){
            x-=10;
            y-=(LCD_LINE2-LCD_LINE1);
            DISPLAY
        }
    }
}
```

运行上面的程序后，发现屏幕上的字符串在来回移动，有点像屏保的感觉。该程序采用 for()循环来减少重复的代码，但是字符串的移动仍然有 4 个方向，所以需要 4 个循环。

2. NumOut()函数

NumOut()函数的使用和 TextOut()函数是一样的，不过它主要用来输出数字，NumOut()函数的语法结构如下：

```
char NumOut(
    int x,                                     //屏幕的横坐标
    int y,                                     //屏幕的纵坐标
    variant value,                             //输出的变量
    unsigned long options=DRAW_OPT_NORMAL      //输出操作选项
)[inline]
```

下面使用 NumOut()函数写个模拟电子表的小程序，时、分、秒分别输出到 1、2、3 行。

【例 7-7】 模拟电子表程序。

```
task main(){

    int h=0, m=0, s=0;                         //时分秒
    while(true){
        Wait(SEC_1);                           //延时 1s
        s++;
        if(60==s){
            m++;                               //60s 后分钟加 1
            s=0;
        }
        if(60==m){
            h++;                               //60min 后时钟加 1
            m=0;
```

```
        }
        if(24==h){                                  //24h 时时钟清零
            h=0;
        }

        //只需要清除一次屏幕,下面的 1 表示 DRAW_OPT_CLEAR_WHOLE_SCREEN
        NumOut(0, LCD_LINE1, h, 1);
        NumOut(0, LCD_LINE2, m);
        NumOut(0, LCD_LINE3, s);
    }
}
```

上面的程序中第一个 NumOut()函数中第 4 个参数传递为 1,这里主要是用来清除屏幕,就和上面程序中的 DRAW_OPT_CLEAR_WHOLE_SCREEN 宏一样。其实在 NXC 中 DRAW_OPT_CLEAR_ WHOLE_SCREEN 被宏定义为 1,所以这里直接将 1 作为参数传递即可达到清除屏幕的目的。

运行上面的程序后,会看到屏幕第三行的数字在不停地跳动,累计到了 60 第二行的数字才会加 1,第二行的数字累计到 60 第一行也才会加 1,第三行的数字累计到 24 清零。意思就是说,要判断该程序的正确性得等 24h,不过读者可以把 SEC_1 改成 MS_1 这样能让数字跑得快点。当然,SEC_1 延时 1s 也不是特别准确,准确的电子表需要时钟芯片来触发中断,在中断中进行累加。

7.2.2　其他显示

上面所学的 TextOut()和 NumOut()函数是屏幕显示最常用的两个函数,通常使用这两个函数来反馈机器人的状态参数。但是 NXC 在屏幕显示方面还提供了很多的函数,可以使用这些函数来画线、矩形和圆等,甚至还可以输出点阵的图片。这些函数如下所述。

- ClearScreen():清除屏幕,虽然之前已经多次用到,但是在这儿再提及一下。
- GraphicOut(x, y, filename):显示.ric 格式的点阵位图。
- CircleOut(x, y, radius):画圆,调用的时候指定其圆心坐标及半径。
- LineOut(x1, y1, x2, y2):画线,起始和结束坐标分别为(x1, y1)和(x2, y2)。
- PointOut(x, y):在屏幕指定坐标画一个点。
- RectOut(x, y, width, height):以(x, y)为左顶点,width 和 height 为宽、高画一个矩形。

当然这只是其中一部分函数,NXC 还提供了很多的绘图函数但是都不太常用,所以就不一一介绍了。在学习这些函数之前,先往 NXT 里面下载两幅 ric 点阵位图。

首先打开 Explorer 对话框,然后在 LEGO Software\LEGO MINDSTORMS NXT\engine\Pictures 中选择两幅 ric 图片,最后将选中的图片拖到左侧的 NXT 视图区域即可,如图 7.4 所示。

和学习播放声音文件一样,这里依然借助安装 NXT-G 软件提供的图像资源进行下

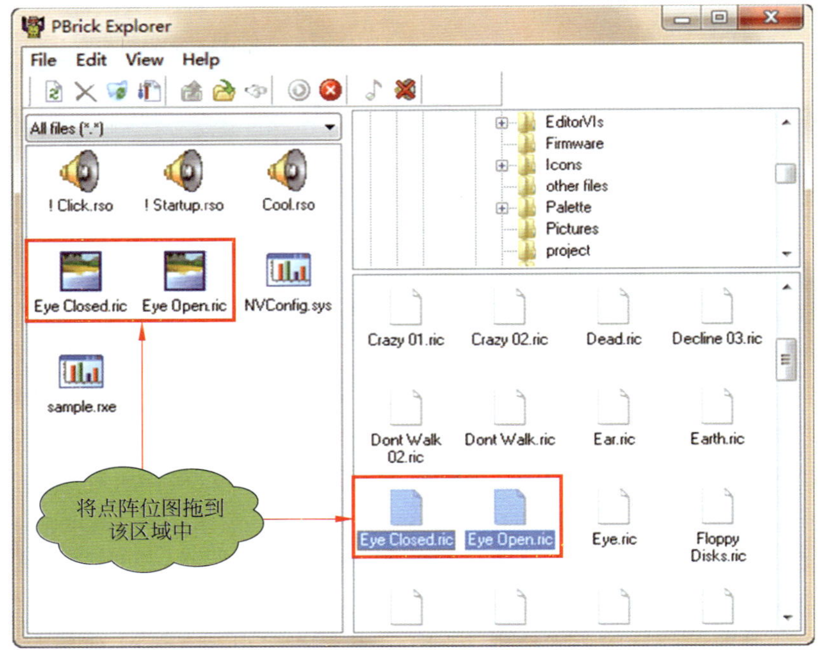

图 7.4 下载点阵位图

载文件演示。现在可以写程序来展示 NXC 控制屏幕显示的魅力了，下面的程序将上面介绍的函数都融合到了一起。

【例 7-8】 玩转 NXT 屏幕程序。

```
#define X_MAX 99
#define Y_MAX 63
#define X_MID(X_MAX+1)/2
#define Y_MID(Y_MAX+1)/2

task main()
{
    int i=2013;
    TextOut(15, LCD_LINE1, "Display", 1);
    NumOut(60, LCD_LINE1, i);
    PointOut(1, Y_MAX-1);                    //在屏幕 4 个角输出点
    PointOut(X_MAX-1, Y_MAX-1);
    PointOut(1, 1);
    PointOut(X_MAX-1, 1);
    Wait(200);
    RectOut(5, 5, 90, 50);                   //画一个矩形
    Wait(200);
    LineOut(5, 5, 95, 55);                   //画矩形对角线
    Wait(200);
    LineOut(5, 55, 95, 5);
```

```
    Wait(200);
    CircleOut(X_MID, Y_MID-2, 20);              //画一个圆
    Wait(800);
    ClearScreen();                              //清除屏幕,下面画出位图
    GraphicOut(X_MID-10, Y_MID-5, "Eye Open.ric");
    Wait(500);
    ClearScreen();
    GraphicOut(X_MID-10, Y_MID-5, "Eye Closed.ric");
    Wait(1000);
}
```

上面的程序非常有趣，尤其是最后的闭眼画面酷极了。其实别小看这些简单的画线、画圆和输出点的函数，现在最先进的频谱仪也都是用类似这些简单的函数进行绘制的。如果读者以后有机会学习 Windows 的 GDI 编程，会发现其中最基本、重要的绘图函数和 NXC 中的这些函数是一样的。

7.3　系统计时器

NXT 中有一个持续累加的计时器，从一开机它就开始累加了，最小单位为 ms。通过特定的函数可以获得当前计数器值，或者得到程序开始时计数器值。NXC 中提供了一些获取 NXT 系统计时器的指令，可以通过这些指令来控制机器人完成一些特殊的操作。

7.3.1　当前计时器值

NXC 中提供了 CurrentTick()函数可以得到该计数器的值。使用 CurrentTick()函数可以提供更为准确的时间判定。下面通过使用 CurrentTick()函数让机器人以随机方式运行 10s。

【例 7-9】　让机器人随机运行 10s 程序。

```
task main()
{
    long t0, time;
    t0=CurrentTick();                           //得到当前计数器的值

    do
    {
        time=CurrentTick()-t0;                  //计算运行时间

        OnFwd(OUT_AC, 75);
        Wait(Random(1000));
        OnRev(OUT_C, 75);
        Wait(Random(1000));
    } while(time<10000);
```

```
    Off(OUT_AC);
}
```

使用 CurrentTick()函数可以很方便地控制程序运行的时间，因为 NXT 的计时器是与程序无关的。计时器的使用还是非常简单的，灵活运用该函数可以实现许多功能。当然最主要的还是对执行时间的判定，由于计时器的特殊性，可以在等待的同时对其他事件作出反应。下面编写一个小程序，让机器人要么运行 10s 停下，要么碰触到障碍物停下。

【例 7-10】 检测碰触或超时程序。

```
task main()
{
    long t0;
    SetSensor(S1, SENSOR_TOUCH);                //设置碰触传感器
    t0=CurrentTick();                           //得到当前计数器值
    OnFwd(OUT_AC, 75);

    //直到碰触或超过 10s
    until((SENSOR_1==1)||((CurrentTick()-t0)>10000));

    Off(OUT_AC);
}
```

上面的程序说明通过 CurrentTick()函数可以为一项任务添加超时功能，要么在指定时间完成任务，要么超时停止。最后再次提醒大家，CurrentTick()函数和 Wait()函数一样，都是以 ms 为单位的，Wait()函数是设置延时时间，CurrentTick()函数是返回执行时间。

7.3.2 程序初始计时器值

在上面小节中的程序都是在开始位置定义一个 t0 变量来标记程序开始时的计数器值。当然，也可以通过 FirstTick()来获得程序开始时的时间值。现在编写个程序实现在屏幕中同时输出 t0、FirskTick()和 CurrentTick()函数值。

【例 7-11】 输出计数器值程序。

```
task main()
{
    long t0=CurrentTick();                      //程序开始计数器值

    while(true)
    {
        ClearScreen();                          //清除屏幕

        //输出 t0、FirskTick()和 CurrentTick()函数值
        TextOut(0, LCD_LINE1, "t0:");
        NumOut(50, LCD_LINE1, t0);
```

```
        TextOut(0, LCD_LINE2, "FT:");
        NumOut(50, LCD_LINE2, FirstTick());

        TextOut(0, LCD_LINE3, "CT:");
        NumOut(50, LCD_LINE3, CurrentTick());

        Wait(300);                              //300ms 刷新一次屏幕
    }
}
```

运行该程序后屏幕第 1、2 行数值几乎相同，不随屏幕的刷新而变化，而屏幕第 3 行的值在不断增加。屏幕的显示结果如图 7.5 所示。

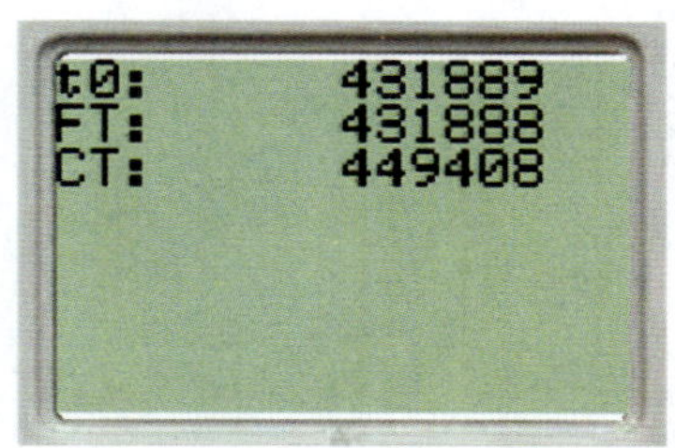

图 7.5　计时器输出结果

CT 表示当前系统计数器值；FT 表示 FirstTick()函数返回的值。之所以 FT 要比 t0 值小一点点，是因为当 t0 获得当前系统的计时器值的时候程序已经执行了几段指令了。从上面的结果可以看出，使用 FirstTick()函数可以获得严格的程序开始计数器值。

7.4　文件系统

NXT 可以读取存储在闪存内的文件，就像读取声音、位图文件一样。NXC 提供了强大的文件操作函数，让你能够将文本字符串、数字、单个字节写入文件中，此外还能实现文件的重命名、删除、查找等功能。对于 NXT 来说，文件最重要的作用是能保存机器人之前执行的状态。

7.4.1　文件创建与删除

这一小节首先学习文件的创建、删除和重命名，当然这 3 个操作会涉及 3 个函数，分别是 CreateFile()、RenameFile()、DeleteFile()，下面分别介绍这 3 个函数。

1. CreateFile()函数

如果想在 NXT 文件系统中创建一个文件，可以使用 CreateFile()函数，该函数的语法结构如下：

```
unsigned int CreateFile(
    string fname,                       //指定创建的文件名
    unsigned int fsize,                 //指定文件的尺寸
    byte &handle                        //文件句柄
)[inline]
```

该函数的返回值为无符号整数，代表了调用该函数的状态，如果返回 0 表示成功，可以用宏定义 LDR_SUCCESS 表示。该函数前两个参数比较好理解，一个指定文件名，另一个指定文件的大小，但是句柄这个词儿实在难以理解。

句柄之所以难以理解是因为对这个词比较陌生，在语文课本中从来没见过。系统为了便于管理资源，通常将这些资源进行编号，每个资源对应的编号其实就是这个资源的句柄。handle 也有把柄的意思，在汉语中经常说掌握了某某的把柄，意思就是可以操纵它了。参数 handle 前的“&”是引用符号的意思，如果忘记的读者可以复习一下前面的 4.3.3 小节。下面先通过 CreateFile()函数来创建一个文件，该文件的文件名为 Test.xxx，大小为 512B。

【例 7-12】 实现创建文件程序。

```
task main()
{
    byte fileHandle;                          //接受文件句柄
    string strOut;
    unsigned int result;                      //保存创建结果代码

    //创建文件并返回创建文件结果
    result=CreateFile("Test.xxx", 512, fileHandle);

    if(result==LDR_SUCCESS)
    {
        strOut="Create succeed!";
        CloseFile(fileHandle);                //关闭文件
    }
    else
        strOut="Create failed!";

    TextOut(0, LCD_LINE1, strOut);            //输出创建结果
    Wait(SEC_5);
}
```

对于上面的程序来说，CloseFile()函数的调用可有可无，但是完成文件的操作后调用 CloseFile()是个好习惯。因为在一个程序中文件创建完成后，就可以直接进行写入操作，但是想要进行读取、重命名或删除，就必须先关闭文件才能执行。运行该程序后可以看见屏幕第一行输出了 Create succeed! 的字样，说明文件创建成功了，屏幕输出如图 7.6 所示。

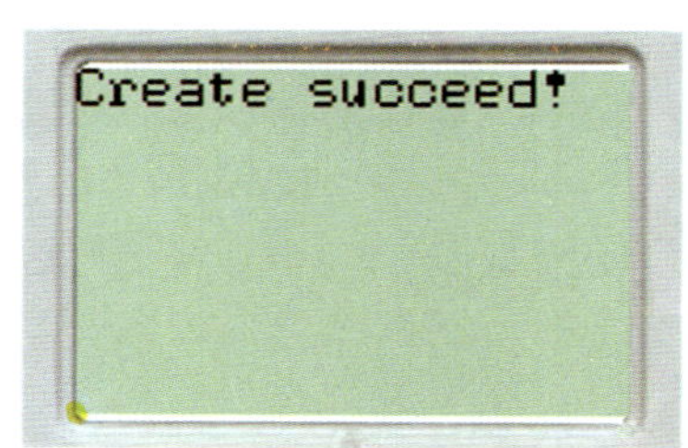

图 7.6 创建成功

使用 BricxCC 中的 Explorer 工具可以查看该文件。如果在左侧窗口选中该文件，单击工具栏的 Upload 按钮还可以将该文件上传到计算机磁盘中，如图 7.7 所示。

如果再运行一遍上面创建的文件程序，发现屏幕会输出 Create failed!，表示创建文件失败。这是因为被创建的文件已经存在 NXT 文件系统中了，这时 CreateFile()函数会返回 0x8F00 代码，宏定义为 LDR_FILEEXISTS，表示文件已经存在了。

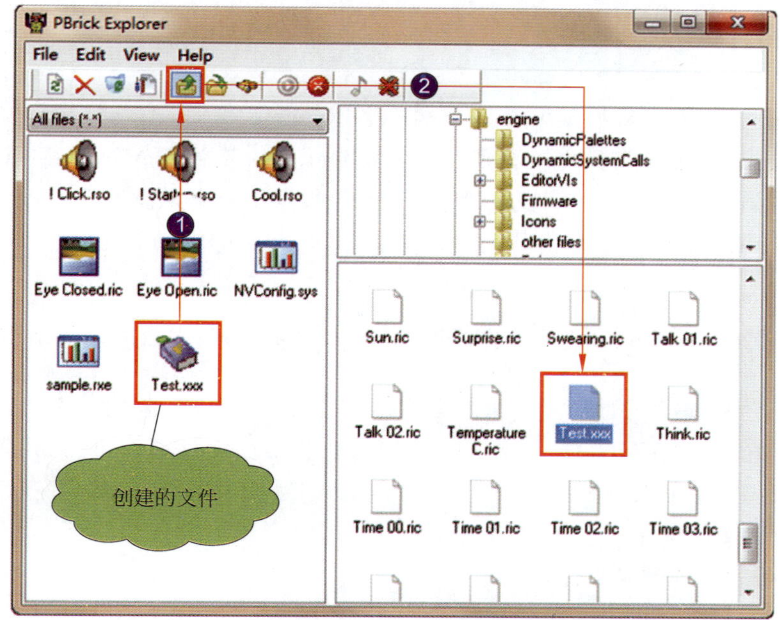

图 7.7　查看并上传文件

2. RenameFile()函数

学了文件的创建，下面接着学习文件的重命名。文件重命名函数为 RenameFile()，该函数的语法结构如下：

```
unsigned int RenameFile(string olename,string newname)[inline]
```

RenameFile()函数的参数比较好理解，一个为旧的文件名，一个为重命名后的新文件名。如果函数重命名成功，函数会返回 0，即 LDR_SUCCESS。下面编写程序实现对前面创建的 Test. xxx 文件进行重命名。

【例 7-13】 实现重命名文件程序。

```
task main()
{
    string strOut;
    unsigned int result;

    //重命名文件并返回重命名结果
    result=RenameFile("Test.xxx", "NewName.txt");

    if(result==LDR_SUCCESS)
        strOut="Rename succeed!";
    else
        strOut="Rename failed!";

    TextOut(0, LCD_LINE1, strOut);              //输出重命名结果
```

```
    Wait(SEC_5);
}
```

运行该函数后可以看见屏幕第一行输出了 Rename succeed!字样，就像图 7.6 显示的一样。打开 Explorer 工具可以看到左侧区域 test. xxx 变为 NewName. txt。文件名的后缀 xxx 和 txt 只用来区分文件的种类，对于文件数据本身来说没有任何影响，所以后缀是可以任意选取的。

3. DeleteFile()函数

最后学习文件的删除。删除文件用 DeleteFile()函数，该函数的语法结构如下：

```
unsigned int DeleteFile(string fname)[inline]
```

删除文件的操作比较简单，只需要给其传递要删除的文件名即可。如同前面两个函数，如果函数返回 LDR_SUCCESS 表示删除文件成功。下面编写程序实现删除 NewName. txt 文件操作。

【例 7-14】 实现删除文件程序。

```
task main()
{
    string strOut;
    unsigned int result;

    //删除文件并返回删除结果
    result=DeleteFile("NewName.txt");

    if(result==LDR_SUCCESS)
        strOut="Delete succeed!";
    else
        strOut="Delete failed!";

    TextOut(0, LCD_LINE1, strOut);              //删除文件结果
    Wait(SEC_5);
}
```

运行该函数后，屏幕会输出 Delete succeed!字样，表示删除成功。如果再次运行该程序，会输出 Delete failed!字样，提示删除文件失败。那是因为已经将文件删除了，这时 DeleteFile()函数会返回 LDR_FILENOTFOUND，表示没有找到该文件，该宏定义的实际值为 0x8700。

7.4.2 文件的写入

7.4.1 小节展示了文件的创建、重命名和删除函数的使用，并介绍了怎样判定函数执行是成功还是失败。文件的创建、重命名和删除是针对文件整体操作的函数，下面学习怎样在文件中写入数据。文件的写入函数有 Write()、WriteLn()、WriteString()、

WriteLnString()、WriteBytes()函数。

1. Write()函数

Write()函数的语法结构如下：

```
unsigned int Write(byte handle,const variant & value)[inline]
```

该函数的参数和返回值含义如下：

- handle：文件的句柄，用来表示指定的文件，这里传递的就是上一小节中 CreateFile()例子中的 fileHandle 变量。
- value：该参数为一个联合体，它表示了 NXC 中所有的变量，意思就是 NXC 中的变量都可以通过该变量进行传递。
- 返回值：如同前面提到的 LDR_SUCCESS，返回值为文件操作的状态代码。

下面使用 Write()函数和前面学过的知识，实现创建一个文件并在该文件中写入一段字符串。

【例 7-15】 使用 Write()函数实现在文件中写入字符串程序。

```
task main()
{
    byte fileHandle;
    string strOut;
    unsigned int result;
    result=CreateFile("Write.txt", 512, fileHandle);
    if(result==LDR_SUCCESS)
    {
        strOut="Create succeed!";

        //将字符串输出到文件
        result=Write(fileHandle, strOut)

        if(result==LDR_SUCCESS)
          strOut="Write succeed!";
        else
          strOut="Write failed!";             //文件写入失败

        CloseFile(fileHandle);                //关闭文件
    }
    else
        strOut="Create failed!";              //创建文件失败

    TextCut(0, LCD_LINE1, strOut);            //输出状态
    Wait(SEC_5);
}
```

运行上面的程序后，会在 NXT 文件系统中创建一个 Write.txt 文本文件。可以通过 BricxCC 软件中的 Explorer 工具将该文件上传到计算机本地磁盘，然后用记事本打开，操

作步骤如图 7.7 所示。打开后可以看到 Create succeed!字样，如图 7.8 所示。

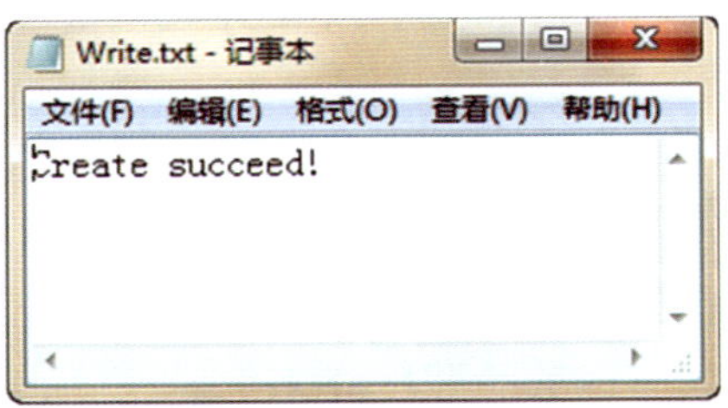

图 7.8 写入文件的数据

上面的程序不仅完成了数据的写入，而且还能将创建文件和写入文件的状态输出到屏幕。第一次执行上面程序后屏幕会输出 Write succeed!，表示文件创建和写入都成功了。当然如果再次执行就会因为文件本身存在而输出 Create failed!，表示创建文件的时候就失败了。

2. WriteLn()函数

WriteLn()和 Write()函数语法结构是相同的，WriteLn()除了输出数据后，还会在后面自动添加一个回车和换行符。这样就可以很方便地进行数据的记录，可以输出多行数据，每一行数据表示不同的含义，来记录更多的状态。使用 WriteLn()函数写入数据很简单，将数据想象成是成行排列的，直接写入即可。下面分别用整型数据和字符串类型数据来输出年月日。

【例 7-16】 使用 WriteLn()函数在文件中写入年月日程序。

```
task main()
{
    byte fileHandle;
    unsigned int result;
    result=CreateFile("Date.txt", 512, fileHandle);
    if(result==LDR_SUCCESS)
    {
        int nYear, nMonth, nDay;
        nYear=2013; nMonth=11; nDay=20;
        string sYear, sMonth, sDay;
        sYear="2013"; sMonth="11"; sDay="20";

        //分别写入整型和字符串类型数据的年月日信息
        WriteLn(fileHandle, nYear);
        WriteLn(fileHandle, nMonth);
        WriteLn(fileHandle, nDay);
        WriteLn(fileHandle, sYear);
        WriteLn(fileHandle, sMonth);
        WriteLn(fileHandle, sDay);

    CloseFile(fileHandle);                    //关闭文件
    }
    else
    {
        TextOut(0, LCD_LINE1, "Create file failed!");
        Wait(SEC_5);                          //如果创建文件失败就输出到屏幕
    }
}
```

这里写入字符串和整型数据用的都是同一个函数，因为 WriteLn()和 Write()函数一样可以自动判别变量类型，并可准确无误地写入到文件中。这里之所以用变量来传递，就是为了保证这种准确性。也可以写成 WriteLn(fileHandle, 11)，如果读取文件的时候用整型接收就不会得到正确的数据，因为 WriteLn()函数在存储 11 的时候不一定使用的是整型变量。

在使用 Write()或 WriteLn()函数的时候最好将数据赋给变量，用变量来进行传递。读取的时候再用相同类型变量进行接收就不会出错。运行上面的程序后，会将整型数据和字符串型数据同时写入到文件。通过 Explorer 工具上传到本地磁盘，再用记事本打开查看，结果如图 7.9 所示。

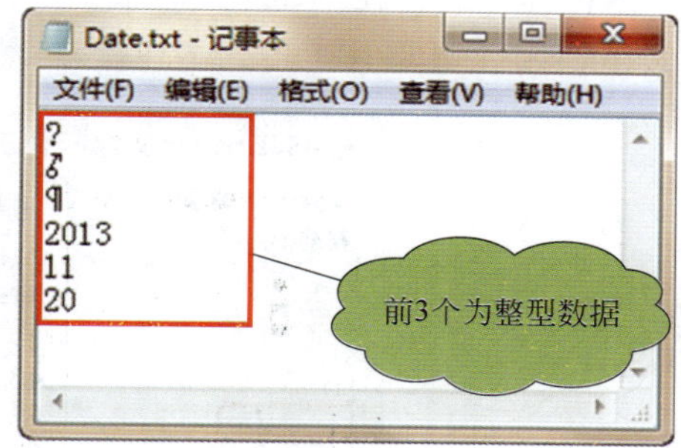

图 7.9 年月日数据

从图 7.9 中的记事本可以看到，后 3 个数据完全符合理解范围。将字符串输出，然后写到文件中，记事本打开再显示在屏幕上。但是前面 3 个奇怪的符号真让人摸不着头脑。那是因为记事本本身就是用来显示字符的，它将数据的 ASCII 码对应的字符输出到了屏幕上。在输入的时候用的字符串型，所以输出依然是字符串。而整型数据表达的是数据本身，第二个奇怪符号 ASCII 码就是 11。如果读者忘记了什么是 ASCII 码，可以查阅前面的 3.3.2 小节的类型详解中的 char 字符类型。下面通过前面所学的知识来创建一个 ASCII 码对照表，顺便来验证图 7.9 中第二个奇怪的符号是否真的是 11。

【例 7-17】 创建 ASCII 码对照表程序。

```
task main()
{
    byte fileHandle;
    unsigned int result;
    result=CreateFile("ASCII.txt", 2048, fileHandle);
    if(result==LDR_SUCCESS)
    {
        for(int i=0; i<128; i++)
        {
            string s=NumToStr(i);             //数字转换为字符串
            s+="  ";                          //中间空两个空格便于观察

            //两个数据占一行
            Write(fileHandle, s);
            WriteLn(fileHandle, i);

            CloseFile(fileHandle);            //关闭文件
        }
    }
```

```
    else
    {
        TextOut(0, LCD_LINE1, "Create file failed!");
        Wait(SEC_5);
    }
}
```

运行程序后会在 NXT 文件系统中生成一个 ASCII. txt 文件，通过 BricxCC 软件中的 Explorer 工具将其上传到本地磁盘，然后用记事本打开，如图 7.10 所示。

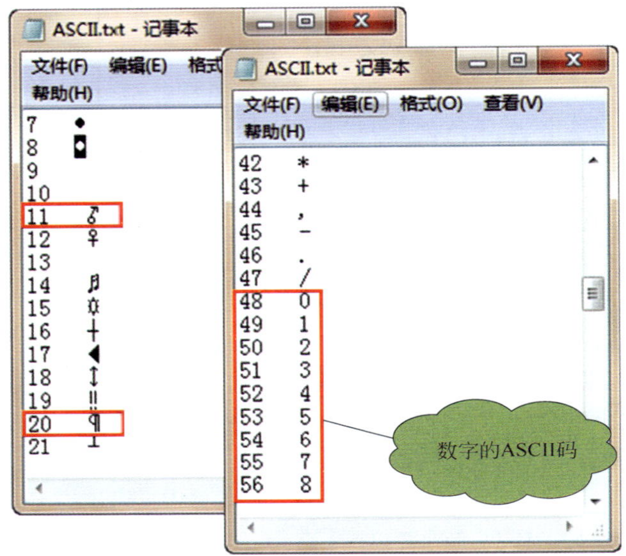

图 7.10　ASCII 码对照表

11 和 20 对应的 ASCII 符号和图 7.9 中是一样的。对于字符“0”来说，对应的 ASCII 码其实是 48，意思就是说字符“0”对应的整型数为 48。读到这儿读者或许对图 7.9 中呈现的奇怪符号不再感到奇怪了，因为对于显示设备来说它需要用数字来代替符号。其实对于汉字来说使用的是 UNICODE 字符集，每个汉字也都对应一个整型数字。

3. WriteString()和 WriteLnString()函数

如果写入字符串，最好使用 WriteString()和 WriteLnString()函数。当然在文件写入的时候，可以用 Write()函数和 WriteLn()函数代替这两个函数，但是在读取时就没有这么幸运了。WriteString()函数的语法结构如下：

```
unsigned int WriteString(
    byte handle,                        //文件句柄
    const string & str,                 //写入字符串
    unsigned int & cnt                  //实际写入的字节数
)[inline]
```

WriteLnString()和 WriteString()函数的语法结构完全相同，唯一的区别在于

WriteLnString()函数在写入文件的时候还会在后面自动添加一个回车和换行符，如同 WriteLn()函数。下面使用这两个函数举个简单的例子。

【例 7-18】 使用 WriteString()和 WriteLnString()函数在文件中写入字符串程序。

```
task main()
{
    byte fileHandle;
    unsigned int result;
    result=CreateFile("WriteString.txt", 2048, fileHandle);
    if(result==LDR_SUCCESS)
    {
        int cnt;                                    //接收字符串长度
        string str;                                 //字符串变量

        //换行写入
        str="Test WriteLnString!";
        WriteLnString(fileHandle, str, cnt);
        NumOut(0, LCD_LINE1, cnt);
        WriteLnString(fileHandle, str, cnt);
        NumOut(0, LCD_LINE2, cnt);

        //不带换行写入
        str="Test WriteString!";
        WriteString(fileHandle, str, cnt);
        NumOut(0, LCD_LINE3, cnt);
        WriteString(fileHandle, str, cnt);
        NumOut(0, LCD_LINE4, cnt);

        CloseFile(fileHandle);
        Wait(SEC_5);
    }
    else
    {
        TextOut(0, LCD_LINE1, "Create file failed!");
        Wait(SEC_5);
    }
}
```

运行该程序后，NXT 屏幕 4 行分别输出 21、21、17 和 17，如图 7.11 所示。

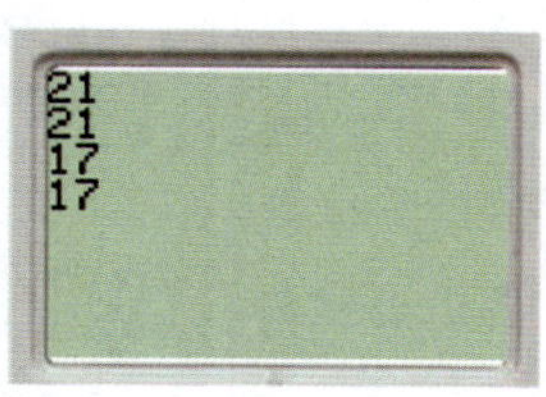

图 7.11　输出字符串长度

21 和 17 代表输出的字节数，说明 WriteLnString()输出要比 WriteString()多 4 个字节，可是为什么是 4 个呢？这是因为 WriteLnString()函数会多输出一个换行符和一个回车符。使用 BricxCC 软件中 Explorer 工具，将 WriteString. txt 上传到本地磁盘打开如图 7.12 所示。

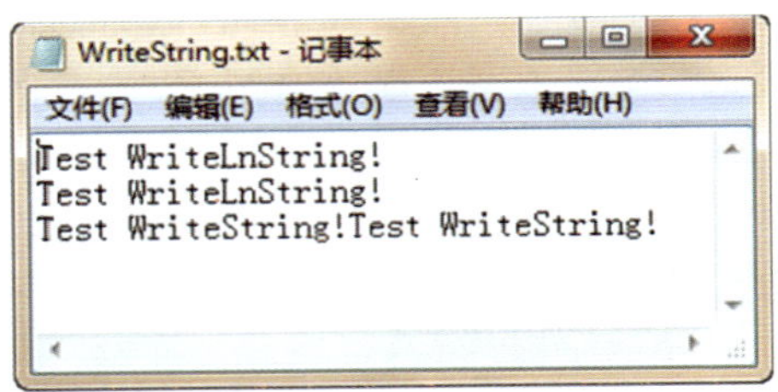

图 7.12 写入结果

从图 7.12 中可以看到，WriteLnString()和 WriteString()函数写入的不同。通常也只用 WriteLnString()函数，那样可以很方便地在一个文件中写入多个数据，便于读取和管理。

4. WriteBytes()函数

最后介绍 WriteBytes()函数。它允许将一个内存块数据一次写入文件。WriteBytes()函数的语法结构如下：

```
unsigned int WriteBytes(
    byte handle,                    //文件句柄
    const byte & buf[],             //内存缓冲区
    unsigned int & cnt              //被写入的字节数
)[inline]
```

该函数中第二和第三个参数对于计算机编程来说有很大的普遍性，有些程序员写了几年程序都不能正确看待 byte 和 char 数组的内在含义。在 C 语言中没有 byte 类型，所以文件操作中就使用 char 数组来代表一段连续的内存块。下面编程实现将数据写入数组，然后再一次性写入文件。

【例 7-19】 使用 WriteBytes()函数实现数据块写入文件程序。

```
task main()
{
    byte fileHandle;
    unsigned int result;
    result=CreateFile("Numbers.txt", 2048, fileHandle);
    if(result==LDR_SUCCESS)
    {
        byte buf[10];                           //开辟内存缓冲区
        for(int i=0; i<10; i++)
            buf[i]=i+48;

        //将数据块写入文件
        int cnt;                                //接收写入字节数
        WriteBytes(fileHandle, buf, cnt);

        CloseFile(fileHandle);
        NumOut(0, LCD_LINE1, cnt);              //显示写入的字节数
```

```
        Wait(SEC_5);
    }
    else
    {
        TextOut(0, LCD_LINE1, "Create file failed!");
        Wait(SEC_5);
    }
}
```

运行该程序后看到屏幕左上角输出 10，表示已经成功将 10 个字节写入到了文件。cnt 变量用来接收实际写入文件的字节数，而不是用来指定要写入的字节数的。如果要指定缓存区写入字节数，可以使用 WriteBytes()的扩展函数 WriteBytesEx()，该函数可以指定传给文件字节数。最后通过 BricxCC 软件的 Explorer 工具将 Numbers.txt 文件上传到本地磁盘进行查看，结果如图 7.13 所示。

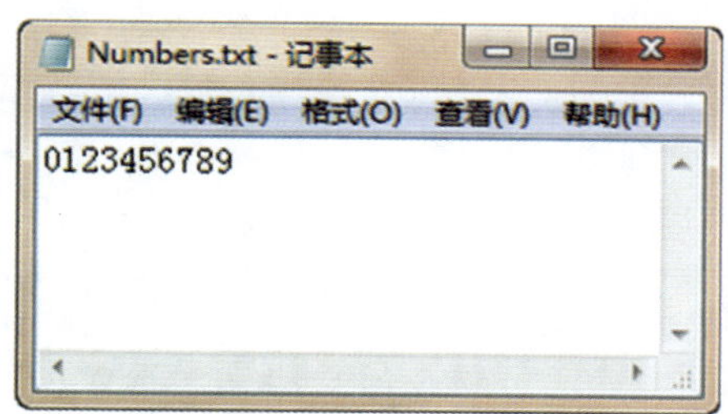

图 7.13　写入的数字

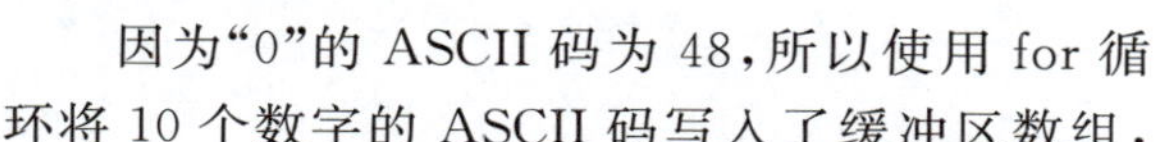

因为“0”的 ASCII 码为 48，所以使用 for 循环将 10 个数字的 ASCII 码写入了缓冲区数组，然后通过 WriteBytes()函数，将缓冲区数据写入到文件中。因为记事本可以解析 ASCII 码，所以看到了 10 个数字字符。

7.4.3　文件的读取

读取文件和写入文件很相似，在 NXC 中读取文件的函数有 OpenFileRead()、Read()、ReadLn()、ReadLnString()和 ReadBytes()。读取函数中没有 ReadString()函数。

1. OpenFileRead()函数

和创建文件一样，在读取文件之前，首先需要打开一个已存在的文件。在 NXC 中使用 OpenFileRead()函数打开一个准备读取的文件，该函数的语法结构如下：

```
unsigned int OpenFileRead(
    string fname,                       //文件名
    unsigned int &fsize,                //返回文件大小
    byte&handle                         //返回文件句柄
)[inline]
```

该函数中返回值和函数参数的具体含义如下：

- fname：这个参数比较好理解，表示调用的文件名，有后缀的文件需要加上后缀。
- fsize：这个参数为一个整型变量的引用形式，函数会将文件的大小反馈到该参数上。
- handle：该参数为字节变量引用形式，函数会将文件的句柄反馈到这个参数上，下面的读取文件操作都将用到这个句柄来表示所要读取的文件。
- 返回值：该返回值如同前面所有文件操作函数的返回值，LDR_SUCCESS 表示

成功。

下面使用 OpenFileRead()函数来打开上一小节创建的 Numbers.txt 文件，并将该文件的大小输出到屏幕上。

【例 7-20】 打开已有文件并显示文件大小程序。

```
task main()
{
    byte fHandle;                               //接收文件句柄
    int fSize;                                  //接收文件大小
    unsigned int result;                        //保存创建结果代码

    result=OpenFileRead("Numbers.txt", fSize, fHandle);

    if(result==LDR_SUCCESS)
    {
        TextOut(0, LCD_LINE1, "Open succeed!");

        //将文件大小输出到屏幕上
        string str="fSize=";
        str+=NumToStr(fSize);
        TextOut(0, LCD_LINE2, str);

        CloseFile(fHandle);                     //关闭文件
    }
    else
        TextOut(0, LCD_LINE1, "Open failed!");

    Wait(SEC_5);                                //延时 5s 便于观察
}
```

运行该程序后，屏幕第一行会输出 Open succeed!，表示文件打开成功；第二行输出 fSize = 10，表示打开文件大小为 10B，如图 7.14 所示。

在上面的程序中将文件大小通过 NumToStr()函数变换为字符串形式，然后接到“fSize = ”字符串后面，最后通过 TextOut()函数输出到屏幕上。对文件操作完后，要使用 CloseFile()函数释放该文件的占有权。通过 OpenFileRead()函数得到文件句柄后，就可以对文件进行各种读取操作了。

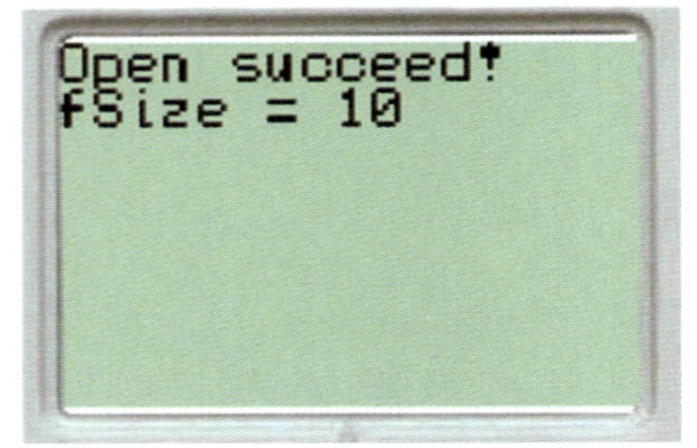

图 7.14 打开文件结果

2. Read()函数

Read()函数可以用来读取任意变量的数据，该函数的语法结构如下：

```
unsigned int Read(byte handle,variant&value)[inline]
```

使用 Read()函数非常简单，首先得给其传递文件句柄，然后利用强大的 variant 参数

就可以读取任意变量了。下面编程实现使用 Write()函数将一个整型数据写入文件，然后再用 Read()函数读取该数据并显示到屏幕上。

【例 7-21】 读取已有文件数据并将其显示到屏幕上的程序。

```
task main()
{
    //写入文件
    byte wHandle;
    int wData;
    CreateFile("Read.txt", 512, wHandle);
    wData=2013;
    Write(wHandle, wData);
    CloseFile(wHandle);

    //读取文件
    byte rHandle;
    int rSize;
    int rData;
    OpenFileRead("Read.txt", rSize, rHandle);
    Read(rHandle, rData);
    CloseFile(rHandle);

    //显示数据
    NumOut(0, LCD_LINE1, rSize);
    NumOut(0, LCD_LINE2, rData);
    Wait(SEC_5);
}
```

运行上面的程序后，NXT 屏幕会输出 2 和 2013，如图 7.15 所示。图 7.15 中屏幕上的 2 代表文件大小为 2B，2013 为文件中的整型数据。在 NXC 中整型变量分配的大小为 2B，当向文件写入一个整型数据的时候文件的大小就为 2B。

还可以尝试着用 Write()和 Read()函数向文件中写入并读取其他变量类型数据，但是使用 Read()函数读取 string 类型会接收不到数据，所以得使用 NXC 提供的专用 ReadLnString()函数。

图 7.15　读取已有文件数据

3. ReadLn()和 ReadLnString()函数

ReadLn()函数和 Read()函数的用法和语法结构是一样的，使用 ReadLn()读取完一行数据后，继续调用会自动累加一行读第二行数据。ReadLnString()函数专为读取字符串用，ReadLnString()函数的语法结构如下：

```
unsigned int ReadLnString(byte handle,string&output)[inline]
```

使用 ReadLnString()函数也很简单，直接给其传递文件句柄和接收字符串变量即可。该函数通过文件句柄将读取到的数据传递给接收字符串。下面使用 ReadLn()函数和 ReadLnString()函数读取前面 7.4.2 小节中创建的 Date.txt 文件并显示到屏幕上。

【例 7-22】 读取多行数据程序。

```
task main()
{
    //打开文件
    byte rHandle;
    int rSize;
    OpenFileRead("Date.txt", rSize, rHandle);

    //读取整型数据
    int nYear, nMonth, nDay;
    ReadLn(rHandle, nYear);
    ReadLn(rHandle, nMonth);
    ReadLn(rHandle, nDay);
    //读取字符串数据
    string sYear, sMonth, sDay;
    ReadLnString(rHandle, sYear);
    ReadLnString(rHandle, sMonth);
    ReadLnString(rHandle, sDay);

    //关闭文件
    CloseFile(rHandle);

    //显示数据
    NumOut(0, LCD_LINE1, nYear);
    NumOut(0, LCD_LINE2, nMonth);
    NumOut(0, LCD_LINE3, nDay);
    TextOut(0, LCD_LINE4, sYear);
    TextOut(0, LCD_LINE5, sMonth);
    TextOut(0, LCD_LINE6, sDay);

    Wait(SEC_5);
}
```

上面的代码将文件 Date.txt 中的数据读取出来显示到屏幕上，如图 7.16 所示。

前 3 行数据是读取文件中的整型数据；后 3 行数据为字符串数据。调用 ReadLn()函数读取 3 行数据后调用 ReadLnString()会接着读取第四行数据，而不是从头开始读取。这说明在 NXT 文件系统标识文件位置的参数是唯一的。

```
2013
11
20
2013
11
20
```

图 7.16 读取多行数据

4. ReadBytes()函数

ReadBytes()函数和 WriteBytes()函数相对应，ReadBytes()函数用来读取文件数据块到数组中。ReadBytes()函数的语法结构如下：

```
unsigned int ReadBytes(
    byte handle,                          //文件句柄
    unsigned int & length,                //实际接收的文件长度
    byte &buf[]                           //接收数据缓冲区
)[inline]
```

该函数中，length 参数接收实际读到的字节数，用字节数组做缓冲区，最后读取的数据将存储在接收缓冲区中。下面使用 ReadBytes() 函数读取 7.4.2 小节创建的 Numbers.txt 文件，并将读取到的数据和字节数输出到 NXT 屏幕上。

【例 7-23】 从文件中读取数据块程序。

```
task main()
{
    //打开文件
    byte rHandle;
    int rSize;
    OpenFileRead("Numbers.txt", rSize, rHandle);

    //读取文件到数据缓冲区
    byte buf[15];
    int length=15;                            //指定读取 15 个数据
    ReadBytes(rHandle, length, buf);

    //关闭文件
    CloseFile(rHandle);

    //输出到屏幕
    NumOut(0, LCD_LINE1, length);
    for(int i=0; i<length; i++)
        NumOut(i * 5, LCD_LINE2, buf[i]-48);

    Wait(SEC_5);
}
```

上面的代码中有两个地方需要注意，一个是 length 参数；另一个是 buf[i] -48 处。length 变量作为 ReadBytes() 函数的参数有两层含义，首先指定期望要接收的字节数函数，然后执行完后得到实际接收到的字节数。在输出字符形式的数据时，通过减去“0”字符的 ASCII 码值可以得到实际的数字值。最后屏幕显示的结果如图 7.17 所示。

图 7.17 屏幕输出结果

虽然期望接收 15B，但是文件中只有 10B 的数据，所以屏幕输出 length 的值为 10。其实在列举 WriteBytes() 函数的例子时，就是通过加 48 得到数字的 ASCII 码值。当然读取文件的时候通过减 48 即可得到数字的真实值。

7.4.4 写入已存在文件

前面介绍了文件的写入和读取，写入文件的时候首先需创建文件获得文件句柄，然后调用写入函数向文件中写入数据。读取文件的时候使用特定的函数打开已存在文件，并调用读取函数读取文件的数据。现在要介绍向一个已存在文件中写入数据。

打开一个已存在文件获得其句柄，并向该文件写入数据，需要使用 OpenFileAppend() 函数。该函数的语法结构如下：

```
unsignde int OpenFileAppend(
    string fname,                    //文件名
    unsigned int & fsize,            //接收文件大小参数
    byte & handle                    //接收文件句柄参数
)[inline]
```

该函数中参数的含义和 7.4.3 小节中 OpenFileRead() 函数参数含义完全相同，下面编程使用该函数向 Numbers.txt 文件中继续写入一些数据。

【例 7-24】 向已存在文件中写入数据程序。

```
task main()
{
    //打开已存在文件
    byte fHandle;
    int fSize;
    OpenFileAppend("Numbers.txt", fSize, fHandle);

    //读取文件到数据缓冲区
    string str="Test OpenFileAppend!";
    int cnt;
    WriteString(fHandle, str, cnt);

    //关闭文件
    CloseFile(fHandle);

    //输出写入文件的字节数
    NumOut(0, LCD_LINE1, cnt);
    Wait(SEC_5);
}
```

运行该程序后，NXT 屏幕会显示写入文件数据的字节数，Numbers.txt 文件中会多取一段字符串，如图 7.18 所示。

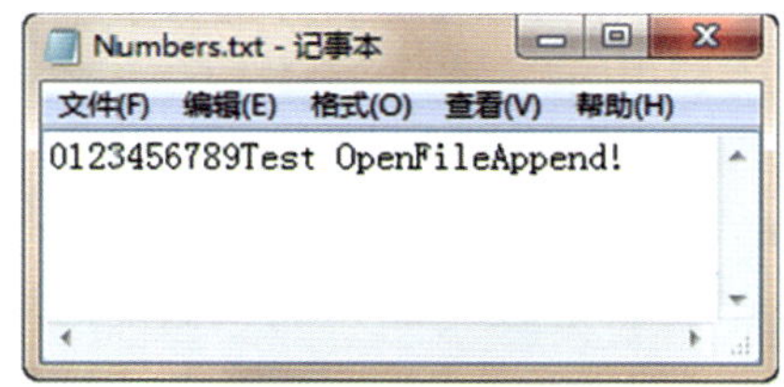

图 7.18 写入已存在文件数据结果

如果打开文件失败，可以利用 BricxCC 软件中的 Explorer 工具将该文件删除，然后再次执行 7.4.2 小节中的程序创建一遍该文件或是换其他文件。

对于文件写入和读取操作的所有内容已经学习完了，大家可以尝试着将程序运行中的数据保存到文件，当程序下次执行的时候读取文件数据，就可以接着上次未执行完毕的任务继续执行了。

7.5 小　结

这一章学习了许多内容，从声音到显示，再到计时器，最后到文件的操作。一路走来我们越来越深入地了解了 NXT。本章虽然不算是本书的重点，但是掌握本章的内容可以给机器人编程带来更多的乐趣，尤其是制作音乐让机器人发出声音，起到提示的作用。当然计时器、LCD 显示和文件系统也是很有用的，计时器可以精确地知道程序执行了多长时间，LCD 显示屏可以显示机器人当前的状态，文件系统可以记录程序结束后机器人的状态。

7.6 习　题

【习题 7-1】 编写程序，实现动态显示并绘制检测到的声音数值。要求每隔 200ms 检测一次，总共检测 100 个数据，并将数值绘制成波形图。

【提示】 检测声音并动态将声音数值显示并不难，但是这里要求还要动态绘制。在 7.2.2 小节中介绍了一些绘制函数，这里只需要使用 LineOut()函数就能轻易地实现。

【参考代码】 动态绘制曲线程序。

```
task main()
{
    SetSensorSound(S1);                         //设置声音传感器

    byte vBuf[100];                             //设置显示数组
    for(int i=0; i<100; i++)
    {
        vBuf[i]=Sensor(S1);                     //得到当前声音值

        ClearScreen();                          //清除屏幕并显示
        NumOut(0, LCD_LINE1, vBuf[i]);

        //绘制声音波形图
        for(int j=1; j<=i; j++)
            LineOut(j-1, vBuf[j-1], j, vBuf[j]);

        Wait(MS_200);                           //延时 200ms
    }

    Wait(SEC_5);
}
```

首先将声音传感器连接到输入口 1 上，运行该程序后用手时不时去碰声音传感器。最后屏幕绘制出的曲线如图 7.19 所示。

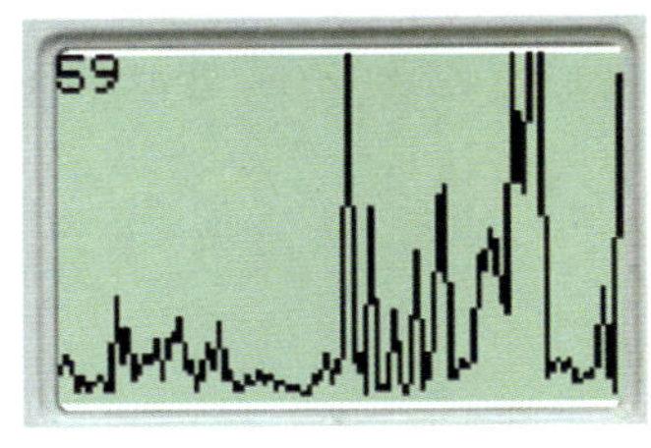

图 7.19 声音曲线

图 7.19 所示的绘制曲线很像证券公司的股票走势图，大家或许没有想到绘制这种图形代码会这么简单吧！其实实现上面程序功能完全不用开一个 100B 的缓冲区，只要用 2B 来标记声音大小就足够了。当然这时就不能全屏刷新了，可以用 ClearLine(LCD_LINE1)实现只刷新屏幕第一行。这里之所以采用数组缓冲区，只是为了配合下面的习题。

【习题 7-2】 编写函数，实现将上例中检测到的声音走势图数据保存到 voice.pic 文件中。这里的 pic 是自定义的走势图文件格式。

【提示】 因为 vBuf 数组缓冲区中保存了走势图的所有数据，所以直接调用 7.4.2 小节介绍的 WriteBytes()函数将缓冲区数组中的数据写入到文件即可。实现保存文件函数代码如下所示。

【参考代码】 将走势图保存到文件程序。

```
byte vBuf[100];                                    //设置显示数组

void SavePic()
{
    ClearLine(LCD_LINE1);

    byte fileHandle;
    unsigned int result;
    result=CreateFile("voice.pic", 100, fileHandle);
    if(result==LDR_SUCCESS)
    {
        int cnt;                                   //接收写入字节数
        WriteBytes(fileHandle, vBuf, cnt);
        CloseFile(fileHandle);

        TextOut(0, LCD_LINE1, "OK:");
        NumOut(20, LCD_LINE1, cnt);                //显示写入的字节数
    }
    else
    {
        TextOut(0, LCD_LINE1, "Create file failed!");
    }
}

task main()
{
    SetSensorSound(S1);                            //设置声音传感器
```

```
    for(int i=0; i<100; i++)
    {
        vBuf[i]=Sensor(S1);                    //得到当前声音值

        ClearScreen();                         //清除屏幕并显示
        NumOut(0, LCD_LINE1, vBuf[i]);

        //绘制声音波形图
        for(int j=1; j<=i; j++)
            LineOut(j-1, vBuf[j-1], j, vBuf[j]);

        Wait(MS_200);                          //延时 200ms
    }

    SavePic();                                 //调用保存文件函数

    Wait(SEC_5);
}
```

上面的代码中除了将缓冲区数组设为全局变量，并在主函数末尾调用保存数据函数 SavePic()外，其他代码部分和习题 7-1 中是一样的。

【习题 7-3】　编写程序，实现读取上例中保存在 voice.pic 文件的走势图数据，并将其显示到屏幕上。

【提示】　读取走势图数据的实现比较简单，需要使用 ReadBytes()函数。

【参考代码】　从文件读取走势图数据程序。

```
task main()
{
    //打开文件
    byte rHandle;
    int rSize;
    OpenFileRead("voice.pic", rSize, rHandle);

    byte vBuf[100];                            //设置显示数组
    int length=100;                            //读取 100B 数据
    ReadBytes(rHandle, length, vBuf);

    CloseFile(rHandle);                        //关闭文件

    //绘制走势图
    for(int i=1; i<100; i++)
        LineOut(i-1, vBuf[i-1], i, vBuf[i]);

    Wait(SEC_5);
}
```

第8章 NXT之间的通信

NXT 除了和 PC 可以直接通信外，NXT 设备之间也能进行通信。它们通过蓝牙无线技术建立连接，组成 NXT 网进行相互通信。这样就能通过两台 NXT 建立一个更加复杂的机器人了，可以拥有 6 个电机和 8 个传感器。

8.1 NXT 间的通信原理

在 NXT 设备间进行通信中，发起连接的 NXT 被称为主设备，响应连接的 NXT 称为从设备。主设备通过通道 1、2、3 最多可连接 3 个从设备。从设备将主设备看作通道 0 来完成通信。下面简单介绍 NXT 的通信原理。

8.1.1 主从关系

NXT 中的蓝牙功能都是通过一个主从通信通道来完成的。这意味着在网络中需要一个 NXT 作为主设备去运行，其他 NXT 从设备可以直接和它进行通信，也可以通过它和别的从设备进行通信。这种主从关系如图 8.1 所示。

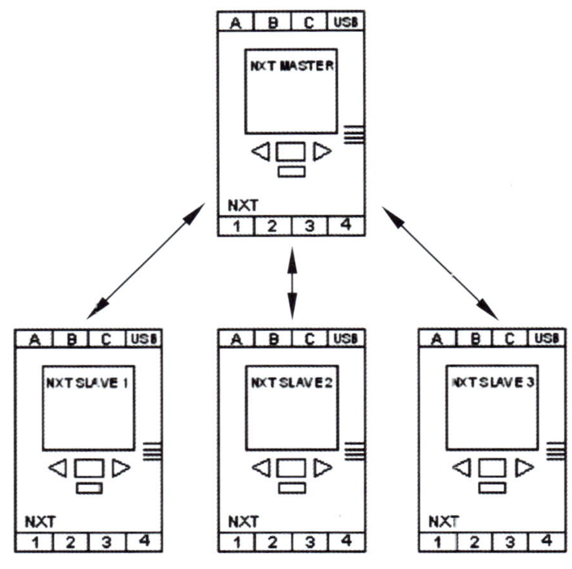

图 8.1 4 个 NXT 构成的主从关系

图 8.1 展示了一个主 NXT 设备可以同时和其他 3 个蓝牙设备进行连接。但是要注意，主 NXT 设备在某一时刻只能和其中一个从设备进行通信，也就是如果主设备在和从设备 1 进行通信，这时从设备 3 开始发送数据到主 NXT 设备，主设备将暂时不理会接收到的数据。

一个 NXT 不能同时扮演主设备和从设备的角色，因为这可能导致在 NXT 设备之间丢失数据。NXT 中有 4 个连接通道用于蓝牙通信。通道 0 属于主设备专属通道，从设备通过通道 0 向主设备发送数据；通道 1、2、3 用于从设备接收数据，主设备通过通道 1、2、3 向对应的从设备发送数据。

8.1.2 建立连接

两台 NXT 首先要建立连接才能进行蓝牙通信，这种建立连接的过程也被称为配对。如同两个手机在传输文件时进行蓝牙配对是一样的道理。在 NXT 中，主动发起连接的设备称为主设备，被搜索的设备称为从设备。可以通过以下步骤实现和另一台 NXT 建立连接。

1. 搜索从设备并为其分配通道号

首先，在主 NXT 设备菜单下选择 Bluetooth 选项，进入蓝牙设置模块后选择 Search，搜索可建立连接的设备；然后选择搜索出的 NXT 设备，并为其设置通道号。具体步骤如图 8.2 所示。

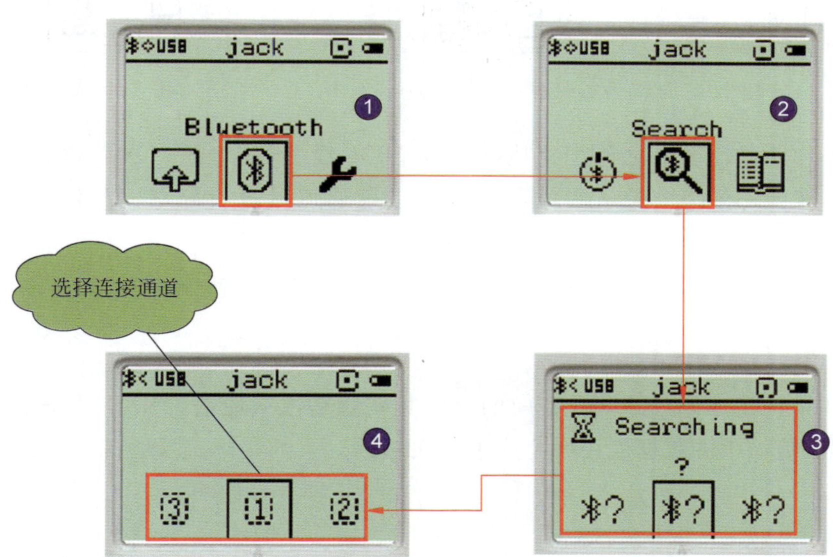

图 8.2 搜索 NXT 设备步骤

因为一台主设备可以连接 3 台从设备，所以可以为连接的设备分配相应的通道号，如图 8.2 中第 4 步所示。

2. 进行配对

选择好相应的通道号后，主、从设备都会要求输入一个认证码。这时要保证两台设备认证码一致才行，这里直接选择默认的 1234 即可。连接完成后会在屏幕左上角出现一个菱形标志，表示配对成功，如图 8.3 所示。

多个 NXT 设备通过蓝牙配对成功是进行主从通信的基础，只有配对成功后才能利用系统提供的 API 函数编程实现收发操作。

3. 配对已保存的设备

两个 NXT 设备配对成功后，系统会自动保存相应的配对信息，如果下次再进行连接就不需要重新搜索了。在蓝牙菜单中的 My contacts 页面下就可以找到以前配对成功的装置，这样就可以实现迅速配对，如图 8.4 所示。

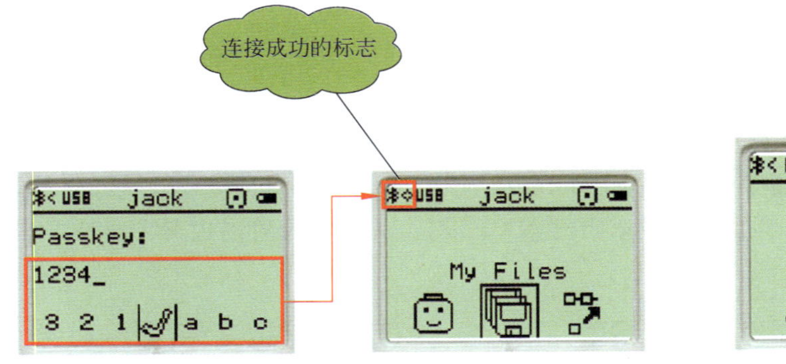

图 8.3　NXT 设备配对步骤

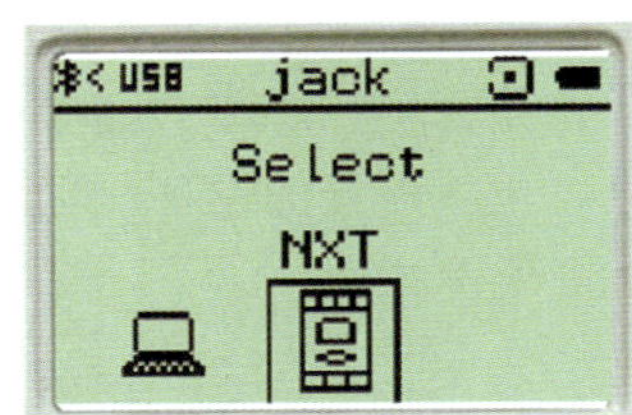

图 8.4　快速配对

在图 8.4 中，NXT 是之前配对成功过的 NXT 设备，配对过一次后就会出现在 My contacts 菜单下。在这里确认后就可以直接选择通道号进行配对，省略了漫长的搜索过程。

8.2　主从通信

从 8.1 节中了解到，NXT 设备间的通信其实就是主从通信。NXT 中通过信箱来接收消息，读取信箱中的数据就说明完成了一次通信。下面将通过实例来完成主从设备之间的通信。

8.2.1　信箱

NXT 之间的通信都是通过信箱来接收信息的，所以在发送信息的时候需要指定目标设备的信箱号。每个 NXT 设备最多有 10 个信箱可以使用，每个信箱最多可以接收 5 条信息，每条信息长度最多为 58B。之所以设置多个信箱，是因为可以利用不同的信箱接收到的数据来控制不同的模块。例如，信箱 1 控制输出口 A 的电动机；信箱 2 控制输出口 B 的电动机。

1. SendMessage()函数

如果给 NXT 自己信箱发送数据，可以使用 SendMessage()函数，该函数的语法结构如下：

```
char SendMessage(byte queue,string msg)[inline]
```

该函数中参数 queue 用来表示信箱号，通常用 MAILBOX1～10 来表示 10 个对应的信箱，它们在 NXC 中对应的宏定义值为 0～9。msg 为要发送的信息，为字符串类型。返回值为 char 类型，用来表示返回的状态，如果为 0 则表示成功。下面编写一个简单的小程序来向信箱 1～3 发送 5 条信息，然后在 BricxCC 中通过 Watching the Brick 工具来读取这些信息。

【例 8-1】 向信箱发送数据程序。

```
task main()
{
    string str;
    for(int i=0; i<=5; i++)
    {
        //下面代码实现同时向 3 个信箱发送 6 组数据
        str="Mailbox1:";
        str+=NumToStr(i);
        SendMessage(MAILBOX1, str);

        str="Mailbox2:";
        str+=NumToStr(i);
        SendMessage(MAILBOX2, str);

        str="Mailbox3:";
        str+=NumToStr(i);
        SendMessage(MAILBOX3, str);
    }

    //设置足够的延时来读取这些消息
    Wait(SEC_30);
}
```

在运行上面的程序前，最好先打开 Watching the Brick 工具，为读取信箱数据做好准备。因为当程序结束后，信箱中的数据也自动被清除了。在 1.4.3 小节曾介绍过 Watching the Brick 工具的简单使用，但是没有介绍怎样读取信箱信息。利用 Watching the Brick 工具读取信箱数据的操作如下：

首先在 BricxCC 软件中选择 Tools→Watching the Brick 菜单命令；然后在弹出的 Watching the Brick 对话框中选择 NXT Mailboxes 选项卡，勾选 Mailbox 1、Mailbox 2、Mailbox 3 复选框，并单击 Poll Now 按钮即可从信箱的消息队列中提取信息，具体操作步骤如图 8.5 所示。

从上面的程序中共发了 6 组数据，因为信箱消息队列只能保存 5 组数据，所以在

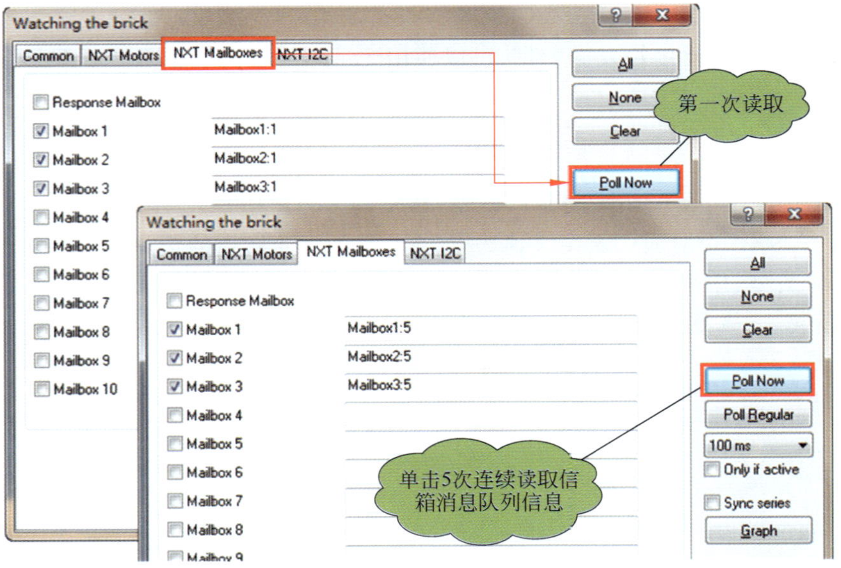

图 8.5 读取信箱数据

Watching the Brick 中只看到了 1～5 组数据，最开始的第 0 组数据被自动删除了。

2. ReceiveMessage()函数

从 NXT 信箱中读取消息使用 ReceiveMessage()函数，该函数的语法结构如下：

```
char ReceiveMessage(
        bytc queue,                         //信箱号
        bool clear,                         //是否清除已读消息
        string & msg                        //接收字符串
)[inline]
```

接收函数参数依然很简单，如果返回值为 0 则表示接收成功，msg 用来接收信箱中的信息。下面来写一个等待信箱信息程序，用 BricxCC 软件中的 Send Messages 工具来发送数据，然后将接收到的字符串信息输出到 NXT 屏幕上。

【例 8-2】 接收信箱数据程序。

```
task main()
{
    string str="Wait Message!";              //接收信息
    while(1)
    {
        ClearScreen();                       //清除屏幕
        TextOut(0, LCD_LINE1, str);

        //等待消息到来
        while(ReceiveMessage(MAILBOX1, true, str));
    }
}
```

运行该程序后,屏幕输出 Wait Message!,表示正在等待消息的到来。如果接收到消息后会赋给 str 字符串变量,然后 ReceiveMessage()函数会返回 0。这时循环断开,最后输出新的信息继续等待。如果 ReceiveMessage()函数中 clear 参数为 false,接收到消息并不清除,这时会不停地接收到消息。发送端必须以同样的信息发送超过 5 次,屏幕才会输出新的信息。

现在来介绍 Send Messages 工具。在 BricxCC 软件中,选择 Tools→Send Messages 菜单命令,也可以直接在工具栏单击按钮,即可打开 Messages 对话框,如图 8.6 所示。

图 8.6 发送消息对话框

对于 NXT 设备只需要使用发送消息对话框中右边的区域。上面程序中使用 ReceiveMessage()函数来接收信息,这里只需在 Memo 中输入字符串信息,然后进行发送即可。运行上面的程序,然后输入 Hello,单击 Send 按钮,就可以看到 NXT 屏幕上出现了 Hello 字样。读者可以再尝试着发送其他消息给 NXT。

8.2.2 主从消息

要完成主从通信,需要掌握 NXC 中最重要的 10 个函数,这 10 个函数参数及说明如表 8.1 所示。

表 8.1 主从消息函数

函数名称	说明
BluetoothStatus (byte conn)	确认蓝牙连接状态,conn 为需要检查的连接通道,返回 0 表示正常
SendRemoteBool (byte conn, byte queue, bool bval)	向指定的连接通道和信箱发送一个布尔类型的值,queue 为信箱号,bval 表示要传送的布尔值
SendRemoteNumber (byte conn, byte queue, long val)	向指定连接通道和信箱发送一个整型数值,val 表示要传送的整型值

续表

函 数 名 称	说　　明
SendRemoteString (byte conn, byte queue, string str)	向指定的连接通道和信箱发送一个字符串,str 表示要传送的字符串
SendResponseBool (byte queue, bool bval)	当接收到信息后,给主设备发送一个布尔类型的值,作为收到信息的响应
SendResponseNumber (byte queue, long val)	当接收到信息后,给主设备发送一个整型数值,作为收到信息的响应
SendResponseString (byte queue, string str)	当接收到信息后,给主设备发送一个字符串类型的值,作为收到信息的响应
ReceiveRemoteBool (byte queue, bool clear, bool & bval)	从 queue 信箱中接收一个布尔类型的值,如果 clear 参数为 true,表示接收完后清除消息队列中的值,bval 用来接收该布尔值
ReceiveRemoteNumber (byte queue, bool clear, long & val)	从信箱中接收一个整型类型的值,val 参数用来传递接收该整型值的变量的引用
ReceiveRemoteString (byte queue, bool clear, string & str)	从信箱中接收一个字符串类型的值,str 参数用来传递接收该字符串变量的引用

表 8.1 中 ReceiveRemoteString()函数和 ReceiveMessage()函数的效果其实是一样的,都是从本地信箱中读取字符串类型的信息,但是在主从设备通信中,为了统一,通常使用 ReceiveRemoteString()函数。接下来编程实现当主设备触觉传感器被按下后,连接在主设备通道 1 上的从设备播放一段连续向上的音调,就像门铃一样。

【例 8-3】 主设备门铃实现程序。

```
#define OUTBOX MAILBOX5

task main()
{
    //检测蓝牙通道是否正常
    if(BluetoothStatus(CONN_BT1))
    {
        TextOut(0, LCD_LINE1, "Line Error!");
        Wait(SEC_1);
        Stop(true);
    }

    //设置输出口 1 为触觉传感器
    SetSensorTouch(S1);
    //开始通信
    while(true)
    {
        //确保触觉传感器每次按下只发送一次
        while(!Sensor(S1));
        SendRemoteBool(CONN_BT1, OUTBOX, true);
        while(Sensor(S1));
    }
}
```

上面的代码主 while()语句中之所以采用两个 while()来检测输出口 1 触觉传感器状态，是为了确保每次按下触觉传感器只发送一次消息。如果把第二个 while()去掉，会产生连续发送消息的效果。读者也可以将第二个 while()语句去掉，改成 Wait(500)。这样按下按钮“门铃”就会响个不停了。

因为从设备连接在主设备通道 1 上，所以这里使用 CONN_BT1 表示蓝牙设备通道 1，它在 NXC 被宏定义为 1。当然还有 CONN_BT0、CONN_BT2、CONN_BT3 分别表示 0、2、3 通道。

【例 8-4】 从设备上门铃实现程序。

```
#define INBOX MAILBOX5

task main()
{
    //检测蓝牙通道是否正常
    if(BluetoothStatus(CONN_BT0))
    {
        TextOut(0, LCD_LINE1, "Line Error!");
        Wait(SEC_1);
        Stop(true);
    }

    //用来接收主设备传感器是否被按下
    bool bVal;
    while(true)
    {
        //接收主设备发送过来的数据
        ReceiveRemoteBool(INBOX, true, bVal);
        if(bVal)
            PlaySound(SOUND_UP);
    }
}
```

上面的程序中，在读取完信箱中的数据后要清除信箱消息队列中的数据，否则“门铃”将会响个不停，和例 8-2 中 ReceiveMessage()读取消息的道理是一样的。如果读者忘记了 PlaySound()这个函数，请查阅 7.1.2 小节中的内容。

发送和接收 bool 类型数据是 NXT 之间最简单的数据传输方式，传输数值、字符串和传输 bool 类型数据的道理是一样的，读者可以自己编程尝试一下，这里就不一一介绍了。要注意从设备程序的接收信箱号要和主设备发送信箱号一致。为了避免在写程序的时候被信箱号搞得眼花缭乱，通常将发送信箱号和接收信箱号用宏定义的方式写在程序开头。

8.2.3　回应消息

在上面程序中主设备发送消息并不能确定从设备是否接收到了，所以将那种传输方式称为不稳定传输。如果主设备给从设备发送消息后，想得到从设备的反馈，以便确定这条消息已被从设备接收到了，就需要使用类似 SendResponseBool()这样的函数来实现发送回应消息。现在写一个程序，实现让主设备给从设备按顺序发送 0～99 的数据，每次只有当从设备收到数据后才发送下一个，并“嘟”地响一声。

【例 8-5】 主设备发送数字接收回应消息程序。

```
#define OUTBOX MAILBOX5                          //发送信箱
#define INBOX   MAILBOX1                         //接收信箱

task main()
{
    //检测蓝牙通道是否正常
    if(BluetoothStatus(CONN_BT1))
    {
        TextOut(0, LCD_LINE1, "Line Error!");
        Wait(SEC_1);
        Stop(true);
    }

    //发送数字
    for(int i=0; i<100; i++)
    {
        SendRemoteNumber(CONN_BT1, OUTBOX, i);

        //握手确认从设备已经接收到数据
        int ack=0;
        while(ack !=0xff)
            ReceiveRemoteNumber(INBOX, true, ack);

        PlayTone(TONE_C4, MS_50);
        Wait(MS_500);
    }
}
```

注意上面的程序开始宏定义的信箱，对于主设备来说，MAILBOX5 为从设备中的接收信息的信箱号，MAILBOX1 为主设备中接收信息信箱号；对于从设备来说正好相反。CONN_BT1 表示和通道 1 上的从设备进行通信。从设备接收到主设备的数据后显示到 NXT 显示屏上，然后给主设备发送确认码，表示已经收到这条消息了。

【例 8-6】 从设备接收数据并发送回应消息程序。

```
#define OUTBOX MAILBOX1                          //发送信箱
#define INBOX   MAILBOX5                         //接收信箱

task main()
{
    //检测蓝牙通道是否正常
    if(BluetoothStatus(CONN_BT0))
    {
        TextOut(0, LCD_LINE1, "Line Error!");
```

```
        Wait(SEC_1);
        Stop(true);
    }

    //接收数据
    int x;
    string str="Receiving:";
    while(true)
    {
        //接收邮箱数据
        while(ReceiveRemoteNumber(INBOX, true, x));

        //将数据显示到屏幕上
        ClearScreen();
        TextOut(0, LCD_LINE1, str);
        NumOut(60, LCD_LINE1, x);

        //接收到数据后将给主设备发送反馈信息
        SendResponseNumber(OUTBOX, 0xff);
    }
}
```

读者可能注意到，主、从信箱号确实是一个很令人头痛的问题。这仅仅是一个从设备，如果 3 个从设备同时用上，并都向一个通道 0 发送数据，则主设备分别向 3 个通道发送数据，同时还得处理好各个设备的信箱号。这对于编程新手来说确实有点为难，把信箱号宏定义在程序的开头就是为了让我们在写程序时能够理清一点头绪。

8.3　直接命令初探

还记得在第 1 章学的那些有趣的 BricxCC 工具么？尤其是 Direct Controller（直接控制）和 Joystick（操纵杆）。它不需要 NXT 中运行任何程序，就能对机器人随心所欲地进行控制。下面将开始学习 NXC 直接命令，主设备可以发消息直接控制从设备，从设备上不需要运行任何程序。

8.3.1　读取电量信息

对于 NXC 直接命令编程来说，最简单的直接命令函数莫过于读取从设备电量信息，读取从设备电量信息的函数为 RemoteGetBatteryLevel()，该函数的语法结构如下：

```
char RemoteGetBatteryLevel(byte conn,int&value)[inline]
```

该函数中 conn 参数代表通道号，取值范围为 0～3，通常用 CONN_BT0～3 表示；value 为整型变量的引用类型，用于得到电量的值信息；返回值为 char 类型，只需要记住返回0 表示成功即可。下面编写一个小程序，实现获取从设备电量信息，然后显示在主设备显示屏上。

【例 8-7】 通过直接命令获取从设备电量信息程序。

```
task main()
{
    //检测蓝牙通道是否正常
    if(BluetoothStatus(CONN_BT1))
    {
        TextOut(0, LCD_LINE1, "Line Error!");
        Wait(SEC_1);
        Stop(true);
    }

    //获取电量信息
    int nLevel;
    RemoteGetBatteryLevel(CONN_BT1, nLevel);

    //输出电量信息
    TextOut(0, LCD_LINE2, "Level:");
    NumOut(50, LCD_LINE2, nLevel);
    Wait(SEC_5);
}
```

如果 RemoteGetBatteryLevel()获取电量成功，会将电量值显示在屏幕上，如图 8.7 所示。

有时从设备通过通道 CONN_BT0 也可以使用直接命令函数实现控制主设备，但是这样控制很不稳定，所以通常的直接控制都是使用主设备控制从设备。虽然获取电量信息是最简单的直接控制，但是通过它我们接触到了直接控制的雏形。

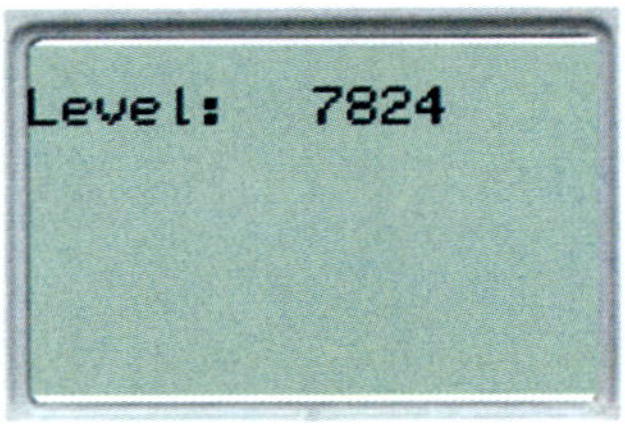

图 8.7 获取从设备电量信息

8.3.2 启动/停止程序

1. RemoteStartProgram()和 RemoteStopProgram()函数

如果想启动或停止从设备上的程序可以使用 RemoteStartProgram()和 RemoteStopProgram()函数。RemoteStartProgram()函数的语法结构如下：

```
char RemoteStartProgram(byte conn,string filename)[inline]
```

该函数中 conn 参数表示通道号；filename 表示从设备上的程序名。使用 RemoteStopProgram()函数用来停止从设备上运行的程序，该函数的语法结构如下：

```
char RemoteStopProgram(byte conn)[inline]
```

下面写一个程序，启动从设备上一个叫 sample 的程序，运行 5s 后再发送停止指令，中止该程序。

【例 8-8】 通过直接命令启动、停止从设备程序。

```
task main()
{
    //检测蓝牙通道是否正常
    if(BluetoothStatus(CONN_BT1))
    {
        TextOut(0, LCD_LINE1, "Line Error!");
        Wait(SEC_1);
        Stop(true);
    }

    //启动程序
    string strName="sample.rxe";
    RemoteStartProgram(CONN_BT1, strName)
    while(!RemoteConnectionIdle(CONN_BT1));     //等待直接命令执行完毕

    Wait(SEC_5);                                //运行 5s

    //停止程序
    RemoteStopProgram(CONN_BT1);
    while(!RemoteConnectionIdle(CONN_BT1));
}
```

运行上面的程序后，从设备中的 sample.rxe 程序会随之启动。该程序会运行 5s 后被迫中断，就像手动按下从设备的灰色按键效果一样。

注意：NXT 中程序的扩展名为.rxe，在使用 RemoteStartProgram()函数启动从设备中的程序时，要启动的程序文件名称一定要记得加上扩展名.rxe。

该程序中的启动、停止从设备程序函数和 8.3.1 小节学的获取电量函数都属于直接命令函数。但是要注意，RemoteGetBatteryLevel()函数执行后不需要调用类似 while(!RemoteConnectionIdle(CONN_BT1))的代码段去等待执行。这是因为 RemoteGetBatteryLevel()函数其实是分两步完成的，首先发送获取电量信息指令，然后等待返回值再赋给 value 参数，所以当该函数执行完毕后表示这次直接控制也圆满结束了。但是对于类似 RemoteStartProgram()和 RemoteStopProgram()函数，它们只负责发送直接控制指令而不管该指令是否执行完毕，所以需要一些特殊的方式来确保这次直接控制已经完成。

2. RemoteConnectionIdle()函数

关于 RemoteConnectionIdle()函数的语法结构如下：

```
bool RemoteConnectionIdle(byte conn)[inline]
```

该函数中参数 conn 表示通道号。函数返回值为 true 表示指定通道为空闲状态；返回值为 false 表示指定通道忙。该函数用在直接控制上面可以判断直接控制指令是否完成。

8.3.3 播放声音

1. RemotePlaySoundFile()函数

下面再来介绍两个简单的直接命令控制函数，即 RemotePlaySoundFile()和 RemotePlayTone()，这两个函数用来控制从设备上播放声音。RemotePlaySoundFile()函数的语法结构如下：

```
char RemotePlaySoundFile(
    byte conn,                          //通道号
    string filename,                    //声音文件名
    bool bloop                          //是否循环
)[inline]
```

该函数中参数都比较好理解，如果 bloop 为 true，从设备上的声音文件会被循环地播放。下面我给主设备编程实现直接控制从设备，让其循环播放“! Startup. rso”声音文件，播放 5s 后停止。

【例 8-9】 控制播放从设备声音文件程序。

```
task main()
{
    //检测蓝牙通道是否正常
    if(BluetoothStatus(CONN_BT1))
    {
        TextOut(0, LCD_LINE1, "Line Error!");
        Wait(SEC_1);
        Stop(true);
    }

    //控制播放从设备上的声音文件
    RemotePlaySoundFile(CONN_BT1, "! Startup.rso", true);
    while(!RemoteConnectionIdle(CONN_BT1));
    Wait(SEC_5);

    //停止播放
    RemoteStopSound(CONN_BT1);
    while(!RemoteConnectionIdle(CONN_BT1));
}
```

要注意“! Startup. rso”文件名的感叹号和 S 字母之间有一个空格。之所以选这个文件，是因为这是 NXT 默认的启动声音文件。如果读者按照 1.5 节中的方法升级 NXT 固件后这些声音文件会丢失，可以按照 7.1.1 小节中的方法从 LEGO MINDSTORMS NXT 目录下复制一些声音文件到 NXT 中。

2. RemoteStopSound()函数

RemoteStopSound()函数用来停止从设备上的声音文件，该函数的语法结构如下：

```
char RemoteStopSound(byte conn)[inline]
```

调用该函数后会让相应通道号上从设备停止播放声音。如果只想播放一遍声音文件的话，调用 RemotePlaySoundFile()函数时，最后一个参数 bloop 赋为 false 即可。

3. RemotePlayTone()函数

最后我们来介绍下 RemotePlayTone()函数，该函数的语法结构如下：

```
char RemotePlayTone(
    byte conn,                              //通道号
    unsigned int frequency,                 //音调
    unsigned int duration                   //持续时间
)[inline]
```

使用 RemotePlayTone()函数可以让从设备播放指定音调的声音，该函数中后两个参数和之前学习的 PlayTone()函数完全一样，分别用来指定播放的音调和持续时间。下面就来使用该函数，首先让从设备 NXT 播放 A4 音调 500ms；其次播放 C4 音调 500ms；最后播放 D4 音调 500ms。

【例 8-10】 控制从设备播放指定音调的声音。

```
task main()
{
    //检测蓝牙通道是否正常
    if(BluetoothStatus(CONN_BT1))
    {
        TextOut(0, LCD_LINE1, "Line Error!");
        Wait(SEC_1);
        Stop(true);
    }

    RemotePlayTone(CONN_BT1, TONE_A4, MS_500);
    while(!RemoteConnectionIdle(CONN_BT1));
    Wait(MS_500);

    RemotePlayTone(CONN_BT1, TONE_C4, MS_500);
    while(!RemoteConnectionIdle(CONN_BT1));
    Wait(MS_500);

    RemotePlayTone(CONN_BT1, TONE_D4, MS_500);
    while(!RemoteConnectionIdle(CONN_BT1));
}
```

上面的代码中最后播放 D4 调的时候并没有调用 Wait()函数等待，这是因为程序到了后面没有其他的控制指令进行干扰了，所以就不需要延时了。读者可以尝试着把前面两个 Wait()函数去掉，然后看一下播放效果，这时将不会再有明显的 3 个音调。这是因为程序开始执行时虽然从设备首先收到播放一个 500ms 的 A4 音调指令，但是突然从设备又收到播放 C4 音调 500ms，到最后又突然收到播放 D4 音调 500ms。前面的 A4 和 C4

音调还来不及播放，就得开始播放 D4 音调了。这就是为什么前面两个播放音调函数后面要加延时，而最后一个播放音调函数不需要延时的原因。

8.4 控制从设备电动机

控制从设备电动机的直接命令为 RemoteSetOutputState()函数，这是一个非常庞大的函数，但是这里面的大部分参数暂且都不需要关心，只要能让电动机动起来，第一步就大功告成了。该函数的语法结构如下：

```
char RemoteSetOutputState(
    byte conn,                          //通道号
    byte port,                          //输出端口
    char speed,                         //输出功率(决定速度)
    byte mode,                          //电动机模式
    byte regmode,                       //控制模式
    char turnpct,                       //转速百分比
    byte runstate,                      //电动机运动状态
    unsignde long tacholimit            //电动机转速限制
)[inline]
```

该函数中各参数的含义如下：

- conn：通道号，用来指定要控制的从设备。
- port：输出端口，用来指定输出的端口号，NXT 有 A、B、C 3 个输出口，一般用宏定义 OUT_A、OUT_B、OUT_C 等来表示。
- speed：输出功率，用来控制电动机的速度，取值范围为 0～100。
- mode：电动机模式，用来指定是否开启电动机，是否启用控制模式，是否电力制动等。
- regmode：控制模式，在 mode 中指定开启控制模式后，这个参数才有效，可设置速度控制模式、空闲模式、同步模式等。
- turnpct：转速百分比，用来指定两个电动机不同的以一定比例的速度进行运动，如果要使该参数有效，输出端口必须使用类似 OUT_AC、OUT_AB 等的组合表示方式。
- runstate：设置电动机的运动状态，可以设置空闲和运动等。
- tacholimit：电动机转速限制，一般不用该参数。

8.4.1 无模式电动机控制

无模式电动机控制就是类似使用 OnFwd()和 OnRev()来控制电动机运动，这里和在 5.3 节中学到的控制模式概念是一模一样的。下面就来使用 RemoteSetOutputState()函数，实现让从设备输出口 A 上的电动机运动 3s，然后制动停止。

【例 8-11】 通过直接命令远程控制从设备电动机启动和停止程序。

```
task main()
{
    //检测蓝牙通道是否正常
    if(BluetoothStatus(CONN_BT1))
    {
        TextOut(0, LCD_LINE1, "Line Error!");
        Wait(SEC_1);
        Stop(true);
    }

    //启动电动机
    RemoteSetOutputState(
        CONN_BT1,                              //蓝牙通道 1
        OUT_A, 50,                             //输出口 A,功率速度 50
        OUT_MODE_MOTORON|OUT_MODE_BRAKE|OUT_MODE_REGULATED,
                                               //开启电动机,制动和控制模式
        OUT_REGMODE_IDLE , 0,                  //无模式控制
        OUT_RUNSTATE_RUNNING, 0);              //电动机状态为运动
    while(!RemoteConnectionIdle(CONN_BT1));

    //延迟 3s
    Wait(SEC_3);

    //让电动机制动刹车停止
    RemoteSetOutputState(
        CONN_BT1,
        OUT_A, 0,
        OUT_MODE_MOTORON|OUT_MODE_BRAKE|OUT_MODE_REGULATED,
        OUT_REGMODE_IDLE , 0,
        OUT_RUNSTATE_RUNNING, 0);
    while(!RemoteConnectionIdle(CONN_BT1));
}
```

上面的程序实现了让输出口 A 上的电动机运动 3s 然后停止。要注意,停止代码是必需的,否则即使主设备中的程序已经结束,从设备上的电动机也会无休止地运行下去。控制从设备输出口的函数过于庞大,所以通常将其封装到自定义的函数中,或是使用宏定义来简化该函数。而这里将蓝牙通道检测代码和控制输出口电动机函数都封装到自定义函数中,然后实现上面程序的功能。

【例 8-12】 进行封装后的直接命令控制电动机程序。

```
sub BTCheck(byte conn)
{
    if(BluetoothStatus(conn))
    {
        TextOut(0, LCD_LINE1, "Line Error!");
        Wait(SEC_1);
        Stop(true);
```

```
    }
}
sub RemoteMotor(byte conn, byte port, char speed)
{
    RemoteSetOutputState(
        conn, port, speed,                    //蓝牙通道,输出口,功率速度
        OUT_MODE_MOTORON|OUT_MODE_BRAKE|OUT_MODE_REGULATED,
                                              //开启电动机,制动和控制模式
        OUT_REGMODE_IDLE , 0,                 //无模式控制
        OUT_RUNSTATE_RUNNING, 0);             //电动机状态为运动
    while(!RemoteConnectionIdle(CONN_BT1));
}

task main()
{
    //检测蓝牙通道是否正常
    BTCheck(CONN_BT1);
    //启动电动机
    RemoteMotor(CONN_BT1, OUT_A, 50);
    //延迟 3s
    Wait(SEC_3);
    //让电动机制动刹车停止
    RemoteMotor(CONN_BT1, OUT_A,  0);
}
```

上面的代码中虽然在子函数中的代码依然很臃肿,但是主函数中的代码变得简洁了许多。RemoteMotor()函数中封装了控制电动机的绝大多数功能,就和使用 OnFwd()函数一样方便。

上面的代码中使用 RemoteSetOutputState()函数设置电动机模式参数的时候,都用到了或运算符"|"来组合不同的模式,表示这些模式同时可以用。OUT_MODE_MOTORON、OUT_MODE_BRAKE、OUT_MODE_REGULATED 分别表示开启电动机模式、允许制动模式和控制模式。

8.4.2 速度控制模式

使用速度控制模式可以使电动机尽可能保持所设定的速度。如果电动机受到阻力或是其他外界干扰,NXT 会自动调节输出功率来使电动机尽可能保持设定的速度。

要想让从设备使用速度控制模式,首先在 mode 参数上需要包含 OUT_MODE_REGULATED 模式,然后将 regmode 参数中的 OUT_REGMODE_IDLE(无模式控制)改为 OUT_REGMODE_SPEED(速度控制模式)即可。下面的程序实现了使用速度控制模式来控制从设备电动机运行 5s 然后停止。

【例 8-13】 速度控制模式直接命令程序。

```
sub BTCheck(byte conn)
{
```

```
    if(BluetoothStatus(conn))
    {
        TextOut(0, LCD_LINE1, "Line Error!");
        Wait(SEC_1);
        Stop(true);
    }
}

sub RemoteMotorRS(byte conn, byte port, char speed)
{
    RemoteSetOutputState(
        conn, port, speed,                    //蓝牙通道,输出口,功率速度
        OUT_MODE_MOTORON|OUT_MODE_BRAKE|OUT_MODE_REGULATED,
                                              //开启电动机,制动和控制模式
        OUT_REGMODE_SPEED , 0,                //速度控制模式
        OUT_RUNSTATE_RUNNING, 0);             //电动机状态为运动
    while(!RemoteConnectionIdle(CONN_BT1));
}

task main()
{
    //检测蓝牙通道是否正常
    BTCheck(CONN_BT1);
    //启动电动机
    RemoteMotorRS(CONN_BT1, OUT_A, 50);
    //延迟 5s
    Wait(SEC_5);
    //让电动机制动刹车停止
    RemoteMotorRS(CONN_BT1, OUT_A,  0);
}
```

使用速度控制模式后,用手去阻碍电动机转动的时候会感觉到电动机的力度明显变强了。在 5.3.1 小节中已经介绍了很多关于速度控制模式的内容,这里只给读者展示怎样通过主设备远程控制从设备实现电动机的速度控制模式。

8.4.3　同步模式

同步模式可以让两个电动机速度尽可能保持一致。如果其中一个电动机受到了外力的干扰,另一个电动机会自动调节速度,尽可能让输出口两个电动机的速度保持相同。下面就来以同步模式控制从设备电动机——AC 输出口电动机,让其转动 5s 然后停止。

【例 8-14】 同步控制模式直接命令程序。

```
sub BTCheck(byte conn)
{
    if(BluetoothStatus(conn))
    {
        TextOut(0, LCD_LINE1, "Line Error!");
```

```
        Wait(SEC_1);
        Stop(true);
    }
}

sub RemoteMotorSync(byte conn, byte port, char speed)
{
    RemoteSetOutputState(
        conn, port, speed,                  //蓝牙通道,输出口,功率速度
        OUT_MODE_MOTORON|OUT_MODE_BRAKE|OUT_MODE_REGULATED,
                                            //开启电动机,制动和控制模式
        OUT_REGMODE_SYNC, 0,                //同步控制模式
        OUT_RUNSTATE_RUNNING, 0);           //电动机状态为运动
    while(!RemoteConnectionIdle(CONN_BT1));
}

task main()
{
    //检测蓝牙通道是否正常
    BTCheck(CONN_BT1);
    //启动电动机
    RemoteMotorSync(CONN_BT1, OUT_AC, 50);
    //延迟 5s
    Wait(SEC_5);
    //让电动机制动刹车停止
    RemoteMotorSync(CONN_BT1, OUT_AC,  0);
}
```

只有两个电动机同时转动时才能看到同步模式的效果。上面程序运行的时候,如果用手去阻碍一个电动机旋转,另一个电动机也会变慢速度。即使当程序运行结束后,用手去转动其中一个电动机,另一个电动机也会转动,感觉十分奇妙。

大家可能发现前面程序中,都是让从设备电动机速度为 0 来表示停止。这的确实现了让电动机刹车的目的,但是要注意电动机这时并没有失去控制。当你用手去转动电动机的时候发现它如同被锁死一样,这说明输出口还在为电动机提供动力,只是电动机不转而已。

如果程序结束的时候,想让输出口彻底放弃对电动机的控制,可以通过给 runstate 参数赋 OUT_RUNSTATE_IDLE 值来达到目的。这个参数表示给电动机输出功率无效。所以,在程序结束的时候可以调用以下代码段实现释放输出口电动机的目的。

```
//关闭电动机
RemoteSetOutputState(
    CONN_BT1,                       //蓝牙通道 1
    OUT_AC,                         //释放输出口 AC
    0,0,0,0,
    OUT_RUNSTATE_IDLE,0);           //电动机状态为空闲
while(!RemoteConnectionIdle(CONN_BT1));
```

如果让电动机停止的代码段改为上面的代码段，而不是仅仅使速度为零，可以达到缓慢停止的效果，就像在 5.1.2 小节学习的 Float()函数一样。如果想实现 Off()函数效果，可以先让电动机速度为 0，然后再释放电动机控制。

8.4.4　转速百分比

最后来学习一下转速百分比，转速百分比主要通过设置 rurnpct 参数来实现。这里的转速百分比和在 5.3.3 小节中的概念是一样的。使用转速百分比时首先需要调用 RemoteResetMotorPosition( ) 函数重置电动机位置；其次需要使用同步模式。RemoteResetMotorPosition()函数的语法结构如下：

```
char RemoteResetMotorPosition(
    byte conn,                                  //通道号
    byte port,                                  //端口号
    bool brelative                              //是否相对的重置计数器
)[inline]
```

要注意使用重置电动机位置的时候输出端口不能用类似 OUT_AC、OUT_AB 的组合形式，每次只能重置一个端口。下面举例实现 AC 输出口电动机转速百分比为 20 的情况下转动 5s，然后完全释放输出口电动机让其缓慢停止。

【例 8-15】　直接命令设置从设备转速百分比程序。

```
sub BTCheck(byte conn)
{
    if(BluetoothStatus(conn))
    {
        TextOut(0, LCD_LINE1, "Line Error!");
        Wait(SEC_1);
        Stop(true);
    }
}

sub RemoteMotorSync(byte conn, byte port, char speed, char turnpct)
{
    RemoteSetOutputState(
        conn, port, speed,                      //蓝牙通道,输出口,功率速度
        OUT_MODE_MOTORON|OUT_MODE_BRAKE|OUT_MODE_REGULATED,
                                                //开启电动机,制动和控制模式
        OUT_REGMODE_SYNC, turnpct,              //同步控制模式
        OUT_RUNSTATE_RUNNING, 0);               //电动机状态为运动
    while(!RemoteConnectionIdle(conn));
}

sub RemoteFloatStop(byte conn, byte port)
{
    //关闭电动机,缓慢停止
    RemoteSetOutputState(
```

```
        conn, port,
        0, 0, 0 , 0,
        OUT_RUNSTATE_IDLE, 0);                    //电动机状态为空闲
    while(!RemoteConnectionIdle(conn));

}

task main()
{
    //检测蓝牙通道是否正常
    BTCheck(CONN_BT1);

    //重置电动机起始位置,一次只能重置一个端口
    RemoteResetMotorPosition(CONN_BT1, OUT_A, true);
    while(!RemoteConnectionIdle(CONN_BT1));
    RemoteResetMotorPosition(CONN_BT1, OUT_C, true);
    while(!RemoteConnectionIdle(CONN_BT1));

    //启动电动机
    RemoteMotorSync(CONN_BT1, OUT_AC, 50, 20);
    //延迟 5s
    Wait(SEC_5);
    //缓慢停止
    RemoteFloatStop(CONN_BT1, OUT_AC);
}
```

到现在几乎把 RemoteSetOutputState()函数中所有值得学习的知识都讲完了。通过该函数可以远程控制从设备电动机实现在第 5 章中介绍的关于电动机的所有功能。

8.4.5 读取从设备输出口信息

除了可以远程设定从设备输出端口信息外,还可以读取从设备输出端口的状态信息。读取从设备输出端口状态函数为 RemoteGetOutputState(),该函数的语法结构如下:

```
char RemoteGetOutputState(
    byte conn,                              //通道号
    OutputStateType &params                 //输出口状态结构体
)[inline]
```

RemoteGetOutputState()函数看似比较简单,但是所有的信息都集中在 OutputStateType 结构体中。该结构体中包含了诸多参数,常用的主要有以下几个。

- byte Port:端口号,在函数调用之前需要先赋值,否则默认为 OUT_A 端口。
- char Power:指定端口功率,范围为−100~100。
- byte Mode:电动机模式,用来表示是否开启电动机、控制模式、电力制动等。
- byte RegMode:控制模式,主要有速度控制模式、空闲模式、同步模式。
- byte RunState:电动机的运动状态,主要有空闲和运动等状态。
- long TachoCount:转速计计数,主要用来反馈电动机转过的角度,如同 6.5.1 小

节中 MotoTachoCount 函数。

下面使用 RemoteGetOutputState()函数编程控制从设备，实现 6.5.2 小节中获得从设备电动机转过角度的功能，并将角度值输出到主设备屏幕中。

【例 8-16】 获取从设备电动机转过角度程序。

```
sub BTCheck(byte conn)
{
    if(BluetoothStatus(conn))
    {
        TextOut(0, LCD_LINE1, "Line Error!");
        Wait(SEC_1);
        Stop(true);
    }
}

task main()
{
    //检测蓝牙通道是否正常
    BTCheck(CONN_BT1);

    //重置输出口 A 计数器
    RemoteResetTachoCount(CONN_BT1, OUT_A);
    while(!RemoteConnectionIdle(CONN_BT1));

    //定义输出状态类型结构体
    OutputStateType params;
    params.Port=OUT_A;

    while(1)
    {
        RemoteGetOutputState(CONN_BT1, params);
        ClearScreen();
        NumOut(0, LCD_LINE1, params.TachoCount);
        Wait(MS_300);
    }
}
```

上面的程序中用到了 RemoteResetTachoCount()函数，该函数类似于 ResetTachoCount()函数，用来重置电动机计数器。这样每次运行该程序，都能实现从 0 开始计数。运行该程序后，用手转动从设备中连接在输出端口 A 上的电动机，可以看到主设备屏幕上的数字也在跳动，转过一圈后显示为 360°左右。NXT 电动机的精度可以达到 1°。

8.5　控制从设备传感器

控制从设备传感器其实就是通过直接命令设置从设备输入口状态，然后远程读取从设备输入口的值。总之，远程控制从设备传感器相对来说要比控制电动机简单得多。

8.5.1 设置从设备输入口状态

在使用传感器之前首先应该设置输入口状态，主要有设置输入口类型和模式。NXC中提供的远程设置输入口状态函数为 RemoteSetInputMode()，该函数的语法结构如下：

```
char RemoteSetInputMode(
    byte conn,                    //连接通道号
    byte port,                    //输入端口号
    byte type,                    //传感器类型
    byte mode                     //传感器模式
)[inline]
```

该函数中前两个参数已经很熟悉了，后面两个参数和 6.6 节中讲的类型和模式概念是相同的。下面编程实现设置通道 1 上的从设备输入口 1 传感器类型为触觉传感器，传感器模式为布尔值。

【例 8-17】 通过直接命令设置从设备输入口状态。

```
sub BTCheck(byte conn)
{
    if(BluetoothStatus(conn))
    {
        TextOut(0, LCD_LINE1, "Line Error!");
        Wait(SEC_1);
        Stop(true);
    }
}

task main()
{
    //检测蓝牙通道是否正常
    BTCheck(CONN_BT1);

    //设置从设备输入口状态
    RemoteSetInputMode(CONN_BT1, S1,
        SENSOR_TYPE_TOUCH, SENSOR_MODE_BOOL);
    while(!RemoteConnectionIdle(CONN_BT1));
}
```

运行上面的程序后，并不能看出从设备有何变化，这时可以利用 BricxCC 软件的 Watching the brick 工具查看从设备上输入口传感器值的变化，如图 8.8 所示。

单击 BricxCC 软件工具栏中的按钮即可打开 Watching the brick 对话框。首先勾选 Sensor1 表示监视输入口 1 传感器值，然后单击 Poll Regular 按钮即可实时监控。下面“200ms”表示每隔 200ms 读取一次传感器值，可以自己设定。当用手按下从设备输入口 1 上的触觉传感器后，可以看到 Sensor 1 对应的文本框值变成了 1，松手又变成了 0。这说明主设备设置从设备输入口状态成功了。

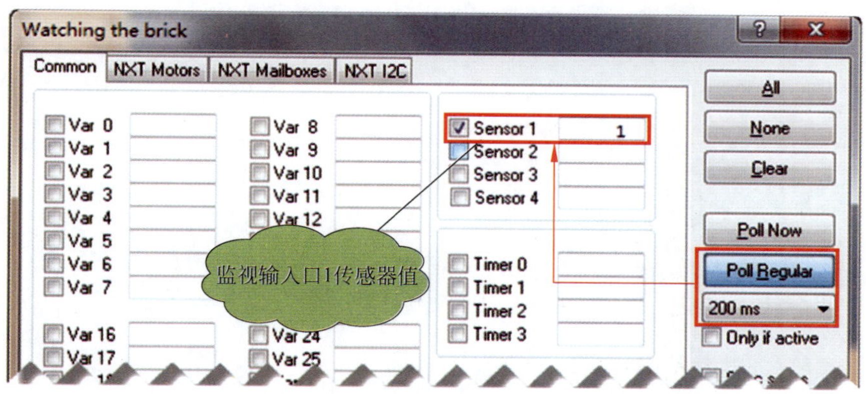

图 8.8 监视输入口传感器

8.5.2 获取从设备输入口值

上面验证输入口状态设置成功的方法很是麻烦的，其实可以直接远程读取传感器反馈的值。这就要用到 RemoteGetInputValues()函数了，该函数的语法结构如下：

```
char RemoteGetInputValues(
        byte conn,                          //通道号
        InputValuesType & pqrams            //输入口状态结构体
)[inline]
```

该函数如同读取从设备输出口函数一样简单，输入口状态所有信息都包含在 InputValuesType 结构体中，该结构体中有 3 个最重要的参数，说明如下：

- Port：输入口端口号，传递 InputValuesType 结构体之前应该首先设置该值，这样从设备才会将相应端口号的传感器值反馈回来。
- RawValue：传感器原始反馈值，该值的范围为 0～1023，适用于所有传感器，其他类型的值都是通过原始值转换得到的。
- ScaledValue：转换后的值，该值通过设置传感器模式将原始值转换成相应格式的值。

下面写程序，实现使用 RemoteGetInputValues()函数获得从设备传感器的值，并将该传感器的原始值和相应模式值输出到主设备的屏幕上。

【例 8-18】 获取从设备传感器值程序。

```
sub BTCheck(byte conn)
{
    if(BluetoothStatus(conn))
    {
        TextOut(0, LCD_LINE1, "Line Error!");
        Wait(SEC_1);
        Stop(true);
    }
```

```
}

task main()
{
    BTCheck(CONN_BT1);                          //检测蓝牙通道是否正常

    //设置输出口状态
    RemoteSetInputMode(CONN_BT1, S1,
        SENSOR_TYPE_TOUCH, SENSOR_MODE_BOOL);
    while(!RemoteConnectionIdle(CONN_BT1));

    //定义输出状态类型结构体
    InputValuesType params;
    params.Port=S1;                             //输出口 1

    while(1)
    {
        RemoteGetInputValues(CONN_BT1, params);
        ClearScreen();
        NumOut(0, LCD_LINE1, params.RawValue);
        NumOut(0, LCD_LINE2, params.ScaledValue);
        Wait(MS_300);                           //每隔 300ms 读取一次从设备传感器值
    }
}
```

运行该程序后，可以看到主设备屏幕上显示了从设备传感器的状态值，如图 8.9 所示。

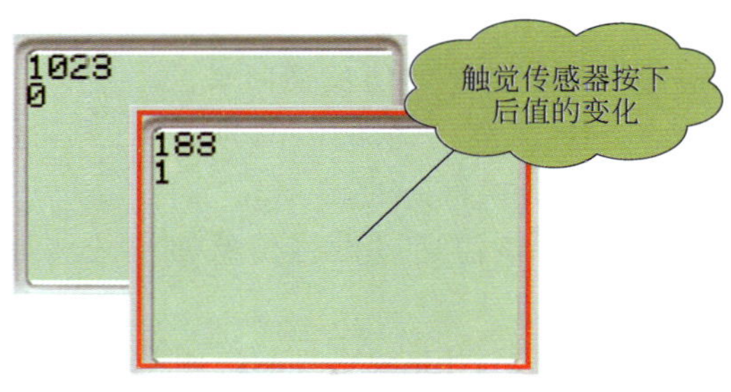

图 8.9 触觉传感器反馈值

可以看到触觉传感器在没被按下时的原始值为 1023，布尔值为“0”；按下后原始值为“183”，布尔值为“1”。这是因为 NXT 将小于 556 的原始值转换为布尔值 1，大于 556 的原始值转换为布尔值 0。

8.5.3 获取从设备声音及光感应器值

上面学了怎样远程设置输入口状态并获取传感器的值，这里将利用上面学到的知识来尝试远程操作声音及光感应器。整体的实现架构和上面程序是一样的，首先需要设置输入口状态；其次通过 RemoteGetInputValues()函数来获取相应值。下面编写程序来实

现同时获取从设备声音传感器和光感应器的值，然后显示到主设备的屏幕上。

【例 8-19】 获取从设备声音和光感应器值程序。

```
sub BTCheck(byte conn)
{
    if(BluetoothStatus(conn))
    {
        TextOut(0, LCD_LINE1, "Line Error!");
        Wait(SEC_1);
        Stop(true);
    }
}

task main()
{
    BTCheck(CONN_BT1);                          //检测蓝牙通道是否正常

    //设置从设备输出口 1 为声音传感器
    RemoteSetInputMode(CONN_BT1, S1,
        SENSOR_TYPE_SOUND_DB, SENSOR_MODE_PERCENT);
    while(!RemoteConnectionIdle(CONN_BT1));

    //设置从设备输出口 2 为光感应器
    RemoteSetInputMode(CONN_BT1, S2,
        SENSOR_TYPE_LIGHT_ACTIVE, SENSOR_MODE_PERCENT);
    while(!RemoteConnectionIdle(CONN_BT1));

    //定义输出状态类型结构体
    InputValuesType params;

    while(1)
    {
        ClearScreen();

        params.Port=S1;                         //输出口 1
        RemoteGetInputValues(CONN_BT1, params);
        NumOut(0, LCD_LINE1, params.ScaledValue);

        params.Port=S2;                         //输出口 2
        RemoteGetInputValues(CONN_BT1, params);
        NumOut(0, LCD_LINE2, params.ScaledValue);

        Wait(MS_300);
    }
}
```

将声音传感器连接在从设备输入口 1 上，光感应器连接在输入口 2 上。运行上面的程序后，主设备屏幕第一行输出从设备声音传感器值；第二行输出从设备光感应器的值，如图 8.10 所示。

图 8.10 声音和光感应器值

在 6.6 节中曾学过的传感器类型和模式值在这里都适用。读者可以套用上面的程序结构，尝试其他不同的类型和模式值来驱动其他传感器。

8.5.4 设置超声波传感器

设置从设备超声波传感器的方法和前面传感器的设置是一样的，都是使用 RemoteSetInputMode()函数。但是获取超声波传感器值不能使用前面的方法，因为超声波传感器属于 I2C 类型的传感器。下面编程实现远程设置从设备输入口 1 为超声波传感器类型。

【例 8-20】 设置从设备超声波传感器类型程序。

```
sub BTCheck(byte conn)
{
    if(BluetoothStatus(conn))
    {
        TextOut(0, LCD_LINE1, "Line Error!");
        Wait(SEC_1);
        Stop(true);
    }
}

task main()
{
    BTCheck(CONN_BT1);                          //检测蓝牙通道是否正常

    //设置从设备输出口 1 为声音传感器
    RemoteSetInputMode(CONN_BT1, S1,
        SENSOR_TYPE_LOWSPEED, SENSOR_MODE_RAW);
    while(!RemoteConnectionIdle(CONN_BT1));
}
```

运行上面的程序后，连接在蓝牙通道 1 上的从设备输入口 1 被设置成了超声波传感器。如果这时连接上超声波传感器是能正常工作的。当然，如果想获取超声波传感器的值必须还得有一套特殊的方法。在让主设备获取从设备超声波传感器值之前，还得借助 BricxCC 软件的 Watching the brick(状态监视)工具来验证一下上面程序是否真的设置成功。

打开该工具后，首先选择 NXT I2C 选项卡；其次在 Raw I2C 组合框中勾选 Port 1 复选框，并选择 US Buffer；最后单击右侧的 Poll Now 按钮即可获得超声波传感器的值了。一般单击 Poll Regular 按钮，这样就能实时监控数据的变化了。具体操作步骤如图 8.11 所示。

从图 8.11 中可以看到，Raw I2C 组合框中 Buffer 栏系统自动填入了 02 42，其实 02 和 42 是十六进制数。用十六进制表示应该为 0x02 和 0x42，这里表示超声波传感器的

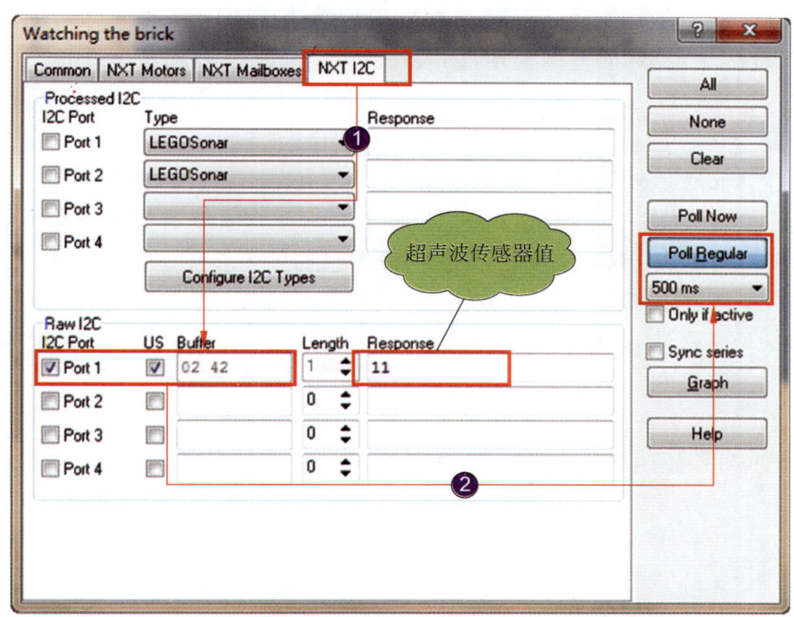

图 8.11　获取超声波传感器值

I2C 装置位地址。总之这里只要知道读取超声波传感器得用到 0x02 和 0x42 就足够了。

使用上面的程序设置从设备超声波传感器的类型和使用 BricxCC 软件中的直接命令对话框设置效果是一样的，当然也包括设置前面声音、触觉和光感应器类型。BricxCC 中的"直接命令"对话框如图 8.12 所示。

图 8.12　"直接命令"对话框

图 8.12 中的组合框下拉列表框中列出了所有可设置的传感器类型，右边 Raw 表示的组合框中可以选择要设置的传感器模式，这里默认为 Raw 表示原始值。要打开该"直

接命令”对话框，最简单的办法是单击工具栏中的按钮即可。其实在 1.4.1 小节中就已经学习了“直接命令”对话框的使用，感兴趣的读者可以去复习一下。

8.5.5 获取超声波传感器值

上面通过 BricxCC 软件中的 Watching the brick（状态监视）工具获取到了超声波传感器的值，这一节将通过程序把从设备上超声波传感器的值显示到主设备屏幕上。

从图 8.11 中知，BricxCC 软件获得超声波传感器值的步骤为：首先 BricxCC 软件将 0x02 和 0x42 这两个值传给 NXT；其次 NXT 接收到 0x02 和 0x42 这两个值后将相关信息反馈给 BricxCC 软件；最后该软件将接收到的值显示到 Response 编辑框中，即为超声波传感器的值。

通过 NXC 编程来获取从设备超声波传感器值的时候上面的那些步骤也不能少，如果想传递 0x02 和 0x42 值需要使用 RemoteLowspeedWrite() 函数，该函数的语法结构如下：

```
RemoteLowspeedWrite(
        byte conn,                         //蓝牙连接通道
        byte port,                         //从设备输入端口号
        byte txlen,                        //写入的字节数
        byte rxlen,                        //读取的字节数
        byte data[]                        //写入数据缓冲区
)[inline]
```

该函数中的 rxlen 参数和图 8.11 中 Raw I2C 组合框中的 Length 含义是一样的，表示要读取的字节数。因为超声波传感器取值范围用一个字节表示 0～255，所以这里取值为 1 即可。要读取超声波传感器的值还需要使用 RemoteLowspeedRead() 函数，该函数的语法结构如下：

```
RemoteLowspeedRead(
    byte conn,                             //蓝牙连接通道
    byte port,                             //从设备输入端口号
    byte & bread,                          //读取字节数
    byte & data[]                          //读取数据缓冲区
)[inline]
```

现在利用 RemoteLowspeedWrite() 函数和 RemoteLowspeedRead() 函数编程实现读取从设备超声波传感器的值，然后显示到主设备屏幕上。

【例 8-21】 读取从设备超声波传感器值。

```
sub BTCheck(byte conn)
{
    if(BluetoothStatus(conn))
    {
        TextOut(0, LCD_LINE1, "Line Error!");
        Wait(SEC_1);
        Stop(true);
```

```
    }
}

task main()
{
    BTCheck(CONN_BT1);                           //检测蓝牙通道是否正常

    //设置从设备输出口 1 为声音传感器
    RemoteSetInputMode(CONN_BT1, S1,
        SENSOR_TYPE_LOWSPEED, SENSOR_MODE_RAW);
    while(!RemoteConnectionIdle(CONN_BT1));

    //写入数据
    byte port=S1;
    byte txlen=2;
    byte rxlen=1;
    byte dataWrite[]={0x02, 0x42};
    //读取数据
    byte bread=1;
    byte dataRead[1];

    while(1)
    {
        //传递 I2C 位址,并读取超声波传感器的值
        RemoteLowspeedWrite(CONN_BT1, port, txlen, rxlen, dataWrite);
        while(!RemoteConnectionIdle(CONN_BT1));
        RemoteLowspeedRead(CONN_BT1, port, bread, dataRead);

        ClearScreen();
        NumOut(0, LCD_LINE1, dataRead[0]);
        Wait(MS_300);
    }
}
```

运行上面的程序后,主设备屏幕上会显示从设备超声波传感器反馈回来的值,如图 8.13 所示。

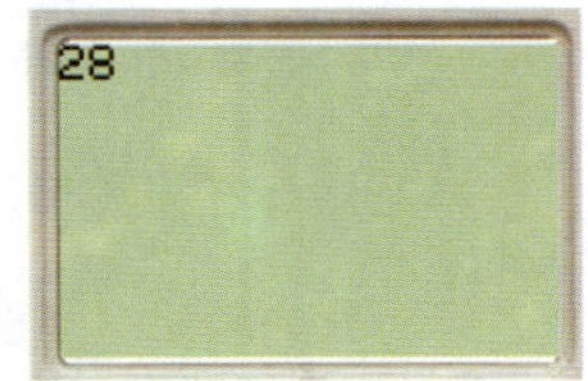

图 8.13　超声波传感器值

远程读取超声波传感器值稍稍有些麻烦,首先得通过 RemoteLowspeedWrite()函数给从设备传递 0x02 和 0x42 位置,然后再通过 RemoteLowspeedRead()函数读取从设备该位置中的数据,而不能通过前面所学的 RemoteGetInputValues()函数来直接获取超声波传感器的值。

8.6　小　　结

本章首先学习了 NXT 主、从设备建立连接;其次学习了主、从设备之间的数据传递;最后学习了主设备通过直接命令函数远程控制从设备输入输出端口。本章的重点是学会主、从设备建立连接并进行数据通信,这样就可以利用主、从消息实现搭建多 NXT 设备机器人，并进行多 NXT 同时工作。本章的难点是学会使用 Remote 开头的函数来远程直接控制从设备机器人。

8.7 习　　题

【习题 8-1】 用主从消息通信方式进行编程，实现用触觉传感器控制从设备机器人前进和停止，用电动机的角度传感器来控制从设备机器人转向，并在 NXT 主设备显示屏中显示从设备转速百分比的变化，变化范围为－100～100。

【提示】 要实现两个 NXT 设备之间进行通信，首先应该参照 8.1.2 小节中的内容让两个 NXT 设备建立连接。这里连接触觉传感器的 NXT 设备应该为主设备，被控制的 NXT 为从设备。建立连接后就可以使用主、从消息编程来实现控制从设备的目的。主设备通过 MotoTachoCount()函数获得电动机角度传感器转过的角度变化，然后将变化的角度通过 SendRemoteNumber()函数发送给从设备，从设备按照新的角度值调整电动机转速就可以实现转向的目的。

【参考代码】 遥控机器人主设备程序。

```
task SendTouchInfo()
{
     //设置输出口 1 为触觉传感器
    SetSensorTouch(S1);

    //开始通信
    bool bStart=false;
    while(true)
    {
        //下面两个 while()语句确保触觉传感器被按下后只发送一次消息
        while(!Sensor(S1));
        bStart=bStart ?false : true;
        SendRemoteBool(CONN_BT1, MAILBOX1, bStart);
        while(Sensor(S1));
    }
}


task SendTachoInfo()
{
    long lAngle=0;
    while(true)
    {
        //计算转速百分比值通过累加当前改变的角度得到
        lAngle+=MotorTachoCount(OUT_A)/ 5; //缩小 5 倍,防止角度值改变过大
        lAngle=lAngle<-100 ?-100 : lAngle; //将转速百分比控制在-100~100
        lAngle=lAngle>100 ?100 : lAngle;
```

```
        //每次累加完都将电动机角度值清零
        ResetTachoCount(OUT_A);

        //将计算得到的转速百分比值发送给从设备
        SendRemoteNumber(CONN_BT1, MAILBOX2, lAngle);

        //下面 3 行代码实现显示当前转速百分比的值
        ClearScreen();
        NumOut(0, LCD_LINE1, lAngle);
        Wait(MS_300);
    }
}

task main()
{
    //检测蓝牙通道是否正常
    if(BluetoothStatus(CONN_BT1))
    {
        TextOut(0, LCD_LINE1, "Line Error!");
        Wait(SEC_1);
        Stop(true);
    }

    //启动检测触觉传感器和角度传感器任务
    Precedes(SendTouchInfo, SendTachoInfo);
}
```

【参考代码】 遥控机器人从设备程序。

```
task main()
{
    //检测蓝牙通道是否正常
    if(BluetoothStatus(CONN_BT0))
    {
        TextOut(0, LCD_LINE1, "Line Error!");
        Wait(SEC_1);
        Stop(true);
    }

    //用来接收主设备传感器是否被按下
    bool bStart=false;
    int lAngle=0;
    while(true)
    {
        //得到主设备当前触觉传感器发送的值
        bool bTmp;                              //防止 bStart 值被清零
        if(!ReceiveRemoteBool(MAILBOX1, true, bTmp))
```

附录 宏定义类型

在编写程序的时候通常使用具有代表性的词语来表示常量数字。在 NXC 中，系统已经为宏定义了很多经常用到的常量。这里罗列了本书中经常会出现的宏定义类型，以便大家查阅。

常量类型	宏定义
时间常量	# define MS_1 1 # define MS_2 2 # define MS_3 3 # define MS_4 4 # define MS_5 5 # define MS_6 6 # define MS_7 7 # define MS_8 8 # define MS_9 9 # define MS_10 10 # define MS_20 20 # define MS_30 30 # define MS_40 40 # define MS_50 50 # define MS_60 60 # define MS_70 70 # define MS_80 80 # define MS_90 90 # define MS_100 100 # define MS_150 150 # define MS_200 200 # define MS_250 250 # define MS_300 300 # define MS_350 350 # define MS_400 400 # define MS_450 450 # define MS_500 500 # define MS_600 600 # define MS_700 700 # define MS_800 800 # define MS_900 900 # define SEC_1 1000